ラズベリー・パイからはじめる身の回りAI実験

人工知能を作る

小池 誠,
鎌田 智也 他著

CQ出版社

「人工知能を作る」

第1部　ディープ・ラーニングでラズパイ人工知能を作る

イントロダクション　グーグルが大サービス！ 手のひら人工知能が自宅で作れる時代　編集部 …………8

第1章　ビギナから使える世界トップのAIライブラリON！
ラズパイからOK！ Google人工知能で広がる世界　足立 悠，小池 誠，佐藤 聖 …………10
- GoogleはAIのトップランナー …………10
- そんなGoogleが提供するオープンソースAIライブラリTensorFlow …………11
- 動作環境 …………11
- 個人で試せる …………11
- 広がる世界！ こんな装置が作れるかも …………11

Appendix1　オープンソースで初心者も独学OK！
Googleの人工知能ライブラリTensorFlowを勧める理由　佐藤 聖 …………14

第2章　試せるぼくらの小規模スマート農業!?
ラズパイ×Google人工知能…キュウリ自動選別コンピュータ　小池 誠 …………15
- 人工知能（ディープ・ラーニング）に注目したきっかけ …………16
- ハードウェア …………18
- ソフトウェア …………19

Appendix2　AIの定番言語Pythonから無料で使える
Google人工知能ライブラリTensorFlowの正体　佐藤 聖 …………21
- 位置づけ …………21
- 用意されているAPI …………21
- コラム　TensorFlowでもよく出てくる…ディープ・ラーニングがスゴイ理由 …………23

第3章　Googleを使った学習＆判定プログラムをラズパイにONする手順
人工知能キュウリ・コンピュータを動かしてみる　小池 誠 …………24
- 製作したキュウリ自動選別コンピュータ …………24
- Googleの人工知能を体験 …………25
- コラム　ラズパイへのTensorFlowのインストール方法 …………26

第4章　ターゲット「キュウリ」選別に適したデータ＆アルゴリズムの検討
ステップ1…設計方針を決める　小池 誠 …………28
- 決めること1…キュウリのどこを見るのか …………28
- 決めること2…人工知能に学習＆判定させる画像 …………28
- 決めること3…学習用データ …………29
- 決めること4…使用する人工知能アルゴリズム …………29
- 決めること5…自動選別コンピュータの正解率 …………30
- コラム　画像判定は人工知能任せが今風 …………30

第5章　話題の人工知能アルゴリズム「ディープ・ラーニング」初体験
ステップ2…キュウリ・データの学習　小池 誠 …………31
- 準備1…撮影台の作成 …………31
- 準備2…TensorFlowライブラリのインストール …………31
- 準備3…学習用データの作成 …………31
- 準備4…学習用プログラム …………33
- 学習を行う …………35
- 学習時間短縮のためのくふう …………36

　　　　学習の終了条件 …………………………………………………………………………… 37

第6章　最初はPCで試すと便利
ステップ3…人工知能キュウリ判定　小池 誠 ……………………………………… 38

第7章　ほこりや土が舞う環境でも組み込んでしまえば安心
ステップ4…キュウリ用人工知能をラズパイで動かす　小池 誠 ……………… 41
　　　　ラズパイで動かす準備 …………………………………………………………………… 42
　　　　まずは動かす ……………………………………………………………………………… 44
　　　　判定処理高速化の改良1…キュウリあり/なし判定を追加 …………………………… 45
　　　　判定処理の高速化の改良2…クラウドGPUサービスを試してみる ………………… 46

第2部　軽くて高速なラズパイ人工知能を作る

第1章　ローカルな専用デバイスが最高！
ラズベリー・パイ×人工知能で広がる世界　鎌田 智也 ………………………… 50
　　　　人工知能で広がる世界 …………………………………………………………………… 50
　　　　ラズベリー・パイのような小型コンピュータでMy人工知能を実現する方法 …… 50
　　　　ラズベリー・パイで人工知能のアイデア ……………………………………………… 51
　　　　コラム　ここでの「人工知能」について ……………………………………………… 51

第2章　機械学習による高精度認識でレベルアップ！
ラズパイ×人工知能…サカナ観察＆飼育コンピュータ　鎌田 智也 …………… 53
　　　　実験すること ……………………………………………………………………………… 53
　　　　システム構成＆機能 ……………………………………………………………………… 54
　　　　ラズパイ人工知能コンピュータを使う理由 …………………………………………… 55

第3章　オープンソース・ライブラリで機械学習アルゴリズム入門
方式1：ディープ・ラーニング×ラズパイ　鎌田 智也 ………………………… 57
　　　　人工知能アルゴリズム…機械学習入門 ………………………………………………… 57
　　　　注目アルゴリズム「ディープ・ラーニング」 ………………………………………… 58
　　　　ラズパイでディープ・ラーニングを動かしてみる …………………………………… 60
　　　　考察 ………………………………………………………………………………………… 61

第4章　オープンソースLIBSVMライブラリでリアルタイム人工知能
方式2：計算量が少なくて高性能なサポート・ベクタ・マシン　鎌田 智也 … 63
　　　　計算量が少なくて強力なアルゴリズム…サポート・ベクタ・マシン ……………… 63
　　　　学習＆判定のメカニズム ………………………………………………………………… 65
　　　　自作ソフトでSVMを使うならオープンソースLIBSVMライブラリ ……………… 67
　　　　オープンソースLIBSVMライブラリの使い方 ………………………………………… 68

第5章　一番たいへんな学習データベースの作り方からラズパイ1・2・3認識テストまで
ターゲット魚「ナベカ」の学習と認識　鎌田 智也 …………………………… 72
　　　　機械学習で避けて通れない…学習用データの準備 …………………………………… 72
　　　　ステップ1：学習用画像の撮影 ………………………………………………………… 73
　　　　ステップ2：撮影した画像に学習用のラベルを付ける ……………………………… 73
　　　　ステップ3：ラベルから学習用データを作成する …………………………………… 77
　　　　ナベカ画像特徴量の抽出処理 …………………………………………………………… 78
　　　　コラム1　学習データを増やすテクニック「データ・オーギュメンテーション」 … 78

　　　　実験1：基本LIBSVMライブラリを使ったナベカ認識 ……………………………………………… 80
　　　　コラム2 アバウトに境界を引くソフト・マージン設定と生真面目に境界を引くハード・マージン設定 ……… 81
　　　　実験2：高速LIBLINEARライブラリを使ったナベカ認識 ……………………………………… 82

第6章　高精度×高速な画像認識でリアルタイムえさやり
ラズパイ人工知能による自動飼育への挑戦　鎌田 智也 …………………………… 85
　　　　ハードウェア構成 …………………………………………………………………………………… 85
　　　　ソフトウェア構成 …………………………………………………………………………………… 89
　　　　実験！高精度＆高速リアルタイム画像認識による自動エサやり ………………………………… 91

Appendix1　人工知能だけに飼育を任せるのは一抹の不安がある
リモート・マニュアルえさやり機能の追加　鎌田 智也 ……………………………… 93
　　　　コラム 定番画像処理ライブラリ OpenCV で日本語描画 ……………………………………… 95

Appendix2　画像に人工知能…処理性能が高くて困ることなし
ラズパイ性能を Max 引き出す…
高速表示ライブラリ＆禁断クロックUP　鎌田 智也 ……………………………… 96
　　　　性能を Max 引き出す方法1：フレーム・バッファを直接たたく高速SDL 表示ライブラリ ……………… 96
　　　　性能を Max 引き出す方法2：禁断の裏ワザ…オーバクロック設定 …………………………… 97

第3部　人工知能を作るためのソフトウェア

第1章　人工知能ソフト事典　佐藤 聖 ……………………………………………………… 100

第2章　定番も最新も対応
Pythonで使える人工知能ライブラリ　佐藤 聖 ……………………………………… 103

第3章　ゴッホ・タッチAI画伯に挑戦
ディープ・ラーニングが試せるクラウドAPI＆統計ライブラリ　原島 慧 …………… 105
　　　　ディープ・ラーニングが身近になった一因…クラウドの発達 …………………………………… 105
　　　　方法1：クラウドAPI で試すディープ・ラーニング ……………………………………………… 106
　　　　方法2：ローカルPCにもってきた統計的学習フレームワークで試すディープ・ラーニング …… 108

第4章　TensorFlowにCaffe，Chainerとプラス・アルファ
3大人工知能ライブラリ　牧野 浩二，西崎 博光 …………………………………… 112
　　　　Googleの中の人も使っている TensorFlow ………………………………………………… 112
　　　　画像処理では事実上の業界標準 Caffe ……………………………………………………… 113
　　　　時系列パターンの扱いも得意な Chainer …………………………………………………… 115
　　　　コードの書き方が初心者に分かりやすい Keras …………………………………………… 115
　　　　数値演算や関数微分の機能を提供する Theano …………………………………………… 116

Appendix1　専門用語＆英語が苦手な人のために
Tensor Flow 公式ページの歩き方ガイド　足立 悠 ………………………………… 117
　　　　公式サイトの構成 …………………………………………………………………………… 117

Appendix2　人工知能をバンバン試すために
定番「文字認識」の楽ちん体験アプリ　高木 聡 …………………………………… 120

CONTENTS

第5章 ネットから入手できる画像データセットで試す
Tensor Flowでちょっと本格的なAI顔認識 山本 大輝 ……124
- 概要 ……124
- ステップ1…顔画像取得 ……125
- ステップ2…画像の前処理 ……126
- ステップ3…学習環境の構築 ……127
- [コラム] 必須アイテムの紹介…ニューラル・ネットワークの学習状況可視化ソフト ……128
- ステップ4…学習の実行 ……130
- ステップ5…判定 ……130

Appendix3 話題アルゴリズムの理屈を簡単にまとめておく
「ディープ・ラーニング」アルゴリズムあんちょこ 足立 悠 ……133
- 予習…機械学習とは ……133
- 誕生まで ……134
- 本格的に理解するのは大変だけど…仕組みに迫る ……135

第4部 ラズパイ×クラウドで人工知能を作る

第1章 無償や100円レベルで始められるクラウド大集合
グーグル/アマゾン/マイクロソフト/IBMのクラウド&人工知能 金田 卓士 ……142
- 人工知能が動かせるコンピュータ ……142

第2章 手ぶらで俺的AIライフ・ロガーを作る
ラズパイ×カメラでクラウドAI初体験 金田 卓士 ……146
- ラズパイ×カメラ×クラウドAPIで作る「俺的AI日記コンピュータ」 ……146
- 環境構築 ……147
- プログラムの実行 ……149
- プログラム解説 ……149

第3章 画像ディープ・ラーニングの学習はクラウドが良し
顔写真から血液型を当てるラズパイ人工知能に挑戦 中村 仁昭, 岩貞 智 ……151
- 装置の全体像 ……151
- 装置構成 ……151
- 学習処理を加速するクラウド・サービスを利用 ……152
- ステップ1…学習データを準備 ……153
- ステップ2…学習データの学習 ……153
- ステップ3…正解率を高める工夫 ……154
- 学習のためのプログラム ……155
- ステップ4…ラズベリー・パイによる血液型判定 ……155
- 判定のためのプログラム ……158

Appendix1 アマゾンAWSが用意している強力サービス
あのNVIDIAがなんと数百円…クラウドGPUのススメ 中村 仁昭, 岩貞 智 ……160

Appendix2 クラウドNVIDIAと国産定番AIライブラリChainerを試す
数百円のGPU人工知能スタートアップ 中村 仁昭, 岩貞 智 ……161
- クラウド上にハードウェア環境を構築 ……161
- ディープ・ラーニング環境の構築 ……162
- 料金 ……163
- クラウドGPUの処理情報を体験する ……164

第4章 タダで使えるクラウドAPIを活用する
クラウド型ラズパイAIで音解析　西海 俊介 ……… 165
- 異音判定に人工知能を用いる理由 ……… 166
- 準備するもの ……… 167
- ステップ1…機械学習のための前処理 ……… 167
- ステップ2…統計的学習フレームワークを利用し学習モデルを作る ……… 168
- ステップ3…判定処理用訓練済みモデルの作成と公開 ……… 170
- ステップ4…ラズベリー・パイから異音検知Web APIを利用 ……… 170
- ステップ5…異音検知の結果をパソコンから見られるようにする ……… 171

Appendix3 面接触センサからあいまいな「たたく/なでる/震える/押す」を読み取る
ArduinoでAI生体センシングの研究　牧野 浩二，今仁 順也 ……… 172
- 基礎知識…自己組織化マップ ……… 172
- ハードウェア ……… 173
- ソフト ……… 174
- 自己組織化マップのデータ解析手順 ……… 176
- 実際に面接触センサのデータを計測し自己組織化マップで分類してみる ……… 177
- コラム　自己組織化マップのアルゴリズム ……… 180

第5部　手のひらGPUボードで人工知能を作る

第1章 NVIDIAの組み込み向けデバイス
処理性能1TFLOPSの名刺サイズGPUスパコンJetson TX　矢戸 知得，村上 真奈 ……… 184
- 最新AIもぶん回せる！Jetsonプラットホーム ……… 184
- Tegra X1プロセッサの特徴 ……… 185
- Jetson TX1モジュール ……… 185
- 開発環境 ……… 187
- GPU×ディープ・ラーニングで広がる世界 ……… 189
- Jetson TX1によるディープ・ラーニングの実現 ……… 191
- コラム　ディープ・ラーニングの学習処理と推論処理 ……… 192

第2章 カメラで撮影した状態をテキストで教えてくれる
携帯型GPUスパコンで作るAI画像認識の音声ガイド　村上 真奈，矢戸 知得 ……… 194
- 作るもの ……… 194
- ハードウェアの準備 ……… 195
- ソフトウェアの準備 ……… 196
- 実験1…机上動作 ……… 197
- 実験2…屋外動作 ……… 198
- 実験3…静止画の認識 ……… 198
- 動作の検証 ……… 200
- 改良のアイデア ……… 201
- コラム　ディープ・ラーニング組み込みアプリケーションの開発サイクル ……… 203

初出一覧 ……… 204
主な著者の略歴 ……… 206

▶本書の各記事は，「Interface」に掲載された記事を再編集したものです．初出誌は初出一覧（pp.204-205）に掲載してあります．

第1部
ディープ・ラーニングでラズパイ人工知能を作る

本書で紹介する手順等は執筆時点のものです．ソフトウェアのバージョンUP等によって手順が変わる可能性がありますので，適宜読みかえてください

イントロダクション

グーグルが大サービス！ 手のひら人工知能が自宅で作れる時代

編集部

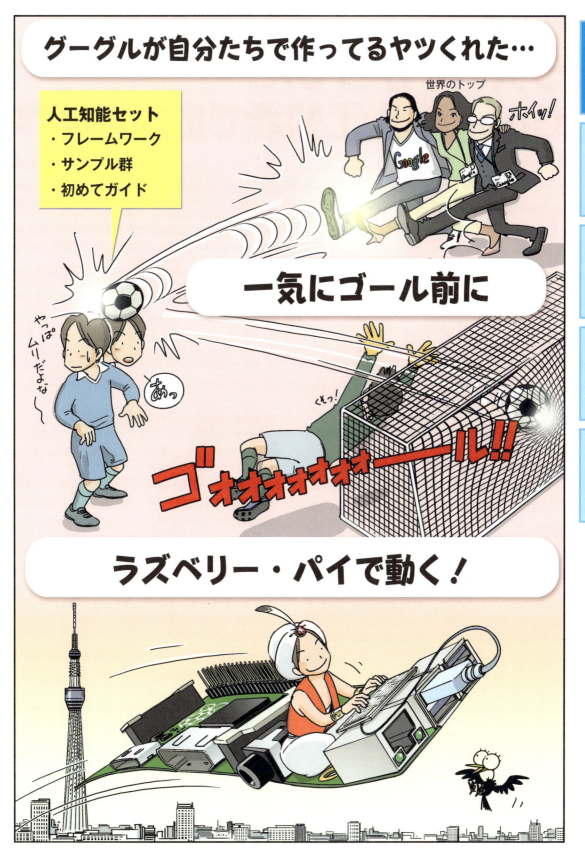

第1部

第1章 ビギナから使える世界トップのAIライブラリON!

ラズパイからOK! Google人工知能で広がる世界

足立 悠, 小池 誠, 佐藤 聖

GoogleはAIのトップランナー

人工知能（AI）に関するニュースを新聞やテレビで目にする機会が増えています．皆さんも既にその恩恵に授かっているのですが，そのAI技術を支えている企業の1つがGoogle社です．

● そもそも今のAIブームの発端はGoogleの画像認識

Google社が猫を認識するAIを開発した，というニュースが2012年に発表されました．人間が機械に「これ（対象）は猫だ」と正解を教えることなく，機械が自分で学習し対象が猫だと理解したという内容が衝撃的で業界を賑わせました．ニュース・ソースはGoogle社のブログです[1]．

このニュースを発端に，AI技術が社会的に認知され，一大旋風を巻き起こしました注1．

● GoogleのトップAI技術①…囲碁ソフト

2015年10月，Google社が開発した囲碁ソフト「AlphaGo」注2が人間のプロ囲碁棋士に初めて勝利したニュースが話題となりました．従来の囲碁ソフトは，囲碁のルールと棋譜（対局者が行った手をの記録）をもとに，次の打つ手を考えていました．それに対してAlphaGoは，実際に対局し，勝った時と負けた時それぞれの結果と結果に対する状況（攻撃の手や守りの手など）をディープ・ラーニングを使って学習しています．

AlphaGoの登場を皮切りに，各社でディープ・ラーニングを搭載した囲碁ソフトの開発が進められています．

● GoogleのトップAI技術②…多国語翻訳サービス

2016年9月，Google社は従来の翻訳サービスGoogle翻訳を，ディープ・ラーニングを搭載した「Google Neural Machine Translation (GNMT)」に切り替えた

注1：DeepMindというライブラリを利用している．
注2：https://deepmind.com/research/alphago/

ことを発表しました．

ある新聞では，TOEIC 700点取得者ほどの能力を持っていると記載されていました．対象言語は英語，中国語，日本語，フランス語，ドイツ語，スペイン語，ポルトガル語，韓国語，トルコ語です．ディープ・ラーニングの搭載によって，文脈を考慮し文章全体として意味の通る翻訳が可能になりました．

その後，Microsoft社もディープラーニングを搭載した「Microsoft Translator」を発表するなど，各種翻訳サービスへのディープ・ラーニングの実装が進められています．

● GoogleのトップAI技術③…検索エンジン

Google検索エンジンで何らかのキーワードについて検索すると，結果をランク付けして表示します．ウェブ・ページの質を重要度とし，高い順にランク付けしています．質とは例えば，文章の流れとして筋が通っている，文章がオリジナルである，文法が間違っていないなど挙げられます．

重要度の算出には従来，PageRankと呼ばれるアルゴリズムを適用していましたが，2015年にディープ・ラーニングを搭載した「RankBrain」と呼ばれるアルゴリズムを導入しました．検索エンジンにディープ・ラーニングを搭載したことにより，ウェブ・ページの質を判断する基準を機械で自動的に作成できるようになりました．

Google社はこの検索エンジンを他社にも提供しています．

● GoogleのトップAI技術④…自動運転

人間は車を運転する際，交通状況を判断してアクセルを踏む，ブレーキをかけるなどの動作を行います．Google社を始め各自動車関連のメーカは，人間のこの動作を機械で制御し自動化する「自動運転技術」の開発を進めています．自動運転技術では，GPSによる位置データ，車体に搭載された各種センサ・データ，画像データなどのさまざまな情報を機械にディープ・ラーニングで学習させています．その結果，車線変更

第1章　ラズパイからOK！ Google人工知能で広がる世界

や追い越し，歩行者を避けるなどを自動で判断し実行します．

Google社は本格的な自動運転技術開発を始めた最初の企業です．今後は子会社のWaymo（ウェイモ）[注3]を中心に，FCA（フィアット・クライスラー・オートモービルズ）社，ホンダ社など各自動車メーカと共同で自動運転の実用化に向け技術開発を進めていくようです．

そんなGoogleが提供するオープンソースAIライブラリTensorFlow

● 商用/非商用を問わず使用できる

Googleは，TensorFlowという人工知能向けライブラリ（フレームワーク）を提供しています．オープンソースのライブラリであり，商用/非商用を問わず使用できます（Apache2.0ライセンス記載）[注4]．

● 開発言語はPythonとC++

TensorFlowのコア部分はC++で実装されていますので，ユーザはC++を使って学習とモデル作成を行うことができます．

Pythonの場合は多くのアルゴリズムが既に関数として用意されているため，複雑な演算を意識することなく簡易に実装できます[注5]．Pythonはスクリプト言語であり，これからプログラミングを始める方向けの言語です．Pythonは初めてという方も，他の言語に慣れていれば実装は可能です．

動作環境

● ほとんどのコンピュータで動く

TensorFlowはLinuxとOSXをサポートしており，pip installで入手できます．2016年11月29日にバージョンのr0.12がリリースされ，64ビット版Windowsへも直接インストールできるようになりました．

32ビット版WindowsユーザはLinux仮想環境を構築するDockerを利用するなどの手段で，TensorFlowを使って開発できます．環境の構築については後の章で紹介します．

● ラズベリー・パイなどのボードでも動く

TensorFlowにはラズベリー・パイ用のインストーラも用意されています．第2章以降のキュウリ仕分け機の事例では，ラズベリー・パイ3にTensorFlowを搭載し，キュウリのサイズや曲がり具合で階級を判断する学習済モデルを動かしていました．

個人で試せる

ハードウェア（組み込み機器）とTensorFlowを組み合わせることで何ができるのか，いくつかの事例と今後の可能性について紹介します．

● 判定に客観性を持たせる…キュウリの自動仕分け

キュウリの仕分け作業では基本的に，キュウリ1本1本の特徴を目視で確認し，人手でランク別に分類しているようです．しかし人手での作業は非常に時間がかかるため，TensorFlowを使ってキュウリを等級/階級別に自動分類しています．

ここではデータの学習にPC，データの判定にラズベリー・パイ3，仕分けマシンの制御にArudino Microを使っています．

学習のための正解データ（ある特徴を持つキュウリの等級/階級はXXである）として，人手で仕分けしたキュウリの画像を使っています．

学習モデルの構築は，TensorFlow公式サイトのチュートリアル「Deep MNIST for Experts」がベースとなっています[注6]．このチュートリアルでは，手書き数字（0～9）の画像データセットMNIST（Mixed National Institute of Standards and Technology）database[注7]を使って，畳み込みニューラル・ネットワーク・アルゴリズムによるモデル学習を行います．

あだち・はるか

● 自動で分別してくれるゴミ箱！

TensorFlowとラズベリー・パイを利用して身近な問題をスマートに解決した例として，自動分別ゴミ箱があります．

サンフランシスコで開催されたハッカソンで作られたこのゴミ箱は，ラズベリー・パイのカメラを使って，捨てられたゴミがリサイクル可能なものかどうかを判断して，自動で分別してくれるというものです(2)．

広がる世界！ こんな装置が作れるかも

筆者はカメラ画像からキュウリの等級/階級を判断

注3：https://waymo.com/
注4：もともとGoogle製品の機能は「DistBelief」と呼ばれるGoogle社の社内基盤を使って開発されていました．実用性は認められ検証されているものの，DistBeliefはGoogle社内の環境に依存したものだったため，外部に公開することが不可能でした．そこで社外に公開でき，そしてDistBeliefよりも処理速度が速く（2倍と言われる），拡張性に富んだTensorFlowが開発されました．
注5：PythonのAPIは数千用意されています．https://www.tensorflow.org/versions/r0.11/api_docs/index.html．APIの詳細はAppendix2で解説します．
注6：https://www.tensorflow.org/versions/r0.11/tutorials/mnist/pros/index.html
注7：http://yann.lecun.com/exdb/mnist/

第1部　ディープ・ラーニングでラズパイ人工知能を作る

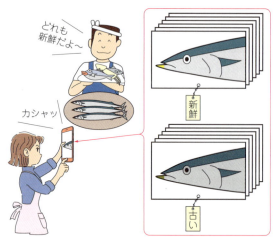

図1　魚屋さんのノウハウを吸収！さんまの鮮度判定器が作れる

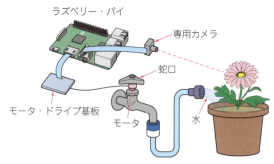

図2　植物のしおれ具合を判断し給水してくれる装置が作れる

するシステムを作りました（第2章以降で紹介）．同じ手法でいろいろなアプリケーションが作れます．

● さんまの鮮度判定器

スーパーでさんまを買うときに，少しでも鮮度のよいものを選びたいですよね．さんまの鮮度は下あごの色や目の色などから判断可能だと言われています．

そこで，さんまの写真をたくさんとってTensorFlowで学習することで，さんまの鮮度判定器が作れるかもしれません．スマホアプリとして実装すれば，賢い買い物ができるかもしれません（図1）．

● 観葉植物の自動管理装置

観葉植物の水やりを自動化できるかもしれません．TensorFlowで植物のしおれ具合を判断し，必要な分量の水を，ラズベリー・パイを使ってかん水することもできるでしょう（図2）．さらに，葉焼けやカビ，低温障害なども自動で判断して，アラームを鳴らすなんてこともできそうです．

● 酔っぱらい判断装置

顔画像を使って酔っぱらい判断装置が作れそうです．玄関にカメラを設置すれば，旦那が酔っぱらって帰ってきたときは，玄関のカギを開けないなんてこともできるかもしれません（図3）．アイディア次第でまだまだいろいろな装置が作れそうですね．

こいけ・まこと

● 顔認識ドアホン

ラズベリー・パイにTensorFlowライブラリを組み込めば，どんな工作ができるかアイディアを出してみましょう．例えば，状況に応じて対処を選択できる顔認識ドアホンが作れるかもしれません（図4）．

- 知り合いがドアの前に立つとドアホンのボタンを押す前に玄関先に○○さんが来たとスマホに通知
- 知らない人なら呼び鈴が鳴らずに留守録で対応
- 家族ならドアロックを自動解錠

実現方法としては，あらかじめ家族の写真やドアホンに写る画像データからPCで教師データを作成します．ドアホンのカメラ映像をラズベリー・パイで受信して，顔の画像と教師データとを比較して，ドアの前に立つ人が誰かを顔認識します．

知らない人の画像を近所で共有できるようにしたら，防犯に役立ちますね．

ラズベリー・パイのような小型ボードで実現できれば，夜間に自動車が所有者を見つけて，所有者を自動車まで誘導するのにライトで足下を照らしたり，所有

図3　度を越して酔っているときはドアを開けない装置が作れる

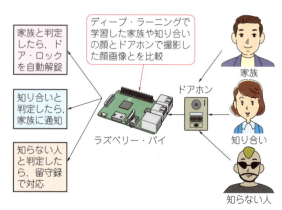

図4　顔認識ドアホンがあれば不審者を寄せ付けない

◆参考文献◆

(1) Using large-scale brain simulations for machine learning and A.I., 2012, Google.
https://googleblog.blogspot.jp/2012/06/using-large-scale-brain-simulations-for.html

第1章　ラズパイからOK! Google 人工知能で広がる世界

図5　なくした物を探してくれるシーリング・ライトのイメージ

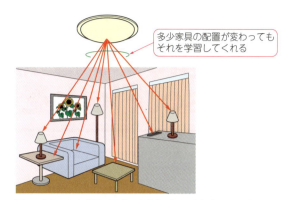

図6　あらかじめ部屋の画像から教師データを作成しておく

者以外が自動車に近づいたときには所有者のスマホに通知したりするなどの使い方ができそうです．

● なくした物を探してくれるシーリング・ライト

　部屋でなくした物を探せるシーリング・ライトが作れると思います．図5のようにシーリング・ライトに音声認識と画像認識を組み込めば，「鍵はどこ？」などと探している物の名前を話すと，カメラで部屋の中から対象物を認識して，対象物の位置を赤のスポット・ライトで照らしてくれる工作ができると思います．

　実現方法は，シーリング・ライトにカメラ，マイク，スポットライトを動かすサーボモータをつなげたラズベリー・パイを内蔵します．あらかじめ図6のように部屋の画像からテーブル，椅子，テレビ，ソファー，リモコン，植木鉢，床など部屋にある物の画像からPCで教師データを作成します．部屋の中をカメラ撮影して，教師データと照らし合わせて室内の物を位置を特定します．

　別の部屋にあるシーリング・ライトと連携すれば，家中の物の位置情報を特定して捜し物を見つけ出すことができ，新たに加わった物を探したりするのにも応用できます．

　もし，通常定位置にある物が地震により動いたら転

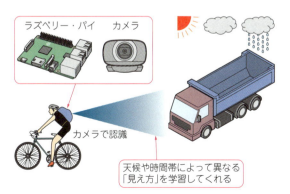

図7　自転車で後方の危険を察知するイメージ

倒を予測して通知することもできるでしょう．

● 歩行者や自転車の背後の危険を察知

　ラズベリー・パイにカメラを接続して，背後から車両や自転車の接近を教えてくれる危険予知の工作もできると思います（図7）．接近を検知したら，バイブレータやLEDフラッシュなどで注意を促します．

　実現方法はリュックサックにカメラを取り付けたラズベリー・パイをセットして，後方より接近する車両や自転車を画像認識させます．日中／夕方／夜間などの時間差，晴れ／曇り／雨などの天気の違いで車両や自転車の見え方がかなり異なります．時間帯や天気とそのときの画像を教師データとして学習すれば，見え方の違いを克服できるようになります．

● 良い質問をしてくれる装置

　良いアイディアがあっても忘れてしまうことがあります．そうした場合に，良い質問をしてくれる人がいると思い出しやすくなります．ディープ・ラーニングで日常の会話やメールの内容，ウェブ閲覧履歴を学習させ，対話的に話題に即した質問をしてくれると役立つかもしれません．思い出した情報をディープ・ラーニングの新たな学習データとして再学習に利用すれば，徐々に質問がうまくなるかもしれません．

　実現方法は，音声認識で会話をテキスト・データに変換して，ディープ・ラーニングで自然言語処理して，会話に関連した質問を生成します．質問内容と回答を記録して体系化すれば，よくある質問だけでなく，意外な質問をしてくれるかもしれません．また，質疑応答の内容はアイディアのネタ帳として役立つかもしれません．

　上記の応用として，アイディアの共起分析をすれば，アイディアを可視化でき，今まで試したことがないアイディアや，その組み合わせを発見できるかもしれません．

さとう・せい

(2) Auto-Trash sorts garbage automatically at the TechCrunch Disrupt Hackathon.
　　https://techcrunch.com/2016/09/13/auto-trash-sorts-garbage-automatically-at-the-techcrunch-disrupt-hackathon/

第1部

Appendix 1　オープンソースで初心者も独学OK！
Googleの人工知能ライブラリ TensorFlowを勧める理由

佐藤 聖

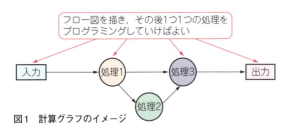

図1　計算グラフのイメージ

　ディープ・ラーニングを理論からマスタし，自分でプログラムを書けるようになるには何年もかかります．最近では，いろいろな団体や企業からディープ・ラーニングを試すためのライブラリ／フレームワークが提供されています．各社特徴がありますが，ここではTensorFlowを利用することにしました．理由は下記の通りです．

● 理由1…トップランナーGoogleが作って実際に使っているくらいの品質

　TensorFlowはGoogle社の機械学習研究機関のGoogle Brainチームに参加していた研究者やエンジニアによって開発されました．Googleが提供している画像認識や音声認識，翻訳などにTensorFlowが使われています．

● 理由2…初心者も独学で始められる

　TensorFlowの公式サイト（https://www.tensorflow.org/）にはチュートリアルがあります．試しにチュートリアルに沿ってMNISTやCIFAR-10などを実行してみるとディープ・ラーニング等がどのように機能するのか体験できます．
　紹介されているプログラムのアルゴリズムを理解しようとすると，調べないと分からない用語も出てきます．そのことがディープ・ラーニングや機械学習のとっかかりになります．

● 理由3…オープンソースで使いやすい

　CaffeのBSD-2ライセンスやChainerのMITライセンスはとても緩いですが，TensorFlowはApache 2.0ライセンスであり，それ以上に緩いです．作者から利用者への特許権の許可を明確にしています．
　詳細：http://d.hatena.ne.jp/nishiohirokazu/20140221/1392962370

　図解：http://www.catch.jp/oss-license/2014/02/22/apache-license2-0/

● 理由4…処理の流れが視覚的にわかるように図示できる

　TensorFlowのプログラムは，計算をグラフとして構築する部分と，グラフを実行する部分に分かれます．
　計算をグラフで構築する部分は図1のようなデータ・フロー図をイメージすると理解しやすいです．プログラミング経験があれば，計算をフローとして「関数化」しているとイメージすると分かりやすいと思います．
　データは入力から処理1に流れて計算を処理され，処理1の結果は処理2に流れて計算を処理し，処理1と処理2の結果を処理3に流して計算を処理します．そして処理3の結果を出力に流すフローを作ります．このようにフロー構造（グラフ）を最初に定義すればよく，データ・フロー図を描いてからコードを書いていくと理解しやすいと思います．

● 理由5…性能UPしたいときはすぐにGPUで動かせる

　TensorFlowにはCPU版とGPU版があります．CPU版で開発したコードでも，GPU版をインストールすれば，ほぼそのまま動きます．公式サイトの「HOW TO」でサブタイトル「Using GPUs」（https://www.tensorflow.org/how_tos/using_gpu/）に詳しい説明があります．基本的にはGPUが搭載されていればCPUよりもGPUが優先されます．明示的にCPUだけで処理するには「tf.device('/cpu:0')」，GPUで処理するには「tf.device('/gpu:0')」を宣言すればよいだけです．「cpu:」や「gpu:」の後ろに付く数字はCPUやGPUのID番号です．CPUやGPUが1つならいずれも「0」です．CPUやGPUが複数搭載されていても明示的にID番号を指定しないとデフォルトでID番号「0」で処理されます．複数タスクを複数CPUやGPUに分散して実行するには，タスクにCPUやGPUを明示的に割り当てる必要があります．
　このように簡単にGPUが利用できるのでグループでプログラム開発するときにハードウェアの違いをほとんど意識せずに済みます．

さとう・せい

第1部

第2章 試せるぼくらの小規模スマート農業!?

ラズパイ×Google人工知能…キュウリ自動選別コンピュータ

小池 誠

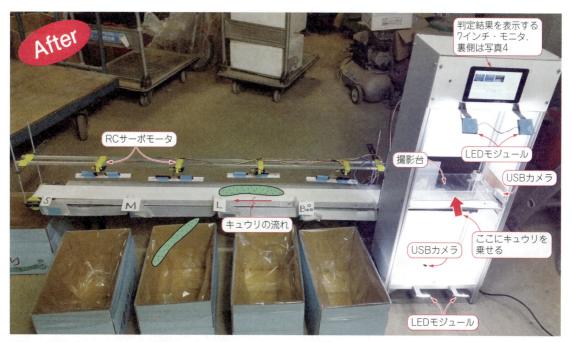

写真2 今回ラズパイ×Google人工知能ライブラリで実現したキュウリ自動選別コンピュータ

写真1
現在の仕分け作業
…手作業で8時間もかかってます

第1部 ディープ・ラーニングでラズパイ人工知能を作る

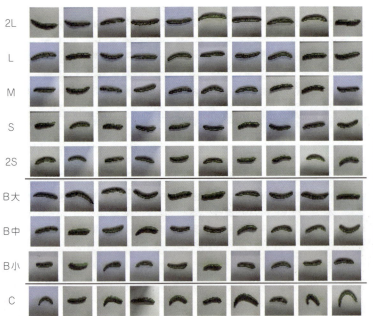

表1 キュウリの仕分け基準の例

(a) 等級・階級表

等級	秀品				B品			C品
階級	2L	L	M	S	2S	大	中	小	-

(b) 等級の仕分け基準の例

	秀品	B品	C品
曲がり具合	真っ直ぐ ←――――→ 曲がっている		
太さ	均一 ←――→ 不均一(先細り，先太り)		
色艶	艶がある ←――――→ 艶がない		
傷	ない ←――――→ ある		

(c) 階級の仕分け基準の例

	2L	L	M	S	2S
長さ	約25cm以上	約23〜25cm	約21〜23cm	約19〜21cm	約17〜19cm

写真3 ぜひとも人工知能コンピュータを投入したい…農家のキュウリの仕分け

写真4 人工知能によるキュウリの等級/階級判定はラズベリー・パイ3で行う

ここでは，私がラズベリー・パイとGoogleのオープンソース・ライブラリを組み合わせて作ったオリジナル人工知能コンピュータを紹介します．これを使って，現在手作業で行っているキュウリの仕分け(**写真1**)のスマート化(**写真2**)に挑戦しました．

人工知能(ディープ・ラーニング)に注目したきっかけ

● 農家がやっていること

野菜の仕分け(選果)作業はご存知でしょうか．一般的に農家が収穫した野菜は，卸売市場に出荷される

第2章　ラズパイ×Google人工知能…キュウリ自動選別コンピュータ

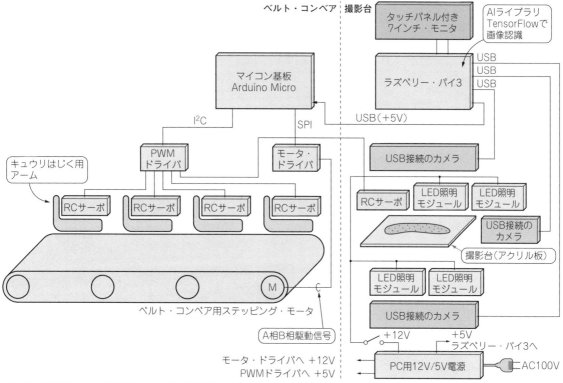

図1　ラズパイ×Google人工知能…キュウリ自動選別コンピュータのハードウェア構成

表2　AIキュウリ自動選別コンピュータに使った部品

品　名	型　式	個数	用　途	入手先
ラズベリー・パイ 3 Model B	－	1	サイズ判定	秋月電子通商
7インチ・モニタ　タッチパネル付き	899-7466	1	UI	秋月電子通商
USB接続のウェブ・カメラ（上部, 下部）	Logicool C270	2	キュウリ画像の撮影	Amazon
USB接続のウェブ・カメラ（側部）	ELECOM UCAM-C0220FE	1	キュウリ画像の撮影	Amazon
LED照明モジュール	AE-LEDLAMP-7X5	4	照明	秋月電子通商
スイッチ	1MS1-T1-B1-M2-Q-N	1	LED照明のON/OFF	秋月電子通商
USBケーブル（Aオス　microBオス 1.5m）	－	1	ラズパイ-Arduino通信用	秋月電子通商
RCサーボモータ	SG-5010	1	アクリル版の上下駆動部	秋月電子通商

(a) 撮影台

品　名	型　式	個数	用　途	入手先
Arduino Micro	－	1	ベルト・コンベアの制御	秋月電子通商
PC用ATX電源（MAX330W）	－	1	システム全体の電源	PCショップ
L6470 ステッピング・モータ・ドライバ・キット	－	1	ベルト・コンベア駆動用	ストロベリー・リナックス
42mm ステッピング・モータ 2.8V 2相 400ステップ	ST-42BYH1684-1613	1	ベルト・コンベア駆動用	ストロベリー・リナックス
PCA9685搭載16チャネル PWM/サーボ ドライバー（I2C接続）	－（Adafruit製）	1	キュウリ選別アーム駆動	スイッチサイエンス
RCサーボモータ	SG-5010	4	キュウリ選別アーム駆動	秋月電子通商

(b) ベルト・コンベア

第1部　ディープ・ラーニングでラズパイ人工知能を作る

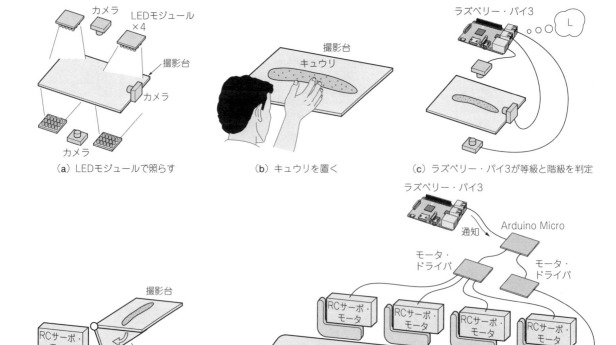

図2　キュウリ自動選別コンピュータの動作フロー

前に，病気や傷があるものが除かれたり，大きさ，形，色などにより等級・階級別に仕分けされます．

これは，不良品の市場出荷を防ぐためであり，加えて，品質，サイズを揃えることで買い手が安心して生産物を選ぶことができるようになり，より高い値段で買ってもらえるためです．

私が生産しているキュウリも出荷前には仕分け作業を行っており，収穫したキュウリを9種類の等級および階級に選別しています．**写真3**が実際の等級・階級別に並べたキュウリです（**写真4**が判定を行う装置）．

等級は，曲がり具合，太さ，色艶，傷の有無など，生産物の品質により3種類に分けています．

階級は，長さにより，秀品は5種類，B品は3種類に分けています（**表1**）．

● キュウリ仕分けに手作業で8時間…なんとかしたい！

この仕分け作業ですが，私たちのような小規模農家では，ほとんど人間の手で行っています（**写真1**）．繁忙期には1日8時間もかかる大変な作業なので，なんとか自動化できないかと考えていました．そこで注目したのがディープ・ラーニングです．取り分け画像認識の分野においては，人間の精度を超えたとも言われているディープ・ラーニングを使えば，キュウリの仕分けもできるのではないかと考えたわけです．

ということで，今回はディープ・ラーニングを使ってキュウリの仕分けにチャレンジしてみました．

ハードウェア

写真2が今回作成した自動選別コンピュータです．ハードウェアの構成を**図1**に示します．右上表示パネルの裏にはラズベリー・パイ3が入っており（**写真4**），キュウリの階級/等級を判定します．使用した部品は**表2**の通りです．制作に当たっては，気軽に使えるようなものを目標としているため，できるだけコンパク

第2章 ラズパイ×Google人工知能…キュウリ自動選別コンピュータ

写真5 モータ類の制御にはマイコン基板Arduinoを使った

写真6 その1：ベルト・コンベア用ステッピング・モータ

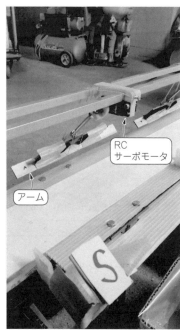

写真7 その2：キュウリを箱に送り出すアーム用RCサーボモータ

ト，安価，部品調達が簡単なものを選びました．

● 動作のフロー

基本動作を図2に示します[注1]．

- 撮影台をLEDモジュールで照らす[図2(a)]
- 人間が撮影台にキュウリを置く[図2(b)]
- USB接続のUSBカメラで撮影(3カ所)
- ラズベリー・パイ3でキュウリ画像を取り込む
- ラズベリー・パイ3上の人工知能で等級と階級を識別[図2(c)]
- 識別結果をベルト・コンベア側のマイコン基板Arduino(写真5)に通知
- ArduinoがRCサーボモータを動かしキュウリをベルト・コンベアに送り出す(落とす)[図2(d)]
- Arduinoがステッピング・モータ(写真6)を回しベルト・コンベアを動かす[図2(e)]
- そして指定の位置までキュウリを運搬
- Arduinoが指定の位置でアーム(写真7)を動かしキュウリを箱に移す[図2(e)，写真8]

ソフトウェア

自動選別コンピュータとしての動作は，上記の通りです．キュウリの等級/階級判定には，ディープ・ラーニングを利用しています．今回はGoogleが提供しているTensorFlowという機械学習用ライブラリを，Python言語で利用しています．詳細はこの後の章にて順に説明します．

写真8 箱に移されるキュウリ

注1：動画をYouTubeにアップしてあります．https://www.youtube.com/watch?v=Nho2yyCdb3A

第1部　ディープ・ラーニングでラズパイ人工知能を作る

表3　キュウリ自動選別コンピュータの制作に使用したコンピュータ

マシン 項　目	デスクトップ PC	ノートPC	ラズベリー・ パイ3
型名	Magnate EM	ThinkPad X200	－
メーカ名	ドスパラ	Lenovo	ラズベリー パイ財団
CPU	Core i5 3470	Core 2 Duo P8400	BCM2837
クロック	3.2GHz	2.26GHz	1.2GHz
GPU	未使用	未使用	－
RAM［バイト］	24G	1G	1G
HDD［バイト］	1T	160G	
OS	Ubuntu 14.04	Ubuntu 14.04	Raspbian (2016-5-27)
TensorFlow	0.10.0	0.10.0	0.10.0

● 開発環境／動作環境

　キュウリ学習用のデスクトップPCの仕様を**表3**に示します．デスクトップPCのOSはUbuntu 14.04です．このOS上にTensorFlowをインストールしています．

　キュウリ識別用のノートPCの仕様を**表3**に示します．ノートPCのOSもUbuntu 14.04です．このOS上にTensorFlowをインストールしています．

　特集ではキュウリの識別プログラムをラズベリー・パイ3で動くようにしています．ラズベリー・パイ3上のOSはRaspbianです．このOS上で，TensorFlowのC++ライブラリをビルドして使用しています．

● 学習や判定のアプリケーション・プログラム

　TensorFlowが用意してくれているディープ・ラーニングのAPIはPythonとC++です．今回は学習，判定のプログラムをPythonで記述しています．

こいけ・まこと

第1部
Appendix 2　AIの定番言語Pythonから無料で使える
Google人工知能ライブラリ TensorFlowの正体

佐藤 聖

位置づけ

● Google社の人工知能群の一つ

TensorFlowはGoogleが提供する人工知能ライブラリの1つです．Googleグループでは他にも人工知能ライブラリを持っています．例えば以下があり，図1のような関係になります．

- TensorFlowと連携して言語構文を解析するSyntaxNet
- 囲碁を通じての人工知能研究を目的としたAlphaGo（現在ライブラリ非公開）
- 人間並みの制御ツールとしてのDQN

● 用途は研究からビジネスまで

TensorFlowは人工知能を開発するのに便利な機能が多数用意されています．オフィスで一般的に利用される会計処理やBIツール注1などにも使えます．アルゴリズム次第で人工知能だけでなく一般的な数学や統計などの計算処理ができるので，汎用性の高い人工知能ライブラリと言えます．

つまり，Googleの人工知能＝TensorFlowではないですし，TensorFlow＝ディープ・ラーニングでもないのです．ディープ・ラーニングは処理負荷が高くなりがちです．もし，処理負荷がより低いサポート・ベクタ・マシンやニューラル・ネットワークで成果が得られるなら，あえてディープ・ラーニングを選択しないケースも考えられます．TensorFlowなら比較的簡単なコーディングでさまざまなアルゴリズムを高速に処理することができるので魅力です．

用意されているAPI

● 数がすごい…Pythonの場合は3780個

TensorFlowライブラリには多種多様なAPIが用意されています．Pythonで利用できるAPIは表1のように43カテゴリがあり，公式サイトのガイドには3780のAPIが定義されていました注2．

注1：ビジネス・インテリジェンス・ツール．企業が持つ大量のデータを収集・分析する．

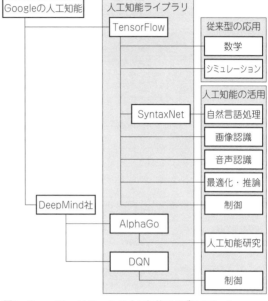

図1　TensorFlowはGoogleの人工知能ライブラリの一つ

● APIの一例

表2は数学関連のAPIの例です．基本的にはそれぞれの引き数に値を渡せばよく，表計算ソフトの関数のような手軽さです．

表3はニューラル・ネットワーク関連のAPIの例です．これ以外にも多数のAPIがあり，組み合わせによってディープ・ラーニングのアルゴリズムも作成できます．APIの詳細な説明は公式サイトのガイドにあり，APIの処理内容，引き数や戻り値の説明，サンプル・コード，エラー発生ケースが掲載されているので参考にできます．

さとう・せい

注2：この中で3割近くはGoogleではなく，TensorFlowコミュニティの個人や企業から寄与されたAPIを含んでいます．寄与ガイドライン（https://github.com/tensorflow/tensorflow/blob/master/CONTRIBUTING.md）なるものがあり，APIを寄与すればTensorFlowの機能拡張に貢献することもできます．

第1部 ディープ・ラーニングでラズパイ人工知能を作る

表1 Pythonで利用できるAPI

カテゴリ	主な機能
グラフの作成	コア・グラフのデータ構造，テンソル・タイプ，ユーティリティ関数，グラフ・コレクション，新しい操作の定義，TensorFlow構築ライブラリ，その他の関数とクラス（TensorFlowデバイスの仕様を表示，新しいDeviceSpecオブジェクトを作成，DeviceSpecの文字列表現を返すなど）
アサーションとブール・チェック	アサーションとブール・チェック関連関数
定数，シーケンス，ランダム値	定数値テンソル，シーケンス，ランダム・テンソル
変数	変数，ヘルパ関数，保存，復元，共有，シャーディングのための変数パーティショナ，スパース変数の更新，メタグラフのエクスポートとインポート
テンソル変換	キャスティング，図形，形状，分離，接合，偽量子化
数学	算術演算子，基本的な数学関数，行列演算関数，複素数関数，フーリエ変換関数，削減，スキャン，セグメンテーション，シーケンスの比較と索引付け，その他の関数とクラス（要素ごとに$x*y$を返す，要素の負の数値を計算，要素ごとに$x-y$を返すなど）
文字列	ハッシング，接合，分割，変換
ヒストグラム	ヒストグラム関連関数
制御フロー	制御フロー操作，論理演算子，比較演算子，デバッグ操作
高次関数	高次演算子
テンソル配列操作	テンソル配列操作のメソッドとクラス
テンソル・ハンドル操作	テンソル・ハンドル操作
イメージ	エンコードとデコード，リサイズ，トリミング，反転，回転，転置，色空間間の変換，画像調整，バウンディング・ボックスの操作
スパース・テンソル	スパース・テンソル表現，変換，操作，削減，数学的な操作
入力と読み込み	プレースホルダ，読み込み，変換，キュー，条件付きアキュムレータ，ファイル・システムへの対処，入力パイプライン
データIO	データIOに関するPython関数
ニューラル・ネットワーク	アクティベーション関数，畳み込み，プール，形態学的フィルタリング，正規化，損失，分類，埋め込み，リカレント・ニューラル・ネットワーク，コネクショニスト時系列分類法，評価，候補サンプル，その他の関数とクラス（バッチ正規化，4-D入力とフィルタ・テンソル与えられた2次元の深さ方向の畳み込みを計算など）
ニューラル・ネットワークRNNセル	全てのRNNセルのベース・インターフェース，TensorFlowのコアRNNメソッドで使用するためのRNNセル，分割RNNセル状態を格納するクラス，RNNセル・ラッパ
グラフの実行	セッション管理，エラー・クラスと便利な関数
トレーニング	最適化，勾配計算，勾配クリッピング，学習率の低下，移動平均，コーディネータとキュー・ランナ，分散実行，要約操作，イベント・ファイルへのサマリの追加，トレーニング・ユーティリティ，状態保存でミニバッチへのシーケンス分割入力，オンライン・データ・リサンプリング，バケット，その他の関数とクラス（集計勾配を同期させてオプティマイザに渡す，var_list変数のために損失の勾配を計算，チーフが終了する前に実行するクリーンアップ操作を返すなど）
Pythonラップ関数	スクリプト言語演算子
要約操作	要約生成，ユーティリティ，その他の関数とクラス（指定されたメッセージの内容を現在のメッセージにコピー，初期化されていない必須フィールドを検索など）
テスト	単体テスト，ユーティリティ，勾配チェック，その他の関数とクラス（TensorFlowベンチマークのヘルパを提供する抽象クラス，ベンチマーク報告，与えられたセッションで操作またはテンソルを実行など）
ベイズ・フロー・エントロピー	操作（負のカルバック・ライブラ情報量や変分下限の出現率の見積もり，モンテカルロまたはシャノンのエントロピーの決定論的計算，Renyiダイバージェンスに現れる比率のモンテカルロ推定，Renyi比率に適した指数関数的に減衰するテンソルなど）
ベイズ・フロー・モンテカルロ	操作（期待値のモンテカルロ推定）
ベイズ・フロー・確率グラフ	確率の計算グラフ・ヘルパ関数
ベイズ・フロー・確率的テンソル	確率的テンソル・クラス，確率的テンソル値のタイプ，その他の関数とクラス（観測値を持つ確率的テンソルなど）
ベイズ・フロー・変分推論	操作（カルバック・ライブラ情報量の計算，計算を制御する定数，変分StochasticTensorを事前分布に関連付けなど）
可変次数	可変次数レイヤ構築の関数
統計的分布	ベース・クラス，スカラ分布，多変量分布，変換分布，混合モデル，先行するコンジュゲートによる通常の尤度，カルバック・ライブラ・ダイバージェンス
ランダム変数変換	全単射
FFmpeg	FFmpegを使用したオーディオのエンコードとデコード
フレームワーク	引き数範囲，変数
グラフ・エディタ	モジュール・ユーティリティ，モジュール選択，モジュール・サブグラフ，モジュール・リルート，モジュール編集，モジュール変換，モジュール・マッチ，有用なエイリアス
統合	操作（常微分方程式のシステムを統合など）
レイヤ	ニューラル・ネットワーク・レイヤ構築のための高レベル操作，正則化，初期化，最適化，要約，特徴列
学習	推定，グラフ・アクション，入力処理
モニタ	操作（通常使用されるモニタのデフォルト・セットを返す，モニタの基本クラス，トレーニングの開始時に呼び出す，トレーニング/評価の終了時にコールバックなど），その他の関数とクラス（モニタをSessionRunHookにラップ，モニタをフックでラップなど）
損失	関数とクラス（トレーニング手順に絶対差分損失を追加，損失のコレクションに外部定義された損失を追加，loss_collectionからの損失リストを取得，総損失を示す値をテンソルに返す，ヒンジ損失の損失テンソルを返すなど）
RNN	RNNセル追加，その他の関数とクラス（双方向GridLstm，LSTMセルのパラメータを初期化，レイヤ正規化および再帰的ドロップアウトを伴うLSTMセル，双方向リカレント・ニューラル・ネットワークを作成など）
メトリクス	メトリック操作，操作の設定
ユーティリティ	ユーティリティ関数（TensorProtoを作成，テンソルからnumpy ndarrayを作成，グラフで使用される操作のリストを収集など）
グラフ要素のコピー	関数とクラス（1つのグラフからの操作オリジナル・インスタンスを与える，1つのグラフからの変数インスタンスを与える，幾つかのグラフから操作インスタンスを与えるなど）

Appendix 2　Google人工知能ライブラリTensorFlowの正体

コラム　TensorFlowでもよく出てくる…ディープ・ラーニングがスゴイ理由　　佐藤 聖

● 従来は特徴量を手作業で抽出していた

人間は犬や猫の種類が違っても意識せずに犬らしさや猫らしさを読み取り，犬か猫かを判別します．逆に犬らしい特徴を備えた猫は犬と誤認します．ディープ・ラーニング以前は，犬と猫の顔を画像認識させるために研究者や技術者が犬と猫の顔から特徴量を計算してニューラル・ネットワークの変数として設定しました．この作業は機械学習の知識に加えて犬や猫の違いを識別するために動物の知識も必要になります．やっかいなことに画像認識対象を犬や猫ではなく猿とシマウマに変える必要が生じたら猿とシマウマの画像から特徴量計算と変数の設定を手作業で行う必要がありました．

● 人間が考えつかないことを考えてくれる

ディープ・ラーニングでは，入力となる画像データを各層のニューラル・ネットワークで学習を繰り返すことで特徴量が自動計算されます．ディープ・ラーニングの自動計算で特徴が明らかになり，人間が特徴と気づいていない部分が特徴だったり，反対に人間が特徴と考えられていた部分が実は特徴と言えないことが発見されたりすることもあるでしょう．

ディープ・ラーニングは人間と同じ認識機能を提供するだけでなく，人間の認識機能を補完することもできるため，汎用人工知能の実現に寄与するものと期待されています．

表2　APIの具体例1…数学関連（抜粋）

カテゴリ	機能説明	API
算術演算子	要素ごとにx + yを返す	`tf.add(x, y, name=None)`
基本的な数学関数	xに最も近い要素単位の整数を返す	`tf.rint(x, name=None)`
行列演算関数	指定された対角値を持つ対角テンソルを返す	`tf.diag(diagonal, name=None)`
複素数関数	2つの実数を複素数に変換する	`tf.complex(real, imag, name=None)`
フーリエ変換関数	最も内側に1次元の離散フーリエ変換を計算する	`tf.fft(input, name=None)`
削減	テンソルの次元間の要素の合計を計算する	`tf.reduce_sum(input_tensor, axis=None, keep_dims=False, name=None, reduction_indices=None)`
スキャン	軸に沿ったテンソルxの累積合計を計算する	`tf.cumsum(x, axis=0, exclusive=False, reverse=False, name=None)`
セグメンテーション	テンソルのセグメントに沿った合計を計算する	`tf.segment_sum(data, segment_ids, name=None)`
シーケンスの比較と索引付け	テンソルの軸上で最小の値を持つインデックスを返す	`tf.argmin(input, axis=None, name=None, dimension=None)`

表3　APIの具体例2…ニューラル・ネットワーク関連（抜粋）

カテゴリ	機能説明	API
アクティベーション関数	整流された線形を計算する	`tf.nn.relu(features, name=None)`
畳み込み	N-D畳み込みの合計を計算する	`tf.nn.convolution(input, filter, padding, strides=None, dilation_rate=None, name=None, data_format=None)`
プール	入力の平均プーリングを実行する	`tf.nn.avg_pool(value, ksize, strides, padding, data_format='NHWC', name=None)`
形態学的フィルタリング	4-D入力と3-Dフィルタのテンソルのグレー・スケール拡張を計算する	`tf.nn.dilation2d(input, filter, strides, rates, padding, name=None)`
正規化	L2ノルムを使用して次元dimに沿って正規化する	`tf.nn.l2_normalize(x, dim, epsilon=1e-12, name=None)`
損失	`log_input`の与えられたlogポアソン損失を計算する	`tf.nn.log_poisson_loss(log_input, targets, compute_full_loss=False, name=None)`
埋め込み	埋め込みテンソルのリストでIDを検索する	`tf.nn.embedding_lookup(params, ids, partition_strategy='mod', name=None, validate_indices=True, max_norm=None)`
リカレント・ニューラル・ネットワーク	RNNセルで指定されたリカレント・ニューラル・ネットワークを作成する	`tf.nn.dynamic_rnn(cell, inputs, sequence_length=None, initial_state=None, dtype=None, parallel_iterations=None, swap_memory=False, time_major=False, scope=None)`
評価	最後の次元のためにk個の最大エントリ値とインデックスを検索する	`tf.nn.top_k(input, k=1, sorted=True, name=None)`

第1部

第3章 Googleを使った学習＆判定プログラムをラズパイにONする手順

人工知能キュウリ・コンピュータを動かしてみる

小池 誠

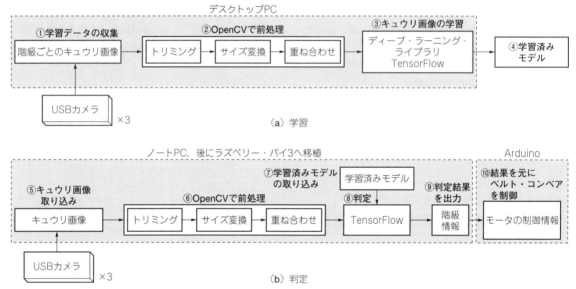

図1 前提として最低限知っておくこと…人工知能コンピュータは学習してから判定する

製作したキュウリ自動選別コンピュータ

TensorFlowのディープ・ラーニング関連のAPIを利用し，キュウリの階級を判定します．キュウリの選別には大きく，「学習」と「判定」という工程があります（図1）．

● 学習

図1(a)に示すように，学習は次の流れで行います．

①学習データの収集

等級/階級ごとのキュウリの写真を集めます．例えば2Lのキュウリの写真を1000枚，Lを1000枚…などです．ここは手作業で行うため，割と時間が掛かりました（読者にはダウンロード・データを提供します）．

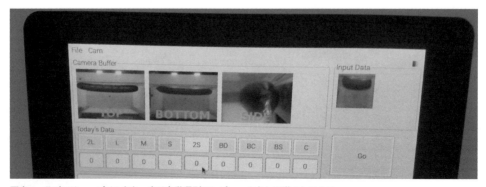

写真1 ラズベリー・パイ3をキュウリ自動選別コンピュータとして動かしてみる

第3章　人工知能キュウリ・コンピュータを動かしてみる

②集めた画像の前処理

集めた写真にキュウリ以外のものが写っていたり，キュウリが写っている位置がばらついていたりします．そこでトリミングを行います．また，画像のサイズも学習に適したサイズに変換します．

③キュウリ画像の学習

Googleの人工知能 TensorFlowライブラリを使ってキュウリ画像を学習し，学習済みモデルを生成します．

④学習済みモデル

次工程で利用するためUSBメモリなどに保存します．

● 判定

図1(b)に示すように，判定(写真1)は次の流れで行います．

⑤キュウリ画像の取り込み

学習時と同様の方法で，USBカメラから1枚のキュウリ画像を取得します．USBカメラは3台あるので，3枚の画像が同時に取り込まれます．

⑥取り込んだ画像の前処理

学習時と同様の方法で，トリミングやサイズ変換を行います．

⑦学習済みモデルの取り込み

学習時に生成した④の学習済みモデルをロードし，キュウリの階級を判断するニューラル・ネットワークを再生します．

⑧階級判定

⑥の前処理が済んだ画像をニューラル・ネットワークに入力し，階級を判定します．

⑨判定結果の出力

判定の結果得られた階級情報を出力します．

● キュウリを箱に入れる

⑩結果を元にベルト・コンベアを制御

最後に，階級情報をマイコン・ボードArduinoに渡します．Arduinoは受け取った結果を元にベルト・コンベアやアームを制御し，キュウリを目的の箱まで運びます．

＊　　　＊　　　＊

今回，学習はデスクトップPCで，判定はノートPCで行いました．判定の工程はその後，ほこりや土の影響を受けにくくする目的でノートPCからラズベリー・パイ3に移植しています．

Googleの人工知能を体験

プログラムの作り方や動作メカニズムは第1部 第4章以降で説明しますが，まずは実際に「学習」をPCで，「判定」をPCまたはラズベリー・パイ3で体験してみましょう．ベルト・コンベアを用意するのは難しいと思いますので，「判定」は⑨の判定結果をディスプレイに表示するだけのプログラムということで進めます．

■ 学習を体験する(PC)

● 環境構築

・TensorFlowのインストール

PCにTensorFlowをインストールします．詳細なインストール方法については，OSごとに異なりますので，ここでは割愛します．https://www.tensorflow.org/install/を参照してインストールしておきます．筆者が今回作成したプログラムをそのまま動かしたい場合は，pipコマンドでインストールするTensorFlowに，旧バージョンr0.12.0を指定してください．

・OpenCVのインストール

画像の前処理にOpenCVを使用しています．公式サイト(http://opencv.org/)から，OS環境に合ったインストーラをダウンロードしてインストールしてください．インストール後は，PythonからOpenCVモジュールが呼び出せるように設定しておきます．

● 学習データの入手

筆者が集めたキュウリ画像をGitHubで公開しています．データ容量制限のため，解像度を32×32ピクセルに落としていますが，このデータセットを使って学習をやってみましょう．

まずは，下記ファイルをダウンロードして，cucumber-9-p2-pythonという名前のフォルダに解凍してください．

```
https://github.com/workpiles/
CUCUMBER-9/prototype_2/cucumber-9-
p2-python.tar.gz
```

● 学習用プログラムの入手

本書ダウンロード・ページからプログラム一式をダウンロードして解凍してください．

```
http://interface.cqpub.co.jp/
contents/ai_tukuru.php
```

学習用プログラムは，上記ダウンロード・データ中の「学習」フォルダに入っています．

● 学習を実行

学習フォルダの中に，学習データ・フォルダcucumber-9-p2-pythonを移動した後，下記コマンドを実行してください．

```
$ python trainer.py --dataset_dir cucumber-9-p2-python
```

学習が終わると，キュウリの階級を約88%認識できる学習済みモデル model.ckpt-2999(最新のTensorFlow r0.12の場合は，model.ckpt-2999.meta, model.ckpt-2999.index, model.

第1部 ディープ・ラーニングでラズパイ人工知能を作る

コラム　ラズパイへのTensorFlowのインストール方法

佐藤 聖

● 準備…OSやコンパイラのセットアップ

TensorFlow v0.12から対応OSがMac，Linuxに加えてWindowsも追加されました．軽量版TensorFlowではGPUのサポートがありませんが，Android，iOS，RaspbianなどのLinux OSが起動する組み込みボードで動作します．ラズパイでTensorFlowを実行するにはメモリが1Gバイト搭載のラズパイ2かラズパイ3（いずれもモデルB）を使用します．

図Aはラズパイのセットアップの流れです．この部分は1時間以上かかります．TensorFlowのインストール説明でコンパイラのインストールが説明されています．あらかじめ指定バージョンのパッケージをインストールしておけば，次項にあるTensorFlowのインストールがスムーズに進められます．

インストールが失敗しやすいポイントはコンパイルやビルドに必要なパッケージの整備になると思います．普段からソースコードからアプリケーションをインストールされている方には当たり前かもしれませんが，初めてですとはまる箇所だと思います．

インストールに必要となるコマンドは「`sudo apt-get install -y autoconf automake libtool gcc-4.8 g++-4.8`」です．Rasbian Jessieは最初からgccとg++はバージョン4.8よりも新しいバージョンが組み込まれています．そのままですとTensorFlowのビルド時にエラーが発生するかもしれません．あらかじめgccとg++はバージョン4.8をインストールしておきます．ラズパイのセットアップが完了したらmicroSDカードのディスク・イメージ・ファイルをPCにバックアップすることをお勧めします．

● 手順

ここからがTensorFlowのインストールになります．図Bのインストールはネットワーク通信速度や空きメモリ，起動中のデーモンなどで変わりますが3時間くらいかかる作業です．

インストール手順はGitHub（`https://github.`

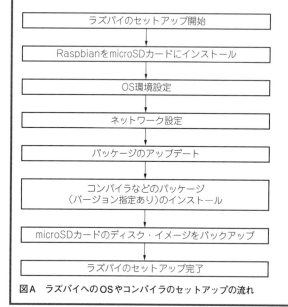

図A　ラズパイへのOSやコンパイラのセットアップの流れ

ckpt-2999.data-00000-of-00001）が作成されていることが確認できると思います．

■ 判定を体験するその1…PC

● 環境構築

・wxPythonのインストール

判定のGUI部分に使用しています．公式サイト（`https://www.wxpython.org/`）から，OS環境に合ったインストーラをダウンロードしてインストールしてください．

・USBカメラを3台用意

USB接続のウェブ・カメラを3台，接続します．

● 判定プログラムの入手

プログラムは先ほど本書ウェブ・ページからダウンロードしたデータ中の「判定」フォルダにあります．

● 実行

判定フォルダの中に，学習で出力した学習済みモデル`model.ckpt-*`ファイルを移動します．

ウェブ・カメラが接続されていることを確認し，下記コマンドを実行してください．

`$ python main.py`

キュウリ画像だけでしか学習を行っていないため，キュウリ画像以外を入力すると，学習時のどのキュウリ画像に近いかを判断して，結果を画面に出力します．

ウェブ・カメラを3台も用意できない場合は，`main.py`の`NUM_OF_CAMERA`を1にすることで，プログラムを動作させることができます．

■ 判定を体験するその2…ラズベリー・パイ3

● 環境構築

・TensorFlowライブラリのビルド

コラム1や第1部 第7章の「ラズパイ上にTensorFlow

第3章　人工知能キュウリ・コンピュータを動かしてみる

com/tensorflow/tensorflow/tree/master/tensorflow/contrib/makefile）のREADME.mdにサブタイトル「Raspberry Pi」として手順が記載されています．

OSはRaspbianを使用することを前提としています．ラズパイのバージョン，OSのディストリビューション，OSのビルド，環境設定，導入済みアプリケーションによってパッケージや設定の追加があるかもしれません．インストール作業の時間短縮のために

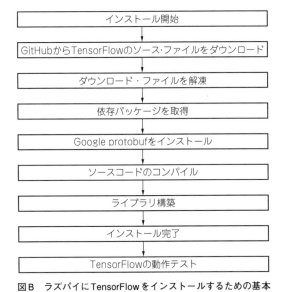

図B ラズパイにTensorFlowをインストールするための基本的な流れ

オーバクロックを設定してもよいかもしれません．

最後に動作テストとしてDownload and Setup（https://www.tensorflow.org/get_started/os_setup#test_the_tensorflow_installation）のサブタイトル「Run TensorFlow from the Command Line」に記載されているコード（**リストA**）がターミナル上で正常に実行できるかどうか確認します．正常動作すれば「Hello, TensorFlow!」や「42」の結果が返ってくるはずです．

最後にmicroSDカードのディスク・イメージ・ファイルをPCにバックアップすることをお勧めします．万が一microSDカードが破損しても，ディスク・イメージ・ファイルからmicroSDカードに書き戻せるので，復旧作業が楽になります．また将来的により大容量のmicroSDカードに引っ越す場合にも，小さい容量のmicroSDカードのディスク・イメージ・ファイルがあると，バックアップ側のPCのディスク容量を節約できます．

リストA Run TensorFlow from the Command Lineより動作テストのコード

```
$ python
...
>>> import tensorflow as tf
>>> hello = tf.constant('Hello, TensorFlow!')
>>> sess = tf.Session()
>>> print(sess.run(hello))
Hello, TensorFlow!
>>> a = tf.constant(10)
>>> b = tf.constant(32)
>>> print(sess.run(a + b))
42
```

をビルド」を参照してください．

- OpenCVのインストール

```
$ sudo apt-get install opencv-python
```

- wxPythonのインストール

```
$ sudo apt-get install python-wxgtk2.8
```

- JPEGライブラリのインストール

```
$ sudo apt-get install libjpeg-dev
```

- USBカメラを3台接続

● 学習済みモデルの変換（PCでの事前作業）

学習済みモデルの変換処理はデスクトップPCで実行します．変換プログラムは，先ほど本書ウェブ・ページからダウンロードしたデータ中の「モデル変換」フォルダの中にあります．

モデル変換フォルダの中にある`convert_pb.py`を，学習を行ったフォルダの中に移動した後，次のコマンドを実行してください．

```
$ python convert_pb.py
```

すると，`trained_graph.pb`ファイルが出力されます．

● ラズベリー・パイ用判定プログラムの入手

ラズベリー・パイ上で作業を行います．プログラムは先ほど本書ウェブ・ページからダウンロードしたデータ中の「判定ラズパイ」フォルダにあります．

先ほど変換した`trained_graph.pb`ファイルを，判定ラズパイ・フォルダの中に入れた後，下記コマンドを実行してください．

```
$ python main.py
```

こいけ・まこと

第1部

第4章 ターゲット「キュウリ」選別に適したデータ&アルゴリズムの検討

ステップ1…設計方針を決める

小池 誠

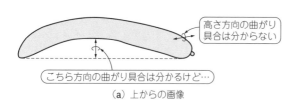

図1 キュウリ自動選別の課題…曲がり具合は1方向からだけでは分からない

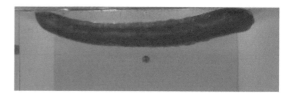

(a) 上から

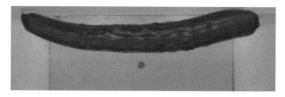

(b) 下から

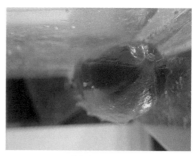

(c) 側面から

図2 人工知能に学習&判定させる画像…3枚1セットとした

今回紹介する，ラズパイ×Google人工知能ライブラリで作るキュウリ自動選別コンピュータでは，キュウリのランクを人間ではなくディープ・ラーニングで判定するところがミソです．

ここでは，装置にディープ・ラーニングを実装する際に事前に行った検討，いわゆる「設計方針決め」について解説します．ディープ・ラーニングに取り組む際の参考にできると思います．

決めること1…キュウリのどこを見るのか

最初に実際の人間が行う場合のキュウリの仕分け作業のポイントを整理しました．今回は30年間キュウリの仕分け作業をやっている熟練生産者（母）に，どんなポイントを見るべきかを教えてもらいました．ポイントとしては以下が挙げられます．

- 曲がり具合
- 長さ
- 太さ
- 太さの均一さ（先細り，先太りなど）
- 色つや（変色の有無など）
- 傷（害虫によるもの，葉によるものなど）
- 病気や発達不良（カビ，空洞果など）

とても多くの見るべきポイントがあります．いきなり全てを判断するようなシステムを作るのは難しそうなので，今回は見るポイントを，曲がり具合や長さ，太さといった形状と，表面の色つやに絞ることにしました．これは，形状と表面の色つやは比較的カメラで捉えやすかった点と，傷や病気，発達不良はそもそも数が少ない点を考慮しました．

決めること2…人工知能に学習&判定させる画像

● 撮影方向…上面/側面/下面からの3枚1セット

キュウリの形状と表面の色つやを仕分けの判断基準としたいので，それらを認識できる画像を用意する必要があります．形状については，キュウリを上からふ

第4章 ステップ1…設計方針を決める

リスト1 画像の撮影＆前処理（リサイズ等）には定番OpenCVライブラリを使う

```
import cv2
cap = cv2.VideoCapture(0)
_, frame = cap.read()
frame = cv2.resize(frame, (100, 100))
                                        #100x100にリサイズ
frame = frame[0:50][:]  #上半分を切り出し
cv2.imwrite("capture.jpg", frame)
cap.release()
```
（a）画像のリサイズと切り抜きを行う記述

```
import cv2
cap = cv2.VideoCapture(0)
_, frame = cap.read()
cv2.imwrite("capture.jpg", frame)
cap.release()
```
（b）USBカメラのキャプチャをファイルに保存する記述

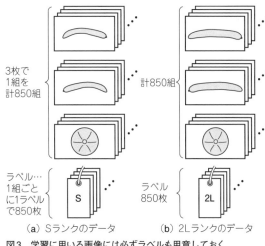

（a）Sランクのデータ　　（b）2Lランクのデータ
図3　学習に用いる画像には必ずラベルも用意しておく

かんして，キュウリ全体のシルエットを画像に収めることで，曲がり具合，長さ，太さが分かります．加えて，上からの視点では判断できない垂直方向の曲がりを捉えるため，側面からの画像も用意することにしました（図1）．

次に，表面の色つやについては，上からの視点に加え，キュウリの下側からの視点を追加することで，キュウリの全面が画像に含まれるようにしました．キュウリ1本について，この3枚の画像を1セットとして識別させることにしました（図2）．

● 解像度…ひとまず320×240ピクセル

画像の解像度は320×240ピクセルとしました．これは，撮影台に使用するノートPCのUSBルート・ハブが1つしか搭載されておらず，3台のウェブ・カメラを同時に使用した際にUSBバス帯域幅の許容量を超えないようにするためです．

ディープ・ラーニングで学習させる画像の解像度については，どの程度が良い結果につながるのか，やってみないと分からない点でもあったので，この時点ではなるべく高い解像度でデータを集め，後でいろいろなサイズに縮小して試すことを考えていました．

集めた画像のリサイズ，切り抜きなどの編集もOpenCVを使うことで簡単に行うことができます．リスト1（a）はウェブ・カメラからキャプチャした画像を，画像サイズ100×100ピクセルにリサイズした後，上半分をファイルに保存する例です．

決めること3…学習用データ

● データを学習するときの分類ラベル

学習に用いる画像は，その画像の分類先のラベルと一緒に集める必要があります（図3）．今回は実際に熟練生産者が仕分けをした「階級/等級別のキュウリ」を使うことにしました．

撮影には簡単にカメラ・キャプチャを撮れるオープンソースの画像処理ライブラリOpenCVを使うことにしました．OpenCVを利用することで，Python実行環境でリスト1（b）のような数行のスクリプトを書くだけでUSB接続のウェブ・カメラのキャプチャをとることができます．

● 学習データの量…ようすを見ながら

一般的にはディープ・ラーニングを使う場合は大量のデータが必要になると言われています．ただし，何枚集めればどの程度の精度になるかは，対象とする問題にもよるとも思いますし正直分からないので，今回は試しながら足りないようなら増やすとう方針でいくことにしました．

今回は，最終的に1クラス当たりキュウリ850組の画像セットを準備することになりました．このデータ集め作業は地味に膨大な時間が掛かります．集めるのが大変なこの画像セットですが，動物であったり顔であったりなど，ネット上に公開されていることもあります．ちなみに筆者も「キュウリの画像セット」を公開しています．

https://github.com/workpiles/CUCUMBER-9

決めること4…使用する人工知能アルゴリズム

● 画像認識でよく使われる畳み込みニューラル・ネットワーク

近年，画像認識の分野においてはディープ・ラーニングが主流になっているとしましたが，その中でも特に畳み込みニューラル・ネットワークというアルゴリ

第1部 ディープ・ラーニングでラズパイ人工知能を作る

コラム 画像判定は人工知能任せが今風　　　小池 誠

　従来，こういった画像認識の課題を解く方法は，人間が対象画像をよく観測し，「どこに注目したらうまく認識できるのか」を考え，画像の特徴量（図A，図B）を抽出し，抽出後の特徴同士をコンピュータに比較させる方法が一般的でした．

　しかし，2012年のコンピュータによる画像認識のコンテスト ILSVRC 2012において，従来手法に大差をつける形で，ディープ・ラーニングを使った手法が圧勝したのです．人間が頭を抱えて特徴を考えるより，ディープ・ラーニングに任せてしまった方が，結果の良い特徴量を得られたということです．

 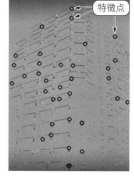

（a）元画像　　　　　　　（b）特徴点（Harris作用素）

図B[(1)]　画像の特徴量を抽出その2

 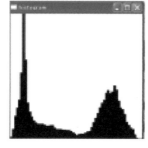 

（a）元画像　　　（b）明るさの分布（ヒストグラム）　　　（c）エッジ検出（Sobelフィルタ）

図A[(1)]　画像の特徴量を抽出その1

ズムがよく使われています．

　畳み込みニューラル・ネットワークとは，
- 画像の局所的な特徴を抽出する畳み込み層
- 画像の位置のズレを吸収するプーリング層
- 特徴量から最終的な判断を行う全結合層

から構築される多層ニューラル・ネットワークで，画像に何が写っているかを判断する一般物体認識タスクにおいて，高い性能を示しています．

● 文字の形認識用サンプルをキュウリの形選別の練習にも流用してみる

　Googleの機械学習ライブラリ TensorFlow の練習サンプル Deep MNIST for Experts[注1]でも，多層ニューラル・ネットワークの構築例として，畳み込みニューラル・ネットワークが載っています．このチュートリアルを行うと，手書き文字画像の認識タスク「MNIST」において，約99.2％の認識率が出ることを確認できます．文字の形を認識できるなら，キュウリの形も認識できると単純に考え，この畳み込みニューラル・ネットワークを使ってキュウリ画像の識別を学習させることにしました．

決めること5…
自動選別コンピュータの正解率

　キュウリ自動選別コンピュータの実用を考えると，識別の正解率は99.9％は欲しいところです．精度が悪いと，仕分けた後に，人間がチェックするはめになり，全く意味がないからです．とは言え，まだ最初の挑戦なので90％ぐらい出ればよいかなと考えました．

◆引用文献◆
(1) 外村 元伸；実験! 色と輝度を整える，Interface，2013年7月号，pp.44-49，CQ出版社．

こいけ・まこと

注1：TensorFlowのページではバージョンを指定して開く．
https://www.tensorflow.org./versions/r1.1/get_started/mnist/pros

第1部
第5章 話題の人工知能アルゴリズム「ディープ・ラーニング」初体験

ステップ2…キュウリ・データの学習

小池 誠

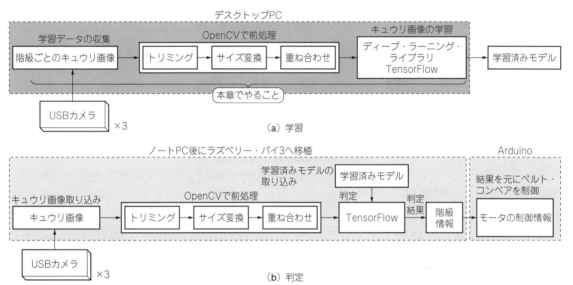

図1 キュウリ自動選別コンピュータの処理フロー

　設計方針が固まったので，いよいよキュウリ自動選別コンピュータの作成にかかります．図1に全体の処理の流れを示します．ここでは図1(a)のキュウリ・データの学習について説明します．

準備1…撮影台の作成

　初めに取り掛かったのが撮影台の作成です．写真1，図2が作成した撮影台です．中央のアクリル板の上にキュウリを乗せ，3台のカメラで撮影します．すべての階級のキュウリが置けるようアクリル板のサイズは300mm×160mmとしています．

　キュウリの形状を捕らえるため上部と側部にカメラを設置し，上部カメラはアクリル板に置かれたキュウリ全体の形を撮影できるようにするため，アクリル板から370mm離れた位置に設置しました．さらに，キュウリ裏面の色つやも捉えるため，下部にもカメラを設置しています．

　このままだとキュウリ裏面が影になってしまうため，4個のLEDモジュールを使用し，上下からキュウリを照らすようにしました．さらに，外部の光の影響を少なくするため撮影台は白いベニヤ板で覆いました．

　使用したカメラはUSB接続のウェブ・カメラで，解像度は全て320×240ピクセルで使用しました．写真2が，この撮影台で撮影したキュウリの画像です．

準備2…TensorFlowライブラリのインストール

　Linux OS搭載のデスクトップPCにTensorFlowライブラリをインストールします．詳細なインストール方法についてはここでは割愛しますが，適切なバージョンを適宜インストールしておきます．

準備3…学習用データの作成

● キュウリのデータは用意しておきます

　学習用（教師）データとなる画像を集めて加工するのは時間が掛かります．そこで筆者の作ったデータを

第1部 ディープ・ラーニングでラズパイ人工知能を作る

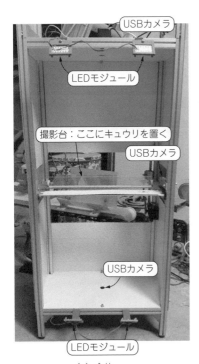

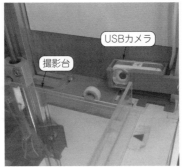

（b）側部カメラ

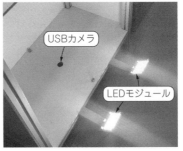

（c）下部カメラおよびLEDモジュール

（a）全体

写真1　作成したキュウリの撮影台

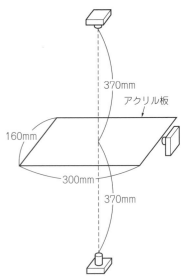

図2　撮影台の寸法
アクリル板の上にキュウリを乗せて，それを3方向のカメラで撮影する

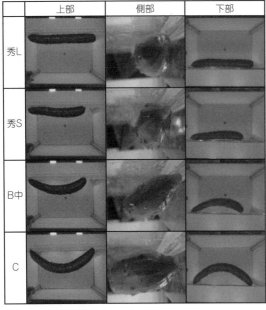

写真2　撮影台で撮影したキュウリ画像

（a）乗っていない　　　　（b）乗せている途中

写真3　キュウリ以外の画像も必要

一から作っています．

● ステップ1…画像集め

撮影台が完成したら，次は学習に使う教師データを集めます．キュウリ画像を，等級・階級の9クラスと「それ以外」（写真3）の合計10クラスに識別したいため，それぞれの画像を撮影し，ラベル付けを行います．今回は人間が仕分けしたキュウリを撮影しながらラベル付けを行い，クラスごとに850組（上，下，側部3枚で1組），合計8500組の画像を集めました．

教師データをどれだけ集めればよいかは，この時点では分かりません．一般的にディープ・ラーニングを使う場合は，過学習を抑制するために大量の教師データが必要とされています．

参考までに手書き文字画像データベースのMNISTで7万画像，10クラスの一般物体画像データベースの

GitHubで公開しています．
```
https://github.com/workpiles/
CUCUMBER-9
```
ただし，容量の制限から解像度を32×32に落としています．実際に使用した教師データは，次の手順で

第5章 ステップ2…キュウリ・データの学習

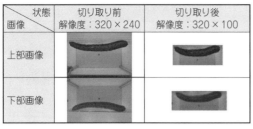

写真4 キュウリが写っていない部分は切り取る
下部画像は切り取った後右に180°回転させている

CIFAR-10で6万画像です．今回は，そこまで集めるのはさすがに無理そう（8500組を集めるのに約2カ月ほどかかった）なので，8500組でいったん区切りとしました．

今回は試していませんが，教師データを増やす手法として，集めた画像に対し反転／移動／回転させたり，ノイズやぼかしを入れた画像を作り出したりすることで，データ数を水増しするデータ拡張という方法も有効とされています．

● ステップ2…画像のトリミング

次に，キュウリが写っていない部分は仕分けには不要な情報となるため，上部，下部画像から削除しました（写真4）．ここで失敗に気付いたのですが，側部画像に背景が写り込んでしまっていました．

キュウリ以外のものが写っていると，キュウリを見ずに背景を学習してしまうことも考えられるため本来は排除すべきですが，撮影し直すのは大変なので今回はそのまま使用しました．

● ステップ3…データ・フォーマットを整える

最後にクラスごとにランダムに選んだ700組（全クラス合計7000組）を学習用画像，残り150組（全クラス合計1500組）をテスト用画像としました．

データ・フォーマットは，CIFAR-10 dataset（https://www.cs.toronto.edu/~kriz/cifar.html）と同じ形式を使用しました．図3に示すようなPythonオブジェクトをcPickleモジュールを使って，バイト・データにシリアライズしてファイルに保存しています．

準備4…学習用プログラム

● ダウンロード・データ

学習のためのプログラムも提供します．
```
http://interface.cqpub.co.jp/
contents/ai_tukuru.php
```
ここではプログラムの構成やGoogleが用意していたサンプルからの変更点などを解説します．

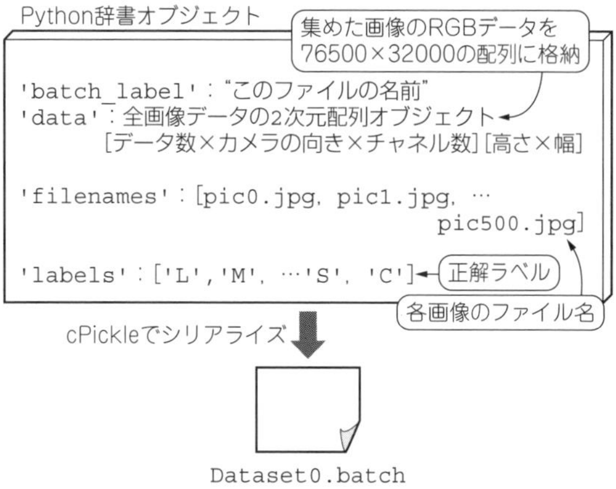

図3 学習用に用意した画像データをシリアライズする方法

● 基本はTensorFlowのチュートリアルを改造

TensorFlowを使ってキュウリ・データ・セットの学習を行います．図4にTensorFlowライブラリをどのように利用したかのイメージを示します．

学習にはTensorFlowのチュートリアル「Deep MNIST for Experts」内の「Build a Multilayer Convolutional Network」で説明されている，4層の畳み込みニューラル・ネットワークを使ってみました．

● その1：ニューラル・ネットワークのプログラム

構築したニューラル・ネットワークの構成はリスト1，図5の通りです．このソースコードを記述するに当たっては，TensorFlowチュートリアル「TensorFlow Mechanics 101」を参考にしました（図6）．

リスト1のそれぞれの関数は，
- inference()…推論を行うネットワーク構成の記述で，入力からクラス分類出力を計算する
- loss()…損失を計算する

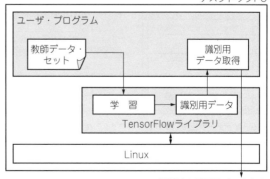

図4 ユーザ・プログラムがTensorFlowライブラリをどのように利用するかのイメージ

第1部 ディープ・ラーニングでラズパイ人工知能を作る

リスト1 TensorFlowで構築したキュウリ選別用畳み込みニューラル・ネットワークのプログラム（model.py抜粋）

```python
def inference(images, keep_prob):
  #重みを標準偏差0.1の正規分布で初期化
  def weight_variable(shape):
    initial = tf.truncated_normal(shape, stddev=0.1)
    return tf.Variable(initial, name='weights')

  #バイアスを0.1で初期化
  def bias_variable(shape):
    initial = tf.constant(0.1, shape=shape)
    return tf.Variable(initial, name='biases')

  #畳み込み層の作成
  def conv2d(x, W):
    return tf.nn.conv2d(x, W, strides=[1,1,1,1],
                                padding='SAME')

  #プーリング層の作成
  def max_pool_2x2(x):
    return tf.nn.max_pool(x, ksize=[1,2,2,1],
                  strides=[1,2,2,1], padding='SAME')

  #畳み込み層1
  with tf.name_scope('conv1') as scope:
    W_conv1 = weight_variable([5, 5, 9, 32])
                        #・・・① 【変更箇所1】
    b_conv1 = bias_variable([32])
    h_conv1 = tf.nn.relu(conv2d(images, W_conv1) +
                                            b_conv1)

  #プーリング層1
  with tf.name_scope('pool1') as scope:
    h_pool1 = max_pool_2x2(h_conv1)

  #畳み込み層2
  with tf.name_scope('conv2') as scope:
    W_conv2 = weight_variable([5, 5, 32, 64])
    b_conv2 = bias_variable([64])
    h_conv2 = tf.nn.relu(conv2d(h_pool1, W_conv2) +
                                            b_conv2)

  #プーリング層2
  with tf.name_scope('pool2') as scope:
    h_pool2 = max_pool_2x2(h_conv2)

  #全結合層1
  with tf.name_scope('fc1') as scope:
    W_fc1 = weight_variable([25 * 80 * 64, 1024])
                        #・・・② 【変更箇所2】
    b_fc1 = bias_variable([1024])
    h_pool2_flat = tf.reshape(h_pool2, [-1, 25 * 80 *
                        64]) #・・・③ 【変更箇所3】
    h_fc1 = tf.nn.relu(tf.matmul(h_pool2_flat, W_fc1)
                                            + b_fc1)

  #dropoutの設定
    h_fc1_drop = tf.nn.dropout(h_fc1, keep_prob)

  #全結合層2
  with tf.name_scope('fc2') as scope:
    W_fc2 = weight_variable([1024, 10])
    b_fc2 = bias_variable([10])

    logits = tf.matmul(h_fc1_drop, W_fc2) + b_fc2

  return logits

def loss(logits, labels):
  cross_entropy = tf.nn.softmax_cross_entropy_with_
                            logits(logits, labels)
  loss = tf.reduce_mean(cross_entropy)
  return loss

def training(total_loss):
  train_step = tf.train.AdamOptimizer(1e-4).minimize
                                        (total_loss)
  return train_step

def evaluation(logits, labels):
  correct_prediction = tf.equal(tf.argmax(logits, 1),
                                tf.argmax(labels, 1))
  accuracy = tf.reduce_mean(tf.cast(
                        correct_prediction, 'float32'))
  return accuracy
```

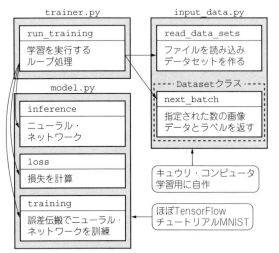

図5 学習データ生成に用いたプログラムの構成

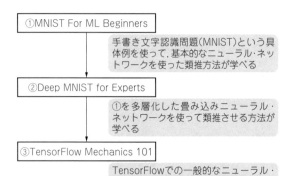

図6 今回の学習プログラム（図5）を作成するときに参考にしたTensorFlowチュートリアル
https://www.tensorflow.org./versions/r1.1/get_started/

- training()…誤差逆伝搬を使ってネットワークを訓練する

という処理を行っています．

まず，inference関数ですが，これはチュートリアル「Deep MNIST for Experts」で説明されている構成とほぼ同じです．変更した点は，入力画像のサイズが340×100×9チャネルになったことに合わせ，畳み込み層の1層目のフィルタ・サイズを[5, 5, 9, 32]に変更しています（リスト1の①）．加えて全結合層の1層目のユニット数も[25 * 80 * 64]に変更しています（リスト1の②③）．

第5章 ステップ2…キュウリ・データの学習

リスト2 学習実行プログラム(trainer.py抜粋)

```python
#model parameters.
FLAGS = tf.app.flags.FLAGS
tf.app.flags.DEFINE_integer('batch_size', 500, 'Batch
                                          size')
tf.app.flags.DEFINE_integer('max_steps', 3000, 'Max
                                of training step.')
tf.app.flags.DEFINE_string('train_dir', 'data',
              'Directory to put the training data.')

def run_training():
    """ニューラルネットワークの学習を行う
    """
    #教師データの読み込み
    data_sets = input_data.read_data_sets()

    with tf.Graph().as_default():                       # 変更箇所4
     with tf.Session() as sess:
      images_placeholder = tf.placeholder(tf.float32,
                               shape=[None, 100, 320, 9])
      labels_placeholder = tf.placeholder(tf.float32,
                               shape=[None, 10])
      keep_prob = tf.placeholder(tf.float32)

      logits = inference(images_placeholder, keep_prob)
      loss_value = loss(logits, labels_placeholder)
      train_op = training(loss_value)
      accuracy = evaluation(logits, labels_placeholder)

      sess.run(tf.initialize_all_variables())
          #r0.12ではtf.global_variables_initializer()を使う
      saver = tf.train.Saver()

    #学習過程を可視化するためSummaryWriterを使う
    train_writer = tf.train.SummaryWriter(FLAGS.
                       train_dir + '/train', sess.graph)
    test_writer = tf.train.SummaryWriter(FLAGS.train_
                                      dir + '/test')

    loss_summary = tf.scalar_summary('loss', loss_value)
    acc_summary = tf.scalar_summary('accuracy',
                                                accuracy)
    #訓練
    for step in xrange(FLAGS.max_steps):
     train_images, train_labels = data_sets.train.
                         next_batch(FLAGS.batch_size)
     feed_dict = {
       images_placeholder: train_images,
       labels_placeholder: train_labels,
       keep_prob: 0.5}
     _, cross_entropy = sess.run([train_op, loss_
                         value], feed_dict=feed_dict)

     loss_str, acc_str = sess.run([loss_summary,
                     acc_summary], feed_dict=feed_dict)
     train_writer.add_summary(loss_str, step)
     train_writer.add_summary(acc_str, step)

     if step%100 == 0 or (step + 1) == FLAGS.max_
                                                  steps:
      #テストデータを使って評価
      feed_dict = {
        images_placeholder: data_sets.test.images,
        labels_placeholder: data_sets.test.labels,
        keep_prob: 1.0}
      test_acc, acc_str = sess.run([accuracy, acc_
                       summary], feed_dict=feed_dict)
      test_writer.add_summary(acc_str, step)

      print 'step %d, cross_entropy %g, TEST_ACCURACY
                %g'%(step, cross_entropy, test_acc)

     #モデルを保存
     saver.save(sess, 'model.ckpt', global_step=step)
                                                 #・・・①
```

次にloss関数とtraining関数ですが，こちらもチュートリアルで説明されている内容と同じで，関数としてくくり出しただけです．

最後にevaluation関数です．この関数は，inferenceの出力と正しいラベル・データとを見比べ，どれだけ正解しているかを評価します．

● その2：学習実行プログラム

続いて，これらを使って実際に学習を行うプログラムを作成しました．**リスト2**のrun_training関数になります．プログラムはチュートリアル「Tensor Flow Mechanics 101」を参考に作成しています．

ポイントとしては，tf.train.SummaryWriterを使って[注1]，学習過程におけるloss関数の値，教師データに対する評価結果，テスト・データに対する評価結果のログを残すことです(**リスト2**の濃い灰色部分)．学習の進み具合や過学習の判断指標となります(後述)．

学習のバッチ・サイズと最大ステップ数は，それぞれ500枚，3000回としました．これらはハイパーパラメータと呼ばれ，どちらも学習を行う中でチューニングしていく数値であるため，最初は適当に決めてしまいました．ただし，バッチ・サイズをあまり大きな値にすると，簡単にOut of Memoryエラーが発生します．

学習を行う

● 結果…入力データが大きすぎて学習が終わらない！？

早速，学習を開始してみたのですが，処理の進みがとても遅いです．1ステップの実行に約142秒もかかりました(**図7**)．このままでは処理が終わるまでに5日もかかってしまう計算になります．今後のパラメータ・チューニングで何度も試行錯誤を繰り返すことを考慮すると，このままでは時間がかかって仕方がないため，画像データのサイズを小さくすることにしました．どの程度小さくするかもチューニング要素であ

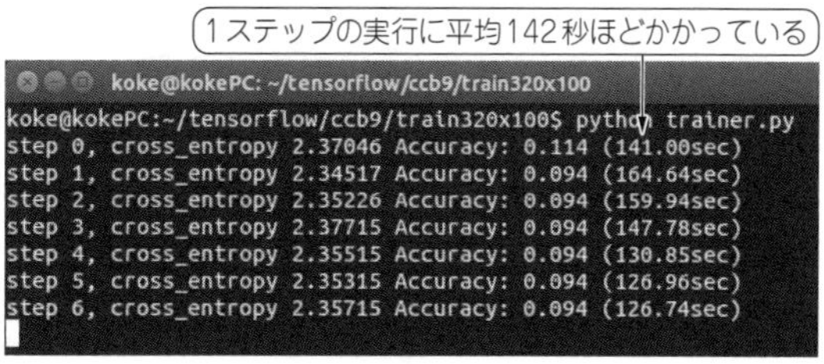

```
1ステップの実行に平均142秒ほどかかっている
koke@kokePC: ~/tensorflow/ccb9/train320x100
koke@kokePC:~/tensorflow/ccb9/train320x100$ python trainer.py
step 0, cross_entropy 2.37046 Accuracy: 0.114 (141.00sec)
step 1, cross_entropy 2.34517 Accuracy: 0.094 (164.64sec)
step 2, cross_entropy 2.35226 Accuracy: 0.094 (159.94sec)
step 3, cross_entropy 2.37715 Accuracy: 0.094 (147.78sec)
step 4, cross_entropy 2.35515 Accuracy: 0.094 (130.85sec)
step 5, cross_entropy 2.35315 Accuracy: 0.094 (126.96sec)
step 6, cross_entropy 2.35715 Accuracy: 0.094 (126.74sec)
```

図7 1ステップの実行に平均142秒もかかる

注1：本書発行時点のTensorFlowでは，tf.summaryを使用するようになっている．

第1部 ディープ・ラーニングでラズパイ人工知能を作る

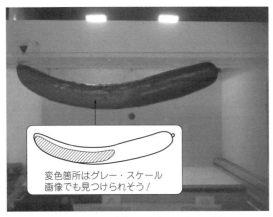

図8 グレー・スケールに変換した変色キュウリの画像

断できなくなるかもしれないと思いましたが，グレー・スケールに変換しても人間の目で見て十分判断可能だったため（図8），色情報は削ってしまいました．

● くふう2…画像サイズの縮小
次に試したのは画像サイズの縮小です．試してみたのは下記の5つのパターンです．

1. $80 \times 24 \times 3$ チャネル
2. $160 \times 52 \times 3$ チャネル
3. $256 \times 80 \times 3$ チャネル
4. $80 \times 80 \times 3$ チャネル
5. $100 \times 100 \times 3$ チャネル

今回の畳み込みニューラル・ネットワークでは，2回のプーリングを行う都合上，画像の縦，横とも4で割り切れる数になるよう調整しています．試した中では$80 \times 80 \times 3$チャネルが処理時間が適度に短縮できたことと，学習の進み具合がよかったため，入力データのサイズは，これを使うことにしました．図9が最終的に採用した入力データの変換方法で，この変換を行った場合は1ステップの処理を約21秒で終えることができます．

● プログラムの変更点
入力データ・サイズの変更に伴い，リスト1，リスト2のプログラムも，4カ所の変更が必要となるため，併せて修正しておきます．
▶リスト1
・変更1　[5, 5, 9, 32] → [5, 5, 3, 32]

学習時間短縮のためのくふう

● くふう1…色情報の削減
最初に試したのはRGB画像をグレー・スケールに変換してしまうことです．もともとRGB3チャネルの画像を3枚重ねており，これが上/中/下の3カメラ分あったので，9チャネルとしていた入力データを，それぞれグレー・スケール画像に変換することで，入力データを3分の1の3チャネルにできます．

色情報がなくなることで，キュウリ表面の変色が判

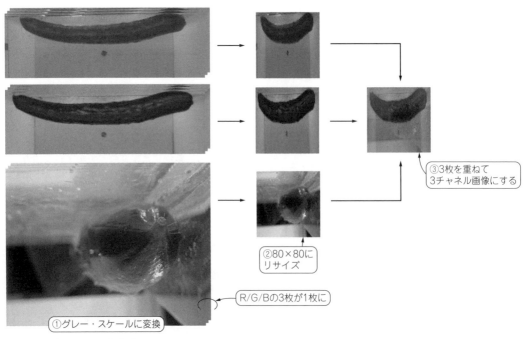

図9 入力データ・サイズの縮小

第5章 ステップ2…キュウリ・データの学習

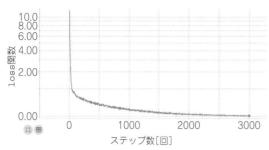

図10 学習ステップを増やしていくとloss関数の値（公差エントロピー）が0に近づく

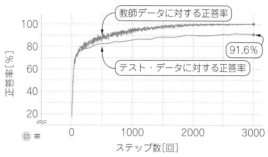

図11 ステップを増やしていくとテスト・データに対する正答率も（あるていどまで）上がっていく
学習結果は…91.6%で識別可能

画像のチャネル数が変わったため，畳み込み層のフィルタ・サイズを変更します．

- 変更2　[25 * 80 * 64, 1024] → [20 * 20 * 64, 1024]

画像のサイズが変わったため，サイズに合わせて全結合層のユニット数を変更します．

- 変更3　[-1, 25 * 80 * 64] → [-1, 20 * 20 * 64]

画像のサイズが変わったため，サイズに合わせて全結合層のユニット数を変更します．

▶リスト2

- 変更4　[None, 100, 320, 9] → [None, 80, 80, 3]

画像サイズ，チャネル数に合わせて，入力データ・サイズを変更します．

学習の終了条件

● 学習の収束を可視化する方法

入力データも決まったので，リスト2の学習プログラムを実行していきます．学習を始めて気付くのですが，学習はいつまでやったらよいのでしょうか．

今回はパラメータである最大ステップ数を適当に3000に設定しましたが，妥当なのでしょうか．もっと長く学習した方が良い結果を得られるのではないでしょうか．そこで重要になってくるのが，`tf.train.SummaryWriter`（リスト2のグレー部分）を使って残した学習過程における，

- loss関数の値
- 教師データに対する評価結果
- テスト・データに対する評価結果

といった情報です．

TensorFlowにはTensorBoardという学習過程を可視化できるツールが付いているので，これを使って学習過程を見ていきます．図10が今回のloss関数のグラフになります．

loss関数の出力は，学習したニューラル・ネットワークの出力と教師データとの公差エントロピーです．数学的な話は置いてざっくり述べると，ニューラル・ネットワークが出した予測と教師データの正解とが，どれだけ異なっているかを表す尺度です．

図10を見ると3000ステップ辺りではほぼ0付近に収束していることが確認できます．したがって，これ以上学習を続けても意味がないといえます．このようにloss関数の値が収束しているかは，学習をいつまで続けるかの指標となります．

● 正答率

図11がステップごとの教師データに対する正答率とテスト・データに対する正答率のグラフになります．グラフを見ると2000ステップ辺りから教師データに対する正答率がほぼ100%になっています．一方で，テスト・データに対する正答率は2700ステップで約92%で，それ以降は若干低下しています．ここから分かることは，教師データに過度に適合してしまい認識精度が低下している過学習になっていると考えられます．今回のケースですと，教師データ数が少ないことが原因だと思われるので，もっとデータ数を増やさないとこれ以上の認識精度を出すのは難しそうです．このようにグラフを見ることで，次はデータ拡張を試してみようという具合に精度向上につなげることができます．

過学習気味ではあるものの，認識率は90%を超えているので，今回はこの学習結果を使用することにしました．学習したニューラル・ネットワークは，リスト2の①のように，`save`関数を使ってローカル・ファイルに保存できます．保存されるファイル名は「model.ckpt-3000」のように，末尾にステップ数が付いているので，今回は最も認識率が高い2700ステップ時のファイルを使うことにしました．これで91.6%でキュウリの等級/階級を識別できるニューラル・ネットワークを作ることができました．

こいけ・まこと

第1部

第6章 最初はPCで試すと便利
ステップ3…人工知能キュウリ判定

小池 誠

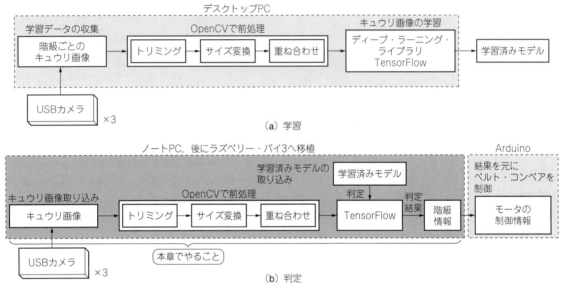

図1 キュウリ自動選別コンピュータの動作フロー

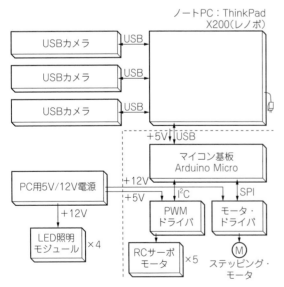

図2 人工知能キュウリ判定をまずPCで試すためのハードウェア構成

テスト・データを使うとキュウリ画像から約90％の確率で正しい等級/階級を判断できるようになりました．そこで，前章までで作ったキュウリの学習済みモデルを使って，キュウリの階級判定プログラムを作ります．図1にキュウリ自動選別コンピュータの動作フローを示します．図1(b)を本章で実装します．

● ハードウェア

図2にハードウェアの構成を示します．基本構成は第1部 第2章で示したものと同じですが，ノートPCではなくラズベリー・パイ3を使った図を示しました．本章では基礎検討のためノートPCで画像の取り込み，ユーザ・インターフェースの提供，学習済みモデルのレストアおよび入力画像の等級/階級判定を行います．次章でプログラムをラズベリー・パイ3で動くようにします．

ノートPCにはマイコン基板Arduino Microをつなぎ，その先にモータの駆動基板を接続しています．モータの駆動基板には別途，PC用電源から電源を供給し，モータを回しています．

第6章 ステップ3…人工知能キュウリ判定

①カメラ画像取得
②取得画像をUIに表示
③画像を人工知能で判定
④判定結果をUIに表示
⑤ベルト・コンベアにキュウリを送り出すよう指示

図3 OSやライブラリの構成

(a) 撮影台

(b) 表示画面

写真1 キュウリ判定部

● ソフトウェア

図3がノートPC上のプログラム実行環境で，写真1が作成した判定部を示します．図4にPythonで書いた判定実行プログラムの構成を示します．

▶動作フロー

図5が動作フローです．USB接続のウェブ・カメラから3方向の画像を取得して，80×80×3チャネルの画像に変換する処理はOpenCVを用いて実装しています．変換した画像はTensorFlowを使った判定処理に入力され，9種類の等級/階級とそれ以外（キュウリなし）に判定します．

キュウリなしと判定された場合は，ウェブ・カメラからの画像取得に戻ります．

キュウリがある場合には，ベルト・コンベアにキュウリを送り出し，判定した等級/階級をベルト・コンベアに通知します．ベルト・コンベアは通知された等級/階級に従いキュウリを運搬します．運搬が終わる

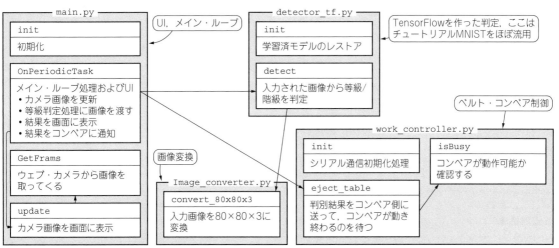

図4 Pythonで書いた判定実行プログラムの構成（detector_tf.pyはTensorFlowから流用し，それ以外は自作）

第1部　ディープ・ラーニングでラズパイ人工知能を作る

リスト1　メインmain.pyから判定処理を呼び出す（抜粋）

```
import wx
import cv2
from detector_tf import Detector
import work_controller

TASK_INTERVAL = 330
                    #メイン・ループ周期[ms]　余裕を持って設定する

class MyFrame(wx.Frame):
  def __init__(self, parent=None, id=-1):
    wx.Frame.__init__(self, parent, id, "Cucumber-9",
                                        size=(1000, 600))

    （中略）

    self.detector = Detector()

    #メインループ処理を登録　・・・　①
    self.timer = wx.Timer(self)
    self.Bind(wx.EVT_TIMER, self.OnPeriodicTask)
    self.timer.Start(TASK_INTERVAL)

  def OnPeriodicTask(self, event):

    （中略：カメラからの画像取得と表示）

    #3方向の画像で識別　・・・　②
    label, accuracy = self.detector.detect(top,
                                           bottom, side)

    （中略：ベルトコンベアに通知）

if __name__ == '__main__':
  #wxPythonを使ったWindow作成
  application = wx.App()
  frame = MyFrame()
  frame.Show()
  application.MainLoop()
```

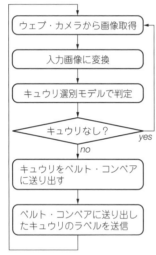

図5　キュウリ判定部の動作フロー

リスト2　判定処理のプログラムdetector_tf.py

```
import tensorflow as tf
from trainer import inference
import image_converter

class Detector():
  def __init__(self):
    self.ip = tf.placeholder(tf.float32, shape=(None,
                                                80, 80, 3))
    self.softmax_op = tf.nn.softmax(inference(
                                          self.ip, 1.0))

    self.sess = tf.Session()
    saver = tf.train.Saver()
    saver.restore(self.sess, './model.ckpt')

  def detect(self, top, bottom, side):
    input_data = image_converter.convert_80x80x3(top,
                                           bottom, side)
    input_data = np.array(input_dta, dtype=np.
                                            float32) / 255.0
    logits = self.sess.run(self.softmax_op,
                   feed_dict={self.ip : [input_data]})

    labels = self.sess.run(tf.argmax(logits, 1))
    accuracy = logits[0][labels[0]]

    return labels[0], accuracy
```

とまたウェブ・カメラからの画像取得に戻ります。

　プログラム実行中は，常にこのフローを実行しており，撮影台にキュウリを乗せると自動的に判定されるにようになっています。

▶メイン・プログラム

　リスト1はメイン・ループの実装とTensorFlowを使った識別処理の呼び出し部分になります．メイン・ループを含むUI部分は，PythonでGUIアプリケーションを作るためのツール・キットwxPythonを使っており，リスト1の①でOnPeriodicTask関数が定期的に呼び出されるようにしています．OnPeriodicTask関数内では，図5の動作フローを実行しており，リスト1の②でTensorFlowを使った識別処理を呼び出しています．

▶識別処理

　リスト2は，リスト1から呼び出されるTensorFlowを使った識別処理になります．detect関数が，渡された3方向の画像を80×80×3チャネルの入力画像に変換した後に等級/階級を識別し，結果とニューラル・ネットワークで計算された結果の確からしさを返します．

▶判定時間は300ms

　このプログラムをノートPC（Core 2 Duo，2.26GHz）で動かしたところ，ウェブ・カメラからの画像取得から判定まで約300msで実行できました．

　なお，**写真1(b)**がwxPythonで実装したUI部分です．ベルトコンベアとの通信部分はpySerialを使っています．これでキュウリの仕分けの判定部は一通り完成です[注1]．

こいけ・まこと

注1：動いている様子は，https://www.youtube.com/watch?v=PY-PN5xfw_0で確認できます．

第1部

第7章 ほこりや土が舞う環境でも組み込んでしまえば安心

ステップ4…キュウリ用人工知能をラズパイで動かす

小池 誠

写真1 農舎ですから…AIコンピュータはほこりや土が多い場所で使いたくないもの

（a）撮影台

（b）7インチLCDパネルの裏にラズベリー・パイを設置

写真2 ラズベリー・パイで動くようにして撮影台内部に組み込む

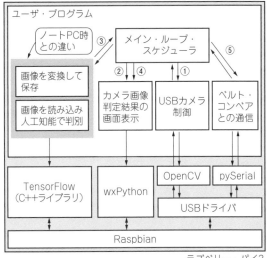

①カメラ画像取得
②取得画像をLCDに表示
③画像を人工知能で判定
④判別結果をLCDに表示
⑤ベルト・コンベアにキュウリを送り出すよう指示

図1 ラズパイ用キュウリ自動選別コンピュータのソフトウェア構成

● ほこりや土が付く環境だからPCは使いたくない

　キュウリの仕分け作業は写真1のような農舎で行っています．農作業の現場ですので，もちろん土が付いたり，たくさんの土ぼこりが舞ったりします．そのような場所でファンを搭載するPCを常時使うとすると，故障が心配になります．

　そこでノートPCで作ったキュウリの階級判定プログラムをラズベリー・パイで動かしてみます．ラズベリー・パイぐらい小型であれば，撮影台の中に組み込むことができるので，ほこりや汚れの心配もありません．実際に組み込んだ様子が写真2です．図1に移植後のラズベリー・パイにおけるOSとTensorFlowライブラリの関係を示します．

第1部 ディープ・ラーニングでラズパイ人工知能を作る

リスト1　Protocol Buffers変換プログラム

```
import tensorflow as tf
from model import inference
#学習時に作ったinference関数をインポート
variables = {}
with tf.Graph().as_default():
  with tf.Session() as sess:
    image_placeholder = tf.placeholder(tf.float32,
                          shape=(None, 80, 80, 3))
    keep_prob = tf.placeholder(tf.float32)
    #学習済みモデルをレストア
    inference(image_placeholder, keep_prob)
    saver = tf.train.Saver()
    saver.restore(sess, './model.ckpt')  #・・・①
    #全ての学習対象Variablesを別変数に格納
    for v in tf.trainable_variables():
      variables[v.value().name] = v.eval()
#再構築のためのグラフ
g_2 = tf.Graph()
with g_2.as_default():
  #tf.Variablesの値をtf.constantに置き換え
  constants = {}
  for key in variables.keys():
    constants[key] = tf.constant(variables[key])
  #ネットワーク構成の再構築-------------------← 27行目
  def conv2d(x, W):
    return tf.nn.conv2d(x, W, strides=[1,1,1,1],
                        padding='SAME')
  def max_pool_2x2(x):
    return tf.nn.max_pool(x, ksize=[1,2,2,1],
                strides=[1,2,2,1], padding='SAME')

  x = tf.placeholder(tf.float32, shape=(None, 80, 80,
                        3), name='input')  #・・・③
  #conv1 + pool1
  W_conv1 = constants['conv1/weights/read:0']
  b_conv1 = constants['conv1/biases/read:0']
  h_conv1 = tf.nn.relu(conv2d(x, W_conv1) + b_conv1)
  h_pool1 = max_pool_2x2(h_conv1)
  #conv2 + pool2
  W_conv2 = constants['conv2/weights/read:0']
  b_conv2 = constants['conv2/biases/read:0']
  h_conv2 = tf.nn.relu(conv2d(h_pool1, W_conv2) +
                                           b_conv2)
  h_pool2 = max_pool_2x2(h_conv2)
  #fc1
  W_fc1 = constants['fc1/weights/read:0']
  b_fc1 = constants['fc1/biases/read:0']
  h_pool2_flat = tf.reshape(h_pool2, [-1, 25600])
  h_fc1 = tf.nn.relu(tf.matmul(h_pool2_flat, W_fc1) +
                                             b_fc1)
  #fc2 + softmax
  W_fc2 = constants['fc2/weights/read:0']
  b_fc2 = constants['fc2/biases/read:0']
  y_conv = tf.nn.softmax(tf.matmul(h_fc1, W_fc2) +
                        b_fc2, name='output')  #・・・④
  #-----------------------------------------
  #protocol buffers形式で保存
  tf.train.write_graph(g_2.as_graph_def(), '.',
          'trained_graph.pb', as_text=False)  #・・・②
```

ラズパイで動かす準備

● その1…TensorFlowをビルド

　TensorFlowはラズベリー・パイに対し，C++静的ライブラリとしてサポート[注1]を行っているため，移植してみたけど動かないという問題もなさそうです．

　早速，公式ドキュメント[注2]に従い，ラズベリー・パイ上でTensorFlowライブラリをビルドしました．サンプル[注3]が動けば，問題なくインストールできています．

▶環境
- ラズベリー・パイ3 model B
- Raspbian 4.4 (ver May 2016)
- TensorFlow 0.10.0

▶ライブラリのビルド

　まずはライブラリのビルド方法です．

- ソースコード取得

```
$ git clone https://github.com/
tensorflow/tensorflow
```

注1：https://www.tensorflow.org/mobile.html
注2：https://github.com/tensorflow/
　　tensorflow/tree/master/tensorflow/
　　contrib/makefile/README.md
注3：https://github.com/tensorflow/
　　tensorflow/tree/master/tensorflow/
　　contrib/pi_examples/

```
$ cd tensorflow
```
- 依存パッケージの取得
```
$ tensorflow/contrib/makefile/
download_dependencies.sh
```
- 加えて下記も入れておきましょう．
```
$ sudo apt-get install autoconf
build-essential libtool
```
▶google protobufのインストール

　学習済みモデルをシリアライズするためのprotobufをインストールします．

```
$ cd tensorflow/contrib/makefile/
downloads/protobuf/
$ ./autogen.sh
$ ./configure
$ make
```

　コンパイルにはラズベリー・パイ3で1.5時間ほどかかります．

```
$ sudo make install
$ cd ../../../../..
```
▶ライブラリのビルド

　ビルドにはg++ 4.8が必要なので，ない場合はインストールしておきましょう．

```
$ sudo apt-get install g++-4.8
$ sudo ldconfig
$ make -f tensorflow/contrib/
makefile/Makefile HOST_OS=PI
TARGET=PI OPTFLAGS="-Os -mfpu=neon-
```

第7章 ステップ4…キュウリ用人工知能をラズパイで動かす

```
vfpv4 -funsafe-math-optimizations
-ftree-vectorize `pkg-config --libs
protobuf`" CXX=g++-4.8
```

benchmarkファイルのリンクでエラーが出る場合は，protobufへのパスが通ってないようなので，上記のように`pkg-config --libs protobuf`を追加してあげましょう．こちらもビルドに1時間ほどかかります．これでインストールは終了です．

● その2…学習済みモデルをラズパイが取り込めるデータに変換する

学習済みモデルをラズベリー・パイで使用するためには，いったんProtocol Buffers形式に変換する必要があります．Protocol Buffersとは，Googleが開発した通信や永続化のためのシリアライズ・フォーマットです．TensorFlowでは，学習済みモデルをProtocol Buffers形式にすることで，ラズベリー・パイをはじめ，Android，iOSといった端末でも利用できるようになります．

リスト1が，学習済みモデルをProtocol Buffers形式に変換するプログラムです．処理のフローを図2に示します．学習済みファイルmodel.ckptを使って学習時のグラフ状態を復元(リスト1の①)し，tf.train.write_graph関数を使って書き込む(リスト1の②)というのが基本的な流れになります．

ただし，tf.train.write_graph関数で書き込むためには，グラフ上の変数オブジェクト(tf.Variable)を定数オブジェクト(tf.constant)に置き換える必要があります．リスト1のグレー部分が置き換え処理で，model.ckptファイルから復元した値が格納された変数オブジェクトを，定数オブジェクトに置き換えています．そして，置き換えた定数オブジェクトを使って，ネットワーク構成を再構築します(リスト1の27～61行目)．

入力(リスト1の③)と出力(リスト1の④)には，分かりやすい名前を付けておきましょう．今回はinputとoutputとしています(次節で使用)．

● その3…ラズパイ用判定プログラムを作る

Protocol Buffers形式で保存した学習済みモデルをラズベリー・パイで動かします．ラズベリー・パイ用のプログラムは，GitHubにあったサンプル「tensorflow/tensorflow/contrib/pi_examples/label_image/」[注4]を参考に，ローカルに保存されたキュウリ画像ファイルを読み込み，等

注4：https://github.com/tensorflow/tensorflow/tree/master/tensorflow/contrib/pi_examples/label_image

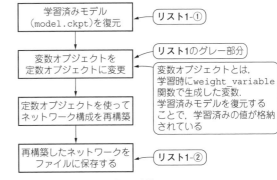

図2 Procol Buffers形式への変換フロー

級／階級の判定結果を出力するというプログラムを作成しました．図3に処理のフローを示します．リスト2がプログラムのメイン関数です．

処理の流れは，最初に学習済みモデルをロードしてtensorflow::Sessionオブジェクトを作成します(リスト2の①)．

次に判定するキュウリ画像を読み込みます．読み込んだ画像データは，tensorflow::Tensorオブジェクトに変換する必要があります(リスト2の②)．

変換した画像データを引き数に，Session->Run()関数を呼び出すことで識別を実行します(リスト2の③)．Session->Run()の引き数の文字列input:0とoutput:0は，リスト1の③④で付けた名前と一致させる必要があります(名前の後に:0を付ける)．

● その4…I/O用プログラムもちょっとだけ変更する

ラズベリー・パイ上でTensorFlowを使った判別プログラムを動かすことができました．残るはUSBカメラから画像を取得，入力画像に変換，ベルト・コンベアへの送り出しと通信の処理です．これらはもともと全てPython+OpenCV+wxPython+pySerialで実装

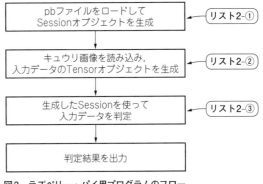

図3 ラズベリー・パイ用プログラムのフロー

第1部 ディープ・ラーニングでラズパイ人工知能を作る

リスト2 ラズベリー・パイ用TensorFlow実行プログラム（抜粋）

```cpp
/* 読み込んだ画像データをtensorflow::Tensorに変換 */
Status ConvertInputTensor(std::vector<tensorflow::ui
nt8> *data, std::vector<tensorflow::Tensor> *outputs)
{
  tensorflow::Tensor image_tensor(tensorflow::DT_
      FLOAT, tensorflow::TensorShape({1, 80, 80, 3}));
  auto tensor_mapped = image_tensor.tensor<float, 4>();
  tensorflow::uint8 *in = data->data();
  float *out = tensor_mapped.data();
  for (int i=0; i<80*80*3; i++) {
    out[i] = float(in[i]/255.0);
  }
  outputs->push_back(image_tensor);
  return Status::OK();
}
int main(int argc, char* argv[]) {
  tensorflow::port::InitMain(argv[0], &argc, &argv);
  if (argc > 1) {
    LOG(ERROR) << "Unknown argument " << argv[1];
    return -1;
  }
  //学習済みモデルの読み込み
  std::unique_ptr<tensorflow::Session> session;
  string graph_path = "trained_graph.pb";
  Status load_graph_status = LoadGraph(graph_path,
      &session);  //LoadGraph関数はサンプルと同じ・・・①
  if (!load_graph_status.ok()) {
    LOG(ERROR) << load_graph_status;
    return -1;
  }
  //入力画像データの読み込み
  std::vector<tensorflow::uint8> data(80*80*3);
  LoadInputData("input.dat", &data);
  //入力画像はinput.datという名前で保存しておく
  std::vector<tensorflow::Tensor> input_tensors;
  ConvertInputTensor(&data, &input_tensors);  //・・・②
  //モデルを使って入力画像データを識別
  std::vector<tensorflow::Tensor> outputs;
  Status run_status = session->Run({{"input:0",
      input_tensors[0]}}, {"output:0"}, {}, &outputs);
                                                //・・・③
  if (!run_status.ok()) {
    LOG(ERROR) << "Running model failed: " <<
                                          run_status;
    return -1;
  } else {
    LOG(INFO) << "Running model succeeded!";
  }
  //出力が最大のものを結果として出力
  std::vector<std::pair<int, float>> results;
  GetTopLabels(outputs, &results);
  std::cout << results[0].first << "," <<
                         results[0].second << std::endl;
  session->Close();
  return 0;
}
```

していますので，ラズベリー・パイでもそのまま実行可能です．変更した箇所は，入力画像に変換した後，いったんファイルに保存するようにしただけです．図4にプログラムの関係を示します．

まずは動かす

早速移植したプログラムを動かしてみましたが，画面表示が止まって動きません．Pythonのtimeモジュールを使って処理時間を計測してみると，ウェブ・カメラからの画像取得から判定まで，約6秒かかっていることが分かりました．そして，そのほとんどがTensorFlowによる判定処理で，約5秒という処理時間がかかっていました．

ラズベリー・パイへ判定プログラムを移植し，判定動作をさせることはできましたが，キュウリ1本の判定に5秒以上もかかっていたのでは使い物になりません．何かスピードアップの改良が必要となりそうです．

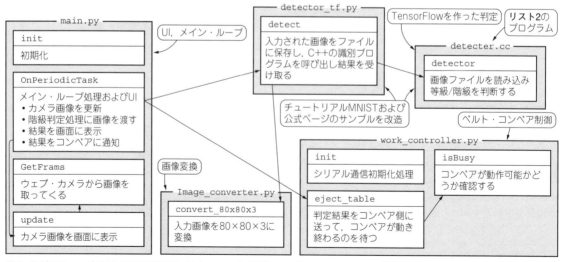

図4 ラズベリー・パイにおける判別処理/ベルト・コンベア制御/ユーザ・インターフェース提供のプログラムの構成
detector_tf.pyとdetector.cc以外は自前

第7章 ステップ4…キュウリ用人工知能をラズパイで動かす

判定処理高速化の改良1…キュウリあり/なし判定を追加

毎フレームをキュウリ判定モデルにかけるのではなく，台の上にキュウリが乗っているか/いないかの2クラスを判定するだけのモデルを作成します．そしてキュウリが台に乗っている場合にだけ，キュウリ判定モデルで判定するようにします．また，従来の10クラスで判定していたキュウリ判定モデルから，キュウリなしの判断を削除し，等級/階級だけの9クラスを判定するモデルに変更しました（図5）．

キュウリあり/なしを判定する畳み込みニューラル・ネットワーク構成は，リスト3の通りです．教師データは，キュウリあり/なしだけ判定できればよいため，上部カメラで撮影した画像だけを使用しました．この結果，プログラムの呼び出し関係は図6のようになります．

グレー・スケールに変換した後，サイズを24×24まで縮小した画像（図7）を，キュウリなしは875枚，キュウリありも875枚の計1750枚用意しました．学習パラメータのバッチ・サイズは50枚，最大ステップ数は3000ステップとし，学習を行いました．その結果，入力画像の解像度を24×24×1チャネルに落としても，テスト画像350枚（あり画像175枚，なし画像175枚）を用いた検証で正答率99.8%という結果を得ることができました．

キュウリ判定モデルは，判定クラス数を10から9に減らしただけで，それ以外は変更ありません．学習をやり直した結果，テスト画像による検証では正答率

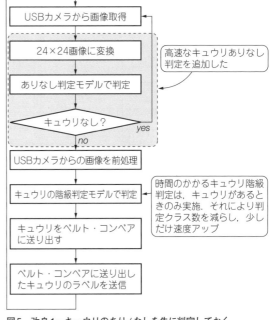

図5 改良1…キュウリのあり/なしを先に判定しておく

88.7%という結果になりました．若干正答率が低下しているのは，もともと100%で判定できていたキュウリあり/なし判定が削除されたことによると考えられます．

● 速度計測結果

表1が100枚のキュウリ画像を判定した際の1枚当たりの平均処理速度の計測結果になります．キュウリ

リスト3 キュウリあり/なし判定の畳み込みニューラル・ネットワーク構成（抜粋）

```
def inference(images, keep_prob):

#重みを標準偏差0.1の正規分布で初期化
  def weight_variable(shape):
    initial = tf.truncated_normal(shape, stddev=0.1)
    return tf.Variable(initial, name='weights')

#バイアスを0.1で初期化
  def bias_variable(shape):
    initial = tf.constant(0.1, shape=shape)
    return tf.Variable(initial, name='biases')

#畳み込み層の作成
  def conv2d(x, W):
    return tf.nn.conv2d(x, W, strides=[1, 1, 1, 1,],
                        padding='SAME')

#プーリング層の作成
  def max_pool_2x2(x):
    return tf.nn.max_pool(x, ksize=[1, 2, 2, 1],
                strides=[1, 2, 2, 1], padding='SAME')
#畳み込み層1
  with tf.name_scope('conv1') as scope:
    W_conv1 = weight_variable([3, 3, 1, 28])
    b_conv1 = bias_variable([28])
    h_conv1 = tf.nn.relu(conv2d(images, W_conv1) +
                                            b_conv1)

#プーリング層1
  with tf.name_scope('pool1') as scope:
    h_pool1 = max_pool_2x2(h_conv1)

#全結合層1
  with tf.name_scope('fc1') as scope:
    W_fc1 = weight_variable([12 * 12 * 28, 512])
    b_fc1 = bias_variable([512])
    h_pool1_flat = tf.reshape(h_pool1, [-1, 12 * 12 *
                                                  28])
    h_fc1 = tf.nn.relu(tf.matmul(h_pool1_flat, W_fc1)
                                              + b_fc1)

  #dropoutの設定
  h_fc1_drop = tf.nn.dropout(h_fc1, keep_prob)

#全結合層2
  with tf.name_scope('fc2') as scope:
    W_fc2 = weight_variable([512, 2])
    b_fc2 = bias_variable([2])

    logits = tf.matmul(h_fc1_drop, W_fc2) + b_fc2

  return logits
```

第1部　ディープ・ラーニングでラズパイ人工知能を作る

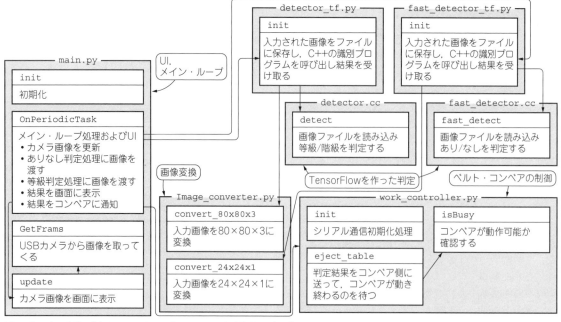

図6　キュウリあり/なしのニューラル・ネットワークを追加後のプログラム呼び出し関係

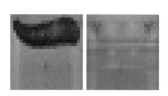

(a) あり画像　　(b) なし画像

図7　24×24の画像例

表1　処理速度計測結果

識別方法 \ 時間	平均処理時間[s]	
10クラスのキュウリ判定モデル	5.34	← 前章の処理時間
あり/なし判定モデル	0.46	← 今回の処理時間
9クラスのキュウリ判定モデル	3.71	

あり/なし判定モデルは，平均0.46秒で判定できるという結果が得られました．これなら，ウェブ・カメラからの画像取り込み間隔もかなり改善されます．さらに，キュウリ判定モデルも10クラスから9クラスに変更にしたことにより，1.63秒短縮できました．

判定処理の高速化の改良2…クラウドGPUサービスを試してみる

● ソースコードがそのまま使えるGoogle Cloud Machine Learning

最近では機械学習を低コストで行うためのクラウド・サービスが各社から提供されるようになってきました．例えば以下が挙げられます．

・Amazon Machine Learning

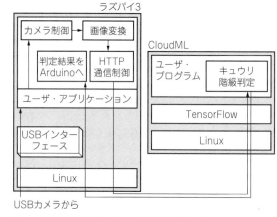

図8　クラウドを使用したキュウリ自動選別コンピュータのソフトウェア構成
クラウド上で学習を済ませ，生成した識別用モデルをクラウドに置く

・Microsoft Azure Machine Learning
・Google Cloud Machine Learning

クラウド・サービスを利用することで，豊富な計算リソースを使って高速に学習を行ったり，学習済みのモデルをAPIとしてデプロイしたりできます．今回作ったキュウリの選別モデルをクラウド上で運用したら，今以上に速く識別処理を行えるかもしれません．

ラズベリー・パイ3にはオンボードでWi-Fiが搭載されているので，使わない手はないということで，早速試してみました．

今回は作成したTensorFlowのソースコードがほぼそのまま使えるGoogle Cloud Machine Learning（以

第7章 ステップ4…キュウリ用人工知能をラズパイで動かす

下，CloudML）を使って，キュウリの階級判定モデルを動かしてみます．**図8**がCloudMLを使用したソフトウェア構成です．

● クラウドで動かす準備

CloudMLにキュウリの階級判定モデルを公開するためには，事前にPCで動かしたこれまでの学習用プログラムに対して，**リスト3**に示すような変更（追加）を行う必要があります．グレー文字が追加した箇所ですが，これらはCloudML上でモデルを公開するための現ルールで，CloudMLのドキュメントにて指定されています．

まず，第1部 第4章で使用したデスクトップPCから，学習用データ・セットと学習実行用プログラム（**リスト3**）を，CloudML上の指定された場所にアップロードします．

● クラウド上でキュウリを学習する

CloudML上で学習を実行する手順については，今回は詳しく説明しませんが，公式ドキュメント注5に分かりやすく書かれているので，問題なく進められます．

学習が終了すると，**リスト4**の①で保存したexportファイルが，Google Cloud Storage上に作成されます．後は，このファイルをCloudML上でWebAPIとしてデプロイするだけです．デプロイ方法は，Google Cloud Platformのコンソール画面から，機械学習のモデル欄を選択し，モデルの新規作成を行い，先ほどのexportファイルへのパスを設定して完了です（**図9**）．デプロイ後は一般的なWebAPI（REST）として使用でき，要求/応答ともに**リスト5**に示すJSONフォーマットで通信できます．

● 速度計測結果

CloudMLといえばやはり分散コンピューティングによる高速な分散学習が気になるところです．そこで今回は分散学習することで，どの程度学習時間が短縮されるかも調べました．

▶学習時間

表2が学習時間の計測結果です．

- デスクトップPCで学習した場合
- CloudML上でsingle worker（Scale Tier = BASIC）で学習した場合
- 5 worker（Scale Tier = STANDARD_1）で学習した場合

リスト5 公開モデルへのリクエストとレスポンス例

`{ "image": [画像データ], "key": 0 }`

（a）リクエスト例

リスト4 モデル公開のために必要な変更（抜粋）
執筆時点（2016年12月現在）でベータ板であり変更される可能性がある

```
def run_training():
  data_sets = input_data.read_data_sets()

  with tf.Graph().as_default():
    with tf.Session() as sess:
      keys_placeholder = tf.placeholder(tf.int64,
                                        shape=[None])
      images_placeholder = tf.placeholder(tf.float32,
                                    shape=[None, 80, 80, 3])
      labels_placeholder = tf.placeholder(tf.int32,
                                        shape=[None])
      keep_prob = tf.placeholder(tf.float32)

      inputs = {'key': keys_placeholder.name, 'image':
                       images_placeholder.name}
      tf.add_to_collection('inputs', json.dumps
                                        (inputs))

      【中略】

      keys = tf.identity(keys_placeholder)
      prediction = tf.argmax(logits, 1)
      scores = tf.nn.softmax(logits)
      outputs = {'key': keys.name,
       'prediction': prediction.name,
       'scores': scores.name}
      tf.add_to_collection('outputs', json.dumps
                                        (outputs))

      #訓練
      for step in range(FLAGS.max_steps):
      【中略】

      #最後に "export" というファイル名で保存
      file_io.create_dir(FLAGS.model_dir)
      saver.save(sess, os.path.join(FLAGS.model_dir,
                                  'export')) #・・・①
```

図9 CloudML上で「ccb9」という名前でモデルを公開

表2 実行環境別の学習時間

ディープ・ラーニング 実行環境 学習時間	デスクトップ PC	CloudML worker数 = 1	CloudML worker数 = 5
時間	10時間40分	19時間54分	1時間35分

注5：https://cloud.google.com/ml/docs/quickstarts/training

`{ "prediction": 判定結果, "key": 0, "score": [各ラベルのスコア] }`

（b）レスポンス例

第1部 ディープ・ラーニングでラズパイ人工知能を作る

表3 キュウリ画像1枚当たりの平均識別時間

処理時間 識別実行環境	CloudML	ラズベリー・パイ3
9クラス判定モデルの平均処理時間[s]	3.19	3.71

の3パターンを，それぞれ1回計測しました．今回の結果では，分散学習を行うことで学習時間を大幅に削減できました．

▶識別時間

表3が9クラスを判定するキュウリ判定モデルをCloudML上で動かし，100枚の画像を判定させた際の，1枚当たりの平均応答時間になります．CloudMLで使用したリージョンはus-central1（米国のアイオワ州にあるデータ・センタ）です．ラズベリー・パイ3で識別処理を行った場合と比べ0.52秒短縮されました．結果的には，期待したほどの時間短縮にはなりませんでしたが，一応効果はあったようです．

● おまけ…改良2の要素をローカル・サーバでも試した

せっかくHTTP経由でキュウリの階級判定を行えるようにしたので，ローカル・ネットワーク上にウェブ・アプリケーション・サーバを立て，その上でキュウリの判定モデルを動かしてみました（図10）．サーバはノートPCです．

ウェブ・アプリケーション・サーバは，オープンソースのウェブ・アプリケーション・フレームワークであるDjangoを使い実装しました．アプリケーション・サーバ上でTensorFlowを動かし，送信されてきたキュウリ画像を識別し結果を送り返します．

この構成で，同じく100枚の判定対象画像に対する平均応答時間を調べたところ，1枚当たり0.85秒という結果になりました．かなりの速度改善が確認できました．

今回の結果を踏まえると，ニューラル・ネットワークの学習はクラウドを利用し，学習した後の実行は家の中にあるローカル・サーバ上で行うというのが，キュウリの仕分けには一番良いやり方であると分かりました．

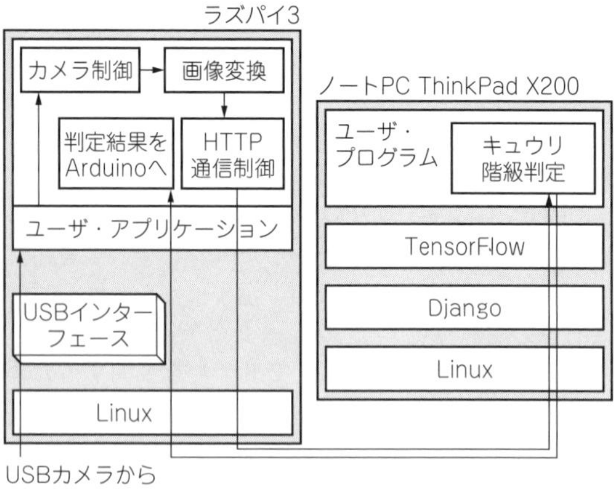

* * *

TensorFlowを使ってキュウリの等級/階級を判定する装置について紹介しました．人間が行っているキュウリの仕分け技術を，ディープ・ラーニングを使った画像認識技術を使って，約90％の精度で再現できました．しかし，実際に農作業場で使っていると70％程度の精度に低下してしまうことも分かってきています．原因は，外部の明るさの影響，季節や成長時期によるキュウリの形のばらつき具合の変化などです．

今回紹介できなかった部分でも，まだまだ実用するためには解決しないといけない課題がたくさんあります．とは言え，一個人でもTensorFlowなどのオープンソースの機械学習ライブラリを使用することで，今回紹介したようなものを作ることができる時代になりました．皆さんの身近にあるちょっとした問題も，人工知能を使えば解決できるかもしれません．まずは，試しにやってみることから始めてみてはいかがでしょうか．

こいけ・まこと

図10 ローカル・ネットワーク上にキュウリの階級判定モデルを置いた構成

第2部
軽くて高速なラズパイ人工知能を作る

記事は執筆時点の情報なので，実際に使用するときは，ウェブ・サイト等をご確認ください．

第2部 軽くて高速なラズパイ人工知能を作る

第1章 ローカルな専用デバイスが最高！

ラズベリー・パイ×人工知能で広がる世界

鎌田 智也

人工知能で広がる世界

これまで人間にしかできなかった複雑なことを，機械に行わせられるようにする技術を「人工知能」といいます．一口に人工知能といっても，たくさんの種類があり，また応用範囲がとても広いので，知っているようで実は詳しくない人にはよく分からないものです．

ただ，最近ものすごい勢いで人工知能に関する技術が進化を遂げているのは間違いなさそうです．

人間に勝つには10年以上かかるだろうといわれていた囲碁では，世界ランキング2位といわれるプロ棋士がコンピュータに1勝4敗で負けたことがニュースになりました．人工知能を研究している研究者さえも驚かせたといいます．急激な進化を遂げている人工知能の技術は，今後の私たちの生活を一変させるくらいのインパクトがあるものだと噂されています．

人工知能の技術を応用した製品が世の中に登場してくるのも，そんなに遠い未来の話ではないはずです．10年以内には私たちの身の回りで実現されていそうな勢いがあります．

- 人が運転しなくても勝手に目的地へ連れて行ってくれる自動運転の車
- 私たちの生活を手助けしてくれる介護ロボットなど

しかしその一方で，人工知能は私たちとは関係のない遠い世界の話のような気がしてないでしょうか？

人工知能の技術は，基本的には現在あるコンピュータで実行可能なソフトウェアの技術です．私たちの持っているPCでも動くし，あのラズベリー・パイでだって動かせるのです．小さくてコンパクトなラズパイに人工知能を組み込んで，未来の生活を先取りしちゃうというのは，なかなか面白いテーマだと思います．

ラズベリー・パイのような小型コンピュータでMy人工知能を実現する方法

ラズベリー・パイみたいな小さいコンピュータに人工知能を組み込むことができたら，これまで考えもしなかったことがいろいろ実現できるはずです．小さいラズパイなら，従来の大がかりな人工知能が入り込めなかったような分野にも組み込みすることができ，画期的な応用を実現できる可能性を大いに秘めているに違いありません．

でもラズベリー・パイは，高性能タイプの2や3が登場したといってもPCに比べると性能は，まだまだ貧弱です．

PCよりも性能の劣るラズパイで人工知能ソフトウェアを動かすには，図1のように二つの実現方法が考えられます．

● その1：クラウド型

一つはクラウド型です［図1(a)］．ラズパイを情報収

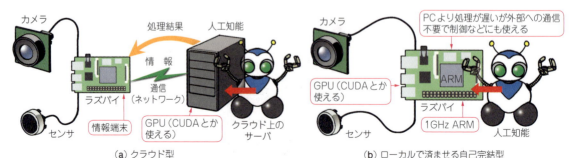

図1 ラズベリー・パイのような小型コンピュータでMy人工知能を実現する方法
(a) クラウド型　(b) ローカルで済ませる自己完結型

第1章　ラズベリー・パイ×人工知能で広がる世界

> **コラム** **ここでの「人工知能」について**　　　　　　　鎌田 智也
>
> 　「人工知能」は，とても深遠な技術テーマです．人間の知能が学習能力だけで説明される単純なものではないのと同様に，本稿で扱う機械学習も人工知能における研究分野の一つに過ぎません．ただ，最近の人工知能ブームの火付け役になった「ディープ・ラーニング」は，機械学習に分類される技術であることから，人工知能に関心のある読者なら機械学習にもきっと興味をもっていただけるのではないでしょうか．
>
> 　ここでは，機械学習による画像識別ソフトウェアをラズベリー・パイへ組み込む事例を紹介します．本稿を通じて，今注目される人工知能の最もホットな分野である機械学習というものが，あらかじめ人の手によって用意された学習データを必要とする技術であり，そこに人工知能が高度な知能をもつ人間に近づくために必要な課題があることを知っていただければと思います．

集の端末にして問題解決に必要な情報を収集し，人工知能ソフトウェアを走らせたサーバに順次アップロードします．サーバ側で人工知能の情報を処理し，その結果をラズパイ側で受け取るという方法です．ラズパイとサーバとの間に通信が必要となりますが，高パフォーマンスのサーバ・コンピュータを用いることで，ラズパイの処理能力に影響されることなく，最新の人工知能を実現することができそうです．ラズパイのような非力な端末をフロントエンド用のコンピュータとして用いなければならない場合の常とう手段です．

● その2：ローカルで済ませる自己完結型

　もう一つの方法は，ラズパイそのものに人工知能を組み込む「自己完結型」です［図1（b）］．ラズパイ自身に人工知能を組み込むので，サーバも通信も不要です．その代わり，PCに比べるとまだまだ非力といわざるを得ないラズパイに人工知能を組み込んで動作させなければなりません．特に問題になるのは処理速度です．ラズパイ内蔵のCPUであるARMの処理能力でリアルタイム処理させられるようなさまざまな「工夫」が必要になります．

　難易度の高い組み込み型ですが，ラズパイだけで人工知能プログラムを動かすことができたら面白そうです．ここでは，ラズパイそのものに人工知能を組み込んで，ラズパイ自身が人工知能を働かせて判断する「自己完結型」デバイスのコンセプトで話を進めていきます．組み込みのロマンという意味でもモチベーションが高まります．

ラズベリー・パイで人工知能のアイデア

　人工知能を組み込んだラズパイが，これまで人間しか行えなかった複雑な仕事をすることができたら，画期的なアイデアを実現できるはずです．

　人工知能＋ラズパイで実現できそうなアイデアを思いつくままに紹介してみます．

● その1：小鳥観察用My人工知能コンピュータ

　庭に設置した小鳥の餌台にやってきた小鳥たちをカメラでとらえて，鳥の知識を組み込んだラズパイが種類を判別して教えてくれます（図2）．人だと毎日ずっと1日中見続けることができませんし，カメラを設置しただけだと何が来たのかを知るためには人が録画を再生してチェックする必要があります．もし来てくれる小鳥たちの種類や時間を詳細に知ることができれば，小鳥たちに喜ばれる餌を用意してあげることができ，さらに鳥たちに人気の餌台になることでしょう．

● その2：ペット／昆虫／魚の育成用My人工知能コンピュータ

　カブトムシやクワガタを人に代わってラズパイが面倒を見てくれたらうっかり餌を忘れてしまったなどというミスも減るはずです（図3）．また夜行性の彼らの活発な様子をモニタして後で教えてくれたらさらに飼っている楽しみが増えそうです．

● その3：植木鉢自動栽培・収穫用My人工知能コンピュータ

　植木鉢の花の植物レベルでも，水タンクからの自動給水，成長の記録，花の開花予想なんてことをラズパ

図2　その1：小鳥観察用My人工知能コンピュータ

第2部 軽くて高速なラズパイ人工知能を作る

- 午前0時，カブトムシとクワガタが戦いを始めました．写真を撮っておきます．
- エサを入れておきます（午前8時）．
- 活動量が昨日より落ちています（午前12時）．
- 気温が低いです．暖めてください（午後7時）．

図3　その2：ペット／昆虫／魚の育成用My人工知能コンピュータ

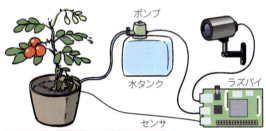

- 今日も芽は出ませんね．
- 土が乾いてきているので水をあげます．
- つぼみがあと3日で開花しそうです．
- 下の葉っぱが枯れてきました．
- トマトが3コなっていて食べ頃です．

図4　その3：植木鉢自動栽培・収穫用My人工知能コンピュータ

図5　その4：自動釣りMy人工知能コンピュータ

イの人工知能にやってもらえれば，育てる楽しみがもっと増えそうです（図4）．畑のような広い場所なら，キャタピラで自走するロボットにラズパイを組み込んで巡回させるなど，農業分野での人工知能応用の可能性は大きそうです．

● その4：自動釣りMy人工知能コンピュータ

魚を待っているときのさおのたれ方，魚がかかったときに逃げられないようなリールの引き方の制御などを，魚の引き具合に応じて人の代わりに人工知能が手

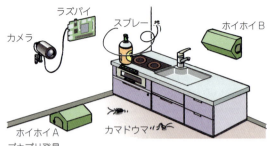

ゴキブリ発見
- ホイホイAの入り口オープンします．つかまえました．
- ハエが殺虫スプレーの射程範囲内．スプレー開始！
- カマドウマ，午前2時に発見，逃げました．
- ホイホイBをエリア3に追加をお勧めします．

図6　その5：害虫駆除用My人工知能コンピュータ

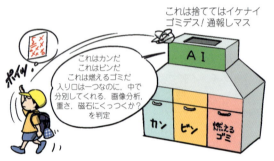

図7　その6：ゴミ自動分別用My人工知能コンピュータ

助けしてくれる釣りざおがあれば，逃がした魚は大きかったという失敗はなくなるはずです（図5）．また，その釣りざおを釣りの上手な人に貸してあげたら，釣り上げるさおの動かし方のコツを釣りざおが学習して，技術を盗んでくれて勝手に賢くなる釣りざおなんていうのもありかもしれません．

● その5：害虫駆除用My人工知能コンピュータ

家によりつく害虫駆除というのは，厄介な問題です．ゴキブリ，ゲジゲジ，クモなどを，人工知能を搭載したラズパイがカメラで彼らを捕捉します（図6）．人工知能で彼らの行動パターンを分析し，確実に捕獲してくれたら頼れる存在になるはずです．

● その6：ゴミ自動分別用My人工知能コンピュータ

ゴミの分別は，意図しない間違いも含めると人任せには精度に限界があります．一つの口をもったゴミ箱にポイ捨てするとゴミ箱内部で人工知能が自動分別してくれるなら，間違いのない分別ゴミ箱になってくれるはずですし人の手間も省けます（図7）．

分別まではいかなくても捨ててはいけない種類のゴミを検知できれば，マナー向上に効果的です．

かまた・ともや

第2部

第2章 機械学習による高精度認識でレベルアップ！

ラズパイ×人工知能…
サカナ観察＆飼育コンピュータ

鎌田 智也

写真1
今回の観察＆飼育ターゲットの魚「ナベカ」

　安くて手軽に使える手のひらコンピュータの代表であるラズベリー・パイで今話題の人工知能の技術を組み込んだプログラムを走らせて，暮らしの中に人工知能を応用してみます．

　ここでは，人工知能を実現するための代表的な技術の一つである機械学習アルゴリズムをラズベリー・パイに組み込んで，画像のパターン認識処理をリアルタイムに処理させてみます．

　機械学習とは，人間が普段の日常生活の中で自然に行っている学習能力をコンピュータ上に実現しようとする技術です．機械学習の仕組みを使うことによって，例えば，人が目で見たものを学習して認識できるようになるのと同じ能力を，カメラをつないだコンピュータにももたせることができるのです．

実験すること

● 今回のターゲットは「魚」

　「ナベカ」という磯辺に住む海の魚がいます（写真1）．黄色っぽい色に黒のシマシマ模様がついていて7～10cmくらいのイソギンポ科の魚です[1]．2015年の夏に日本海（秋田県八峰町）の岩場で捕まえて，エア・ポンプでエアを送りながらクーラーボックスで岩手の自宅まで連れて帰ってきました．飼育し始めて10カ月ほど経っても，人工海水の水槽でヤドカリと共に元気に暮らしています（写真2）．

● 生き物の観察＆飼育は簡単じゃない…

　ナベカは自分の体がすっぽりとおさまる程の大きさの巻き貝に身を潜めて暮らしていて，顔だけ出しては周囲の様子をうかがうなどしています．少しでも異変を察知すると貝殻の穴の中奥深くへと素早く身を引っ込めてしまうので，顔を出している様子をじっくり観

写真2　ターゲットの魚「ナベカ」の住まい
ヤドカリと一緒に住んでいる

第2部 軽くて高速なラズパイ人工知能を作る

(a) 通常の状態

(b) 警戒を解いてくれたらようやく巣から少し出てくる

写真3 野生の生き物はすごくシャイなので観察や飼育は簡単じゃない
写真1のように全身を撮影するのは至難の業

察することがなかなかできません．カメラを構えて水槽をのぞき込むなどすると直ちに気配を察知して貝殻の中に引っ込んでしまいます（**写真3**）．

水槽の中を人がのぞき込むと動きを察知されてしまいますが常にカメラを設置した状態なら，さすがのナベカも警戒が緩むようです．ナベカに限らず生き物を観察するときには，似たような状況は少なくないと思います．

● ラズパイ人工知能コンピュータで観察&飼育に挑戦！

実験では，安くて入手しやすいラズパイに人工知能アルゴリズムを搭載したプログラムを組み込んで，ナベカの「姿かたち」を学習させ覚えこませます．そしてラズパイにつないだカメラで水槽の中をモニタし，ナベカが顔を出していたら光（や音）で知らせたり，モニタに映像を表示させたりします（**図1**）．

システム構成&機能

● 全体構成

図2は，全体のシステム構成です．ナベカのいる水槽の上部にUSBカメラを設置して水槽内を上から観察します．実験に用いた機材は**表1**の通りです．**写真4**は，実際の実験の様子です．カメラの映像にすっぽりと水槽内全体が映るようにカメラの高さを調整して取り付けました．

● 機能1：観察

写真5は，水槽上部に設置されたUSBカメラで実際に撮影した映像です．夜間の暗い状況でも観察を続けることができるよう近赤外線LED付きのUSBカメラを用いています．USBカメラはラズベリー・パイに直接接続しています．ラズベリー・パイはUSBカメラの画像をリアルタイムにキャプチャし，水槽内が映し出されたカメラ映像の中からナベカがいるかどうかを検出します．**図3**は処理の流れを示すフローチャートです．

ナベカが顔を出していたら外部ポートに接続したLEDを点灯させ，ナベカの撮影を開始します．LEDが点灯しているときにナベカに気づかれないようにそ〜っと水槽をのぞき込めば顔を見ることができます．ナベカが隠れているなどして検出されなかったら撮影をやめ，LEDを消灯させます．

● 機能2：飼育

水槽のそばにラズベリー・パイとカメラを設置することで，観察にとどまらず，飼育で大切な環境維持も行えます．水槽内に設置した水温計の状態や，水槽内の水の透明度を，カメラで常時モニタすることで，飼育環境の維持に必要な情報を把握できます．

また検出された魚の位置変化から，魚の単位時間あたりの運動量を算出することで，健康度合いを表す指標をモニタリングすることも実現できるはずです．

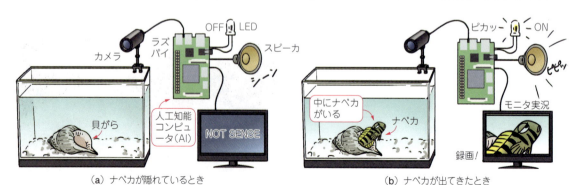

(a) ナベカが隠れているとき　　　　　　　　　　　　　　(b) ナベカが出てきたとき

図1 実験すること…ラズパイ人工知能コンピュータで「ナベカ」を認識して観察&飼育してみる

第2章 ラズパイ×人工知能…サカナ観察＆飼育コンピュータ

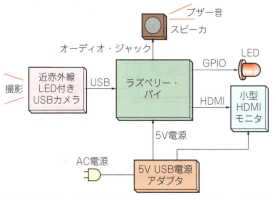

図2 ラズパイ×人工知能！ サカナ観察＆飼育コンピュータの回路構成
ここでは基本となる観察用回路だけ紹介．飼育機能は第6章で追加

表1 実験に用いた主なハードウェア

部品名	型名	参考価格	入手先
ラズベリー・パイ2		4,410円	RSオンライン
近赤外線LED内蔵USBカメラ	いろいろハウス 赤外線ウェブカメラ	1,680円	アマゾン
小型HDMIモニタ	PLUS ONE HDMI LCD-8000VH	29,800円	アマゾン
アンプ内蔵小型スピーカ	サンワサプライ MM-SPP4SBL	1,221円	アマゾン
5V USB電源アダプタ	Anker 40W 5ポート USB急速充電器 ACアダプタ 71AN7105SS-WJA	2,599円	アマゾン
1kΩ抵抗		100円/100個	秋月電子通商
黄色LED		120円/10個	秋月電子通商

　さらに，ラズベリー・パイに給餌器を組み合わせれば，人のいない状況でもあらかじめ設定した条件で自動給餌することが可能になります．決められた時間に決まった量の餌を自動的に与えることなどができるのです．ネットワーク経由で給餌指令を遠隔操作することもできます．

ラズパイ人工知能コンピュータを使う理由

● 通常の画像認識だとすごく検出しにくい
　水槽の中には，ナベカの他にもヤドカリが暮らしていますし，浄化のためのポンプで水が循環していま

す．このため常に水面が揺れ動いており，監視カメラでよく行われるような単純に動くものを検出する方法「背景差分法」などでは，水面やヤドカリの動きとナベカを区別することができません（図4）．より複雑な画像の認識処理が必要になるわけです．そこで，人工知能技術の一つである機械学習アルゴリズムを使って，ナベカを検出させてみることにチャレンジします（図5）．

写真4　実験の様子

写真5　夜間観察を可能にするために赤外線カメラを使った

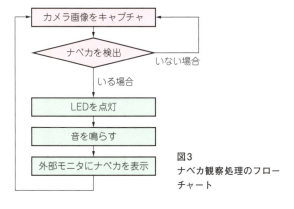

図3 ナベカ観察処理のフローチャート

55

第2部 軽くて高速なラズパイ人工知能を作る

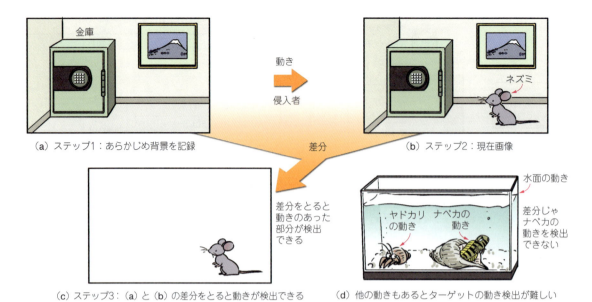

(a) ステップ1：あらかじめ背景を記録
(b) ステップ2：現在画像
(c) ステップ3：(a)と(b)の差分をとると動きが検出できる
(d) 他の動きもあるとターゲットの動き検出が難しい

図4　Before：従来の背景差分法等による画像認識だと水面や周辺を歩き回るヤドカリの影響で検出が難しい

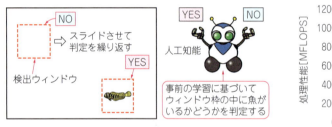

図5　After：人工知能だとサカナがいるかどうか見つけやすい

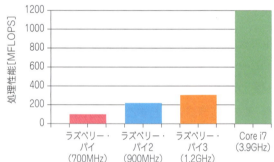

図6⁽²⁾　ラズベリー・パイなどのボード・コンピュータはPCのような処理性能がないのでがんばって「人工知能」を実現しないといけない

ラズベリー・パイ3については，文献(2)のARM V8-A53 (1300MHz)のデータを1200MHzに換算した値

● 「クラウド型」じゃなくて「自己完結型」人工知能だとリアルタイム制御（飼育）も可能

　計算能力の限られたラズパイを端末に使う際には，高速なサーバに重たい処理を肩代わりしてもらうクラウド方式が好んで採用されるケースが多いです．しかしクラウド方式では，処理に必要なデータをサーバにアップロードする必要があります．通信に要する時間がオーバヘッドとなり，リアルタイム応答性を実現することが困難です．特に画像認識の場合，データ量が多いので通信時間は無視できません．
　クラウド方式の顔認識サービスでは画像をサーバに送信して結果を得るまでに秒単位の時間が必要なので，動画をリアルタイムに処理できません．
　自己完結型なら通信の制約などは全くないので，認識処理を高速に行う工夫はもちろん必要ですがリアルタイム制御が可能です．

● 実現のポイント

　一般に，画像処理や人工知能のアルゴリズムは，処理に必要な計算量が多いものです．デスクトップPCではリアルタイム処理できるようなアルゴリズムでも，ラズパイのようなボード・コンピュータに�っているCPUの計算能力では荷が重い処理となってしまいます（図6）．リアルタイムに画像認識させようとしても，そう簡単にはいきません．
　本特集では，処理性能が十分ではないラズパイで，人工知能アルゴリズムを用いてリアルタイムに画像認識させるための工夫を紹介しながら，実験してきます．

◆参考・引用＊文献◆
(1) WEB魚図鑑「ナベカ」．
　　http://zukan.com/fish/internal988
(2) Roy Longbottom's PC Benchmark Collectionのウェブ・サイト．
　　http://www.roylongbottom.org.uk/

かまた・ともや

第2部
第3章 オープンソース・ライブラリで機械学習アルゴリズム入門

方式1：ディープ・ラーニング×ラズパイ

鎌田 智也

表1 主な機械学習アルゴリズム

機械学習の分野	アルゴリズム
ニューラル・ネットワーク	Radial Basis Function Network
	Perceptron
	逆誤差伝搬理論
	Hopfield Network
ディープ・ラーニング	ディープ・ボルツマン・マシン
	Deep Belief Networks
	Convolutional Neural Network (CNN)
	Stacked Auto-Encoders
事例ベース	k-ニア・ネスト・ネイバ(kNN)
	Learning Vector Quantization (LVQ)
	自己組織化マップ(SOM)
	局所重み学習(LWL)
	サポート・ベクタ・マシン(SVM)
集団学習	いろいろあるけどここでは割愛
正則化	
ルール・システム	
回帰	
ベイジアン	
決定木	
次元圧縮	
クラスタリング	

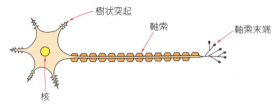

図1 ニューラル・ネットワーク機械学習アルゴリズムの基になっている動物の脳みその神経細胞ニューロン

● 注目人工知能アルゴリズム「ディープ・ラーニング」でサカナ観察に挑戦！

　すぐ隠れちゃうお魚「ナベカ」の姿をラズベリー・パイに学習してもらって，人の代わりにナベカの様子を観察させるプログラムを開発するには，機械学習と呼ばれるアルゴリズムをラズベリー・パイに導入しなければなりません．この章では，機械学習の最先端であるディープ・ラーニングを紹介し，ラズベリー・パイ上でナベカの画像を認識させてみる実験をしてみます．

　物体の検出に使える機械学習のアルゴリズムにもさまざまな手法があります（表1）．機械学習は，データ・マイニングという研究分野とオーバラップしていて技法も共通点が多いのですが，目的に違いがあります．機械学習の目的は，学習データから学んだ情報を使って未知のデータを予測することであるのに対して，データ・マイニングは，データの中に潜む特徴を見つけることが目的です．

　機械学習の中で今最も高い関心を集めているのがディープ・ラーニングです．最近話題になった囲碁のプロ棋士を打ち負かしたソフトウェアもディープ・ラーニングを応用したものでした．

人工知能アルゴリズム…機械学習入門

● 人の脳みその動きを参考にして高度な認識処理を実現する…ニューラル・ネットワーク

　今から50年前，生物のニューロンの仕組みを模倣する形で発明されたニューラル・ネットワークによる機械学習アルゴリズムは，人間のような高度な知能を実現する有力な手段として大きな期待を集めていました．

　ニューラル・ネットワーク・アルゴリズムの発明の元となっているのは，動物の脳を構成する神経細胞であるニューロンです．図1のような構造を持ったもので，複数のニューロンが互いに連結されたネットワークを形成しています（図2）．シナプスと呼ばれるニューロン同士の接続部における興奮の伝達特性の変化によって，学習を始めとする情報処理が行われると考えられている動物に特有の細胞です．

　コンピュータ・アルゴリズムに応用されたニューラル・ネットワークでは，図3のようなニューロン・モデルを単位としたネットワークを考えます．

　各ニューロンには，複数の入力があって各入力には

第2部 軽くて高速なラズパイ人工知能を作る

図2 脳みそ神経細胞ニューロンは複数つながってネットワークを作る

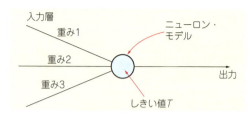

図3 ニューロン・モデルを単位としたネットワーク「ニューラル・ネットワーク」で高度な認識処理を実現する

それぞれ独立の重み値が設定されています．また各入力には，**図4**のパーセプトロンのような構造で上位のニューロンの出力を接続したり，センサの情報などを接続したりします．入力する値の範囲は，例えば0～1などが使われていました．このときに各入力に与えられた入力値と各入力が持つ独立の重み値との積を計算して，すべての入力の合計値があらかじめ定めた閾値よりも大きかったら1を，小さかったら0を出力するという演算処理を各ニューロン単位でネットワーク全体に対して行い最終的な出力を得ます．積の合計値から出力を決める計算を特に「活性化関数」と呼びます．

● 重要なこと…学習させておく

ニューラル・ネットワークが機能するためには，学習させることが必要です．あらかじめ入力のデータと，その入力を与えたときに出力するべき出力信号（教師信号）のセットを用意しておき，ニューラル・ネットワークに入力データを与えて得られた出力データと教師データとの誤差が小さくなるように誤差逆伝搬理論（バックプロパゲーション）というアルゴリズムで各ニューロンの各入力が持つ重み値を更新する作業を行っておきます（**図5**）．

注目アルゴリズム「ディープ・ラーニング」

● ニューラル・ネットワークの停滞…大規模になると学習がうまくいかない

ニューラル・ネットワークが発明されてしばらくの間，小さい規模のニューラル・ネットワークを用いて簡単な問題を扱っていたころは問題なく機能していま

した．コンピュータの性能の進化と共に，より複雑な問題にも対応させようと多くの研究者はニューロンの層を増やして大規模化する試みに挑戦していましたが，ネットワークの規模が大きくなると学習がうまく進まないという問題（Gradient Vanishing問題）が立ちはだかりました．

ニューラル・ネットワークでは，誤差逆伝搬法によって，出力信号と正しい答えである教師信号との誤差が小さくなるよう，出力層側から上流となる入力層側にさかのぼる方向に誤差を計算して，誤差が小さくなるよう重み値を更新してニューラル・ネットワーク全体を学習させていきます．その際に，出力側である下流からネットワークの上流へとさかのぼって誤差を計算していくうちに，誤差がどんどん薄まってしまい上流側のニューロンの重み値の更新が行われず学習がうまく進まない状況が発生しました（**図6**）．

発明から注目を集めたニューラル・ネットワークの技術でしたが，残念ながら表舞台から姿を消していました．1970年代～2000年代にかけてこの状況は続き，他の機械学習アルゴリズムに多くの研究者の関心が集まる一方で，ニューラル・ネットワークの技術は長く停滞していました．

● 問題解決！ディープ・ラーニング

ディープ・ラーニングは，ニューラル・ネットワー

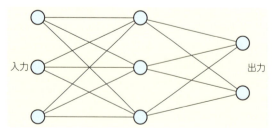

図4 複数のニューロンを接続したニューラル・ネットワークの表現
この構成はパーセプトロンという

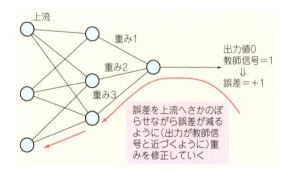

図5 あらかじめ行っておくこと「学習」…誤差を上流へさかのぼらせながら誤差が減る（＝出力が教師信号と近づく）ように重みを修正していく
この方法はバックプロパゲーションという

第3章 方式1：ディープ・ラーニング×ラズパイ

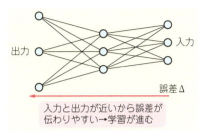

図6　パーセプトロンなどのニューラル・ネットワークの課題「誤差拡散」…ニューラル・ネットワークを大規模にすると誤差が上流に伝わりにくくなって学習がうまく進まない

クを大規模にしたときにも学習が効率良く進むようにもともとあったニューラル・ネットワーク・アルゴリズムに以下のような改良を加えたものです．

- 各階層のネットワークの連結をすべて真面目に接続することをやめて，学習しない無効な接続をランダムに設けることで，誤差が上流にも伝わりやすくする…ドロップアウト法（図7）
- 層ごとに分割して効率良く学習させる…オート・エンコーダ（図8）

これによって，ニューロン層を多段に積み重ねて構成する大規模なニューラル・ネットワークであっても学習が効率的に行えるようになりました．従来あった機械学習アルゴリズムよりも大幅に性能が向上する大規模ニューラル・ネットワークが実証され始めたことで，2013年ころからディープ・ラーニングが脚光を浴びるようになりました．

● なんで今さら50年前からあるニューラル・ネットワークが注目されるのか

50年前に生物の神経をものまねしてできたニューラル・ネットワークが，ようやく今になって人工知能の革命が起こったといわれるような存在になった背景には，

① 大規模なニューラル・ネットワークでも学習が効率良く行えるようにするアルゴリズムが工夫された

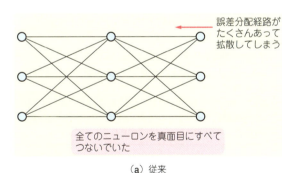

図7　誤差拡散させないための方法①…ドロップアウト：ニューロンを全部まじめに接続せずに接続しない部分を設ける

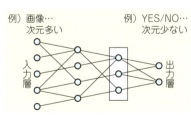
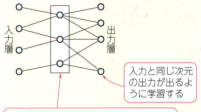
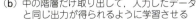

図8　誤差拡散させないための方法②…オートエンコーダ：層ごとに効率よく学習させる

第2部 軽くて高速なラズパイ人工知能を作る

リスト1 学習済みデータ1000種類付きオープンソース！ディープ・ラーニング画像識別ライブラリDeepBeliefSDKのインストール手順

```
git clone https://github.com/jetpacapp/
                                DeepBeliefSDK.git
cd DeepBeliefSDK/RaspberryPiLibrary
sudo ./install.sh
cd ../examples/SimpleLinux/
make
./deepbelief
```

(a) ラズベリー・パイ1

```
git clone https://github.com/jetpacapp/
DeepBeliefSDK.git
sudo apt-get install -y mercurial
hg clone https://bitbucket.org/eigen/eigen
cd DeepBeliefSDK
ln -s ../eigen
cd source
make clean
sudo apt-get install gcc-4.8 g++-4.8
make GEMM=eigen TARGET=pi2 CC=gcc-4.8 CXX=g++-4.8
sudo cp libjpcnn.so /usr/lib
sudo ldconfig
./jpcnn -i data/dog.jpg -n ../networks/jetpac.ntwk
                                          -t -m s -d
```

(b) ラズベリー・パイ2

②GPGPUやCPUの性能が高まったことで大規模な計算を高速に行えるようになってきた

という，ソフトウェア面とハードウェア面の条件がそろったことが大きな要因といえると思います．

ラズパイでディープ・ラーニングを動かしてみる

● 学習済みデータ1000種類付きオープンソース画像識別ライブラリDeepBeliefSDK

なんとラズベリー・パイでもディープ・ラーニングを試すことができます．DeepBeliefSDKというソフトウェアは，与えられた画像をあらかじめ学習した1000種類のカテゴリに分類することができる学習済みのデータ付きの画像識別機能をもったオープンソースのライブラリです．AlexNetと呼ばれるディープ・ラーニングの機械学習アルゴリズムを搭載しており，コマンドで画像を与えてテストすることができます．また自作プログラムに組み込んで，画像認識エンジンとして使うことも簡単にできます．

AlexNetは，2012年に発表された，1000種類のカテゴリに画像を分類できるディープ・ラーニングを使った識別器です．論文の筆頭者の名前をとって名付けられた画像識別器で，Gradient Vanishing問題を解決するためにReLUというアクティベーション関数を世界で初めて用いているのが大きな特徴です．

● DeepBeliefSDKライブラリの使い方

ラズベリー・パイへのインストール方法は，ラズベリー・パイ1と2とで異なっていることに注意しながら，リスト1の手順で行うことができます．

ラズベリー・パイ1上でDeepBeliefSDKが動くときには，GPUコアを活用して動くために，スーパーユーザ権限で動かす必要があります．

ラズベリー・パイ2では，残念ながらGPU動作には対応していません．eigenというライブラリを使って数値演算を高速に実行する仕組みに対応することで，ラズパイ1で動かしたときとほぼ同等の処理スピードで動いてくれます．

● 試しにターゲットのサカナ「ナベカ」を識別させてみた

ナベカ（写真1）をDeepBeliefSDKのテスト・プログラムに与えたときの実行結果をリスト2に示します．

リスト2 ターゲットのサカナ「ナベカ」（写真1）をディープ・ラーニング画像識別ライブラリDeepBeliefSDKのテスト・プログラムに与えると似ている度スコアが表示される

```
./jpcnn -i ~/nabeka-color-612x612.png -n ../
                    networks/jetpac.ntwk -t -m s -d

0.017333       ringlet
0.028603       plate
0.063470       grasshopper
0.012794       mashed potato
0.027052       mud turtle
0.010287       bee
0.024894       mantis
0.034935       cockroach
0.012923       box turtle
0.075335       cricket
0.013569       scorpion
0.025546       common newt
0.019341       rhinoceros beetle
0.015222       fiddler crab
0.044503       slug
0.039290       snail
0.010451       cheeseburger
0.025722       cicada
0.012626       long-horned beetle
0.020073       whiptail
Classification took 3222 milliseconds
```

写真1 特集の観察＆飼育ターゲットのサカナ「ナベカ」

第3章 方式1：ディープ・ラーニング×ラズパイ

判定された上位三つのカテゴリはスコアの高い順に，

cricket (0.075) ＝「クリケット」，
grashopper (0.063470) ＝「バッタ」，
slug (0.044503) ＝「なめくじ」…

という結果になりました．どれも似ていてディープ・ラーニングが選んだ理由が理解できそうな感じがする結果になりました．

▶注意点：GIMPで作成したJPEG画像を入力するとエラーが出た

テストの際に画像編集ソフトウェアのGIMPで作成したJPEG画像を与えると，「Couldn't read」のエラーが表示されてうまく画像が読み込めないことがありました．同じGIMPで作成した画像でもPNG形式で出力した画像は，問題なく読み込むことができました．皆さんもテストするときはご注意ください．

● ディープ・ラーニング識別処理にかかる時間

ナベカ画像（612×612）を与えたときの識別に要する実行時間は，ラズベリー・パイ2で3.3秒でした．

同じナベカの画像を元サイズ（612×612）と小さなサイズ（213×213）の2種類用意して実行時間を比較しましたところ，共にラズパイ2にて3.3秒となり差はありませんでした．

これは，処理の過程でニューラル・ネットワークの入力層の次元サイズに正規化しているためと考えられます．つまり大きい画像を入れても逆に小さい画像を入れても，ラズベリー・パイ2では3.3秒程度の時間で判定されるということになります．

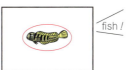
（a）画面の中央に大きく写したものが認識の対象

（b）映像の隅に小さく写っても認識されない

図9　現実的な問題…ターゲットが都合よく画面中央に大きく映っているとは限らない

このようにDeepBeliefSDKを使えば，入力した画像に含まれる物体が何者であるのかについて，あらかじめ定められた1000種類のカテゴリの中からではありますが，ディープ・ラーニングの技術を使って自動認識させることができます．名刺サイズしかないラズベリー・パイ2の計算処理能力でも，最新のディープ・ラーニングを使った画像識別を3秒程度でことができるというのはなかなかすごいことです．いろいろな応用実験ができそうです．

考察

● 物体の位置を特定する方法

DeepBeliefSDKにナベカを認識させる実験では，「映像に映っているものが何なのか？」というのがプログラムの課題でした．このような使い方の場合は，認識の対象物が画像の中央に大きく写っているものを入力画像に用いています．（図9）．

その一方で，物陰に隠れるナベカが顔を出している

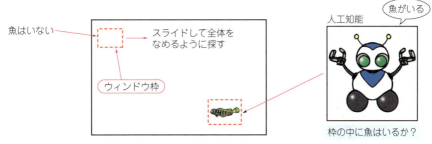
（a）ウィンドウ枠を移動させながら枠の中に魚がいるかどうかを判定する

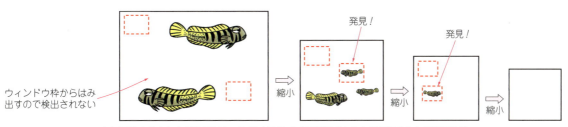
（b）画像を縮小しながら同じウィンドウ枠サイズで探せば大きさの異なる魚も検出できる

図10　画面中央に大きく映っていないターゲットを検出できる「スライド・ウィンドウ法」

第2部 軽くて高速なラズパイ人工知能を作る

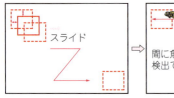

(a) 縦横にスライドさせる
ステップ距離が長けれ
ば処理が軽くなる

(b) ステップ距離が長いと
見逃す可能性が高まる

図11 スライド・ウィンドウ法は処理が多くなるので1回の判定にかかる時間を極力短くしたい

かどうかを見つけたい場合のように，画像の中に小さく写り込んだ特定の対象が画像のどこにあるのか，その位置を特定したいときはどうしたらよいのでしょうか？

ウィンドウを移動させながら機械学習アルゴリズムで物体の存在の有無と位置を検出する「スライド・ウィンドウ法」を図10に示します．先ほどのディープ・ラーニングの例のように画像全体を一度に機械学習アルゴリズムに与えて判定するのではなく，画像の一部に対して探すものと同じの大きさのウィンドウ領域を設定し，その領域が探しているものであるのかどうかを機械学習アルゴリズムに判定させます．

画像全体を網羅するために，ウィンドウを少しずつ移動させながら判定を何度も繰り返すことになります．1回の判定に要する時間を極力短くしないと画像全体の探索に長い時間がかかってしまいます（図11）．

● ラズパイでは荷が重いディープ・ラーニング

DeepBeliefSDKを導入したラズパイ2でスライド・ウィンドウ探索を実施して画像中の物体の位置を探すことを考えてみます．1回のウィンドウ判定で3.6秒の処理時間を要しますので仮にVGA画像を16ピクセルおきにスライド・ウィンドウ探索した場合には，(640/16)×(480/16)×3.3秒＝3960秒＝66分，なんとたった1枚の画像の判定に1時間も要します（図12）．

ラズパイのARMで効率的にディープ・ラーニング処理できるように演算処理の最適化がなされているDeepBeliefSDKですが，繰り返し探索する必要のある画像の中から目的のものを探す用途では処理時間がかかりすぎます．これではラズベリー・パイでディープ・ラーニングを使って画像のリアルタイム認識処理をさせることは困難です．

◆参考・引用＊文献◆

(1) 理化学研究所脳科学総合研究センターのホームページ．
http://www.brain.riken.jp/jp/aware/neurons.html

(2) DeepBeliefSDKのダウンロード・サイト．
https://github.com/jetpacapp/DeepBeliefSDK

(3) A Tour of Machine Learning Algorithms.
http://machinelearningmastery.com/a-tour-of-machine-learning-algorithms/

かまた・ともや

(a) DeepBeliefSDK．1回の判定に3.6秒必要

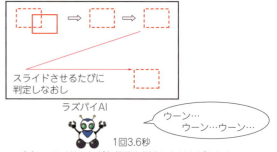

(b) スライドしながら何回も判定しなければならない…
100回やったら3.6秒×100＝360秒

図12 ラズパイ×ディープ・ラーニング画像識別ライブラリDeepBeleifSDKでスライド・ウィンドウ法を行うとすごく時間がかかる

第2部

第4章 オープンソースLIBSVMライブラリで
リアルタイム人工知能

方式2：計算量が少なくて高性能なサポート・ベクタ・マシン

鎌田 智也

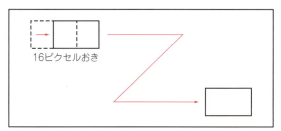

（a）VGA（640×480）サイズを16ピクセルおきに識別すると1200回繰り返さないといけない

（b）10fpsリアルタイム識別を行うには1回当たり83μsで処理しないといけない

図1　サカナ識別をリアルタイムなスライド・ウィンドウ方式で行うには処理時間が短いアルゴリズムを使わないと間に合わない

● サカナ観察＆飼育コンピュータ向けアルゴリズムを再検討してみる

高い識別性能を実現できるディープ・ラーニング技術ですが，残念ながら現時点では，ラズベリー・パイのようなボード・コンピュータでリアルタイムに画像の認識処理をさせるのは荷が重すぎるようです．サカナ観察＆飼育コンピュータには，他の機械学習アルゴリズムを検討しなければなりません．

今回の実験の目的は，カメラで撮影した水槽の画像の中から小さい魚「ナベカ」をリアルタイムに認識させることです．広い水槽の中から小さい魚を探すためには，スライド・ウィンドウ枠を何度も移動させながら繰り返し判定処理をしなければならないので，できるだけ1回の処理に要する時間が短い機械学習アルゴリズムを使う必要があります（図1）．しかし，いくら処理時間が短くても肝心の認識性能が悪くては元も子もありません．

そこで機械学習の中でも識別性能が高いアルゴリズムの一つとして知られており，パラメータ調整によって処理スピードのチューニングが柔軟に可能なサポート・ベクタ・マシン（SVM；Support Vector Machine）をラズベリー・パイに組み込んで，リアルタイムに画像による識別を実現させる実験を行います．

本稿では，サポート・ベクタ・マシンの基本原理と，オープンソース・ライブラリLIBSVMの使い方を紹介します．

計算量が少なくて強力なアルゴリズム…サポート・ベクタ・マシン

● ニューラル・ネットワークと同様にニューロン・モデルが根底にある

サポート・ベクタ・マシン（SVM）は，ニューラル・ネットワーク技術に関する研究が長く低迷していた時代に，他のアプローチから人工知能技術を実現しようという取り組みの中で発明された機械学習アルゴリズムの仲間です．ニューラル・ネットワークとは異なるアルゴリズムですが，ニューロン・モデルが根底にある点で共通しています．

ニューラル・ネットワークの場合は，多数のニューロンをつなぎ合わせてネットワークを構成します．

それに対してサポート・ベクタ・マシンは，たった1個のニューロンとその前段に「コンバータ」が組み合わせられた構成となっています（図2）．

● 計算量はニューラル・ネットワークよりは少なくて済む

ニューラル・ネットワークでは，複雑な問題に対処

第2部 軽くて高速なラズパイ人工知能を作る

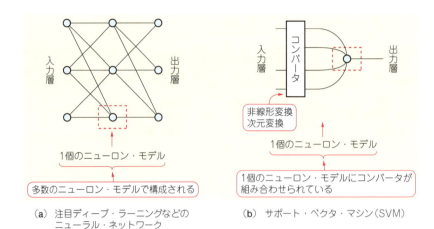

図2 処理時間がチューニングしやすい人工知能アルゴリズム「サポート・ベクタ・マシン」はニューラル・ネットワークと同様にニューロン・モデルが根底にある

するためネットワークを大規模化すると，学習効果が全体へ行き渡らずに性能が得られないという課題があると説明しました（第3章）．

サポート・ベクタ・マシンは，ネットワーク化をやめて1個のニューロンに絞り，周辺機能を充実させることで，複雑な問題に対処できるようにしたアルゴリズムであるといえます．

しかも1個しかニューロンがないので，ニューラル・ネットワークよりも計算量が少なそうだとイメージできると思います．

現在知られている機械学習アルゴリズムの中でも，特に優れた性能をもつことが知られています．幅広く利用されている強力な機械学習アルゴリズムです．

● できること

サポート・ベクタ・マシンは，学習が必要なアルゴリズムです．基本的な考え方について説明します．

図3のグラフ中に描かれた○と×のいずれかに分類できる点群のような2次元のベクタ・データがあるとします．例えば，体重と身長のわかっている複数の家族がいて，横軸が体重，縦軸が身長の2次元チャートに大人か子供かを分けてプロットしたようなデータです．サポート・ベクタ・マシンは，このような分類済みのデータを使って学習を行い，分類のわからない未知のデータが与えられたときに，それが○なのか，×なのかを判別します．親子データですと，例えば，身長と体重しかわからないデータから，大人か子供かを判定できます．

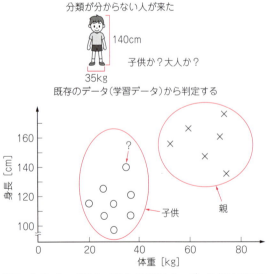

図3 サポート・ベクタ・マシンはベクタ・データ（例えば体重と身長）から○と×（大人と子供）のどちらかを判別できる

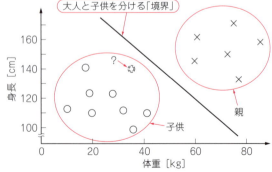

図4 サポート・ベクタ・マシンの学習＆判定のメカニズム…学習によって境界を決め未知のデータがどちらに属するかを判定する

第4章 方式2：計算量が少なくて高性能なサポート・ベクタ・マシン

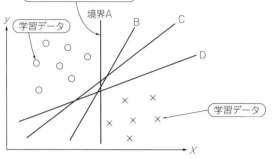

（a）直線はいろいろ引き得る

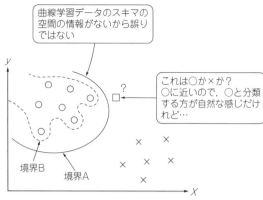

（b）曲線だって可能

図5　境界の決め方にもいろいろある

学習＆判定のメカニズム

● 基本：学習時に境界を決めて判定する

サポート・ベクタ・マシン（以下SVM）の学習と判定のしくみは，シンプルです．

SVMは，学習の際に，与えられた点群が○と×にうまく分けることができる「境界」を決定します（図4）．

そして，○か×かまだわからない未知のデータが与えられたとき，学習時に決めた「境界」のどちら側に未知の点が所属するのかを見ることによって，○なのか×なのかを推測します（図4）．

親子の体重と身長のデータの例では，大人と子供がうまく分けられる境界となる直線を学習時に決めておきます．身長と体重しかわからない人間が来たときに，そのデータが大人と子供を隔てる境界のどちら側にあるのかによって判定するのです．

● 境界の決め方（＝学習の仕方）の基本方針

SVMは，学習時に，学習データから「境界」を決めます．境界の決め方というのは，図5(a)のように自由度があって1通りではありません．与えられた学習データがラベル通りに分けられさえすればよいのですから，直線状の境界を決めるにも境界線の「傾き」や「位置」のとり方には無数のパターンがあります．

また，ここまでの話では境界を直線に限定していましたが，図5(b)のような境界だって引くことができます．もし学習データがすべての可能性を網羅しているのであれば，境界の線引きの基準がなくともデータを満たす境界線を定めればよいわけですが，現実には，あらゆる可能性を網羅した学習データを用意することは容易ではありません．

SVMは学習データに含まれていない未知のデータの分類もうまく行えるように，「マージン最大化」と呼ばれる指針に基づいて境界を決めます．図6は，○×分類の境界付近を拡大したプロットです．

中央の線は境界線です．この境界線を隔てて対峙する相手のグループに一番近いデータ点を「サポート・

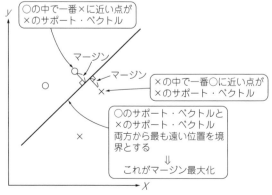

図6　境界の決め方：○と×の両方から最も遠い位置を境界とする…マージン最大化

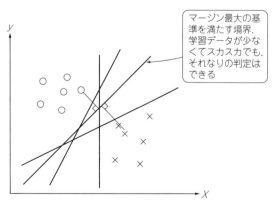

図7　サポート・ベクタ・マシンSVMの特徴…少ない学習データしかなくても一定の識別性能が得られる

第2部 軽くて高速なラズパイ人工知能を作る

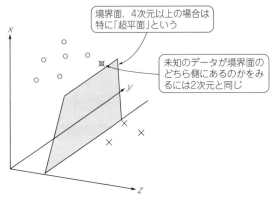

図8 3次元データの場合は境界は面(2次元)になる

ベクトル」と呼びます．このサポート・ベクトルと境界線との距離が最も長くなるように境界線を決定するのが「マージン最大化」です．

少ない学習データしかないような場合でも，一定の識別性能が得られるのがSVMの最大の特徴といえます(図7)．

● 3次元以上のデータでも考え方を拡張できる

○と×の2次元データの例では，二つのグループを分ける最も単純な境界は直線でしたが，データの要素が三つある3次元のデータの場合に最も単純な境界は，図8のような平面となります．この場合も，未知のデータの判別は，2次元データとのときと同じように，境界面のどちら側に未知のデータが存在するのかによって所属する分類を決めます．

4次元以上のデータでは，もはや図に書くことが容易ではありませんが，基本的には3次元の「平面」と同じです．4次元以上の超空間上の境界面なので「超平面」と呼ばれます．

● 高次元空間へ写像して賢く分類

ここまで，学習データによって決める判断の基準である境界を，直線や平面などで単純に分類できる事例を紹介してきました．現実の世界の問題は，直線的にスパッときれいに分類できるほど単純ではありません．図9のような，クラス間の境界が複雑な状況もあり得ます．

このような場合にも対応できるように，SVMにはデータの次元で評価するのではなくて，カーネル法という「データを元の次元よりも高い次元に変換してから超平面を決定する」というしくみがあります．例えば2次元データがあったとき，2次元のままで境界を決めずに，何らかの関数を用いて3次元データに変換してから，3次元空間上で境界面を決めるという考えです(図9)．

次元を増やしてから境界を決めることのメリットは，元のデータを高い次元に変換するとき，うまい変換を選んであげれば，増えた次元を使って高次元空間上において分類しやすいまとまった形にできることにあります(図10)．そんなデータに手を加えるようなことをして大丈夫なのか？と感じますが，この高次元空間への変換関数が，元の次元と高次元とで必ず1対1対応になる変換を使えば，元のデータが高次元空間上で重なる恐れはありませんし，元の次元にも戻せるので，データがもっている情報は失われていないといえます．ここまで説明しておいてちゃぶ台をひっくり返すようなことをいいますが，実際には，次元間の1対1対応を表す変換を直接的には計算しません．その代わりに，元の次元にある任意の二つのデータを高次元空間に写像した後に成り立つ関係性を表す「カーネル関数」と呼ばれる物差しを使います(図11)．表1はSVMで使われている代表的なカーネル関数です．

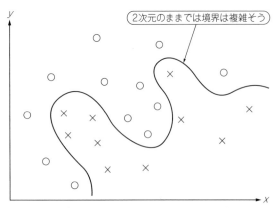

(a) 2次元データを直線的な境界で分けられないこともある

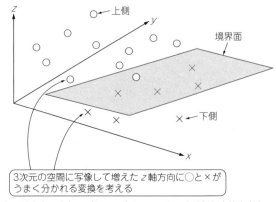

(b) z軸方向に○と×がうまく分かれる3次元空間射影変換を考える

図9 境界が直線や平面にならないときのテクニック…1次元追加して上側下側に分けちゃう

66

第4章　方式2：計算量が少なくて高性能なサポート・ベクタ・マシン

● 高次元に変換しても計算量があまり増えないしくみ

次元を高次元に変換すると，計算で扱う変数が増えてしまい，SVMが重い処理になりそうなところです．実際に高次元に写像せずに超平面までの距離を計算できてしまう「カーネル・トリック」と呼ばれる仕掛けがあって，大幅な計算コストアップなしに複雑な問題を扱うことができてしまうのです．

図12では，10次元の元データを100次元に写像して評価する様子を示しています．まともにやるならデータを100次元空間に写像したうえで，超平面の表と裏のどちら側にデータがあるのかを計算しなければなりません．しかし，天秤のイラストのようにカーネル関数に10次元のデータを入力してあげると，100次元空間上での超平面に対する距離が計算できるのです．高次元空間に写像してないのに高次元空間上で評価したスコアを計算できるところがトリックみたいだということで，「カーネル・トリック」と呼ばれています．

図10　1次元追加すると分類しやすくなる…図9と別の見方

自分で一から実装するのはとても大変です．幸いなことに既に優れたオープンソースのライブラリがいくつか公開されており，これらを自作プログラムに組み込

自作ソフトでSVMを使うならオープンソースLIBSVMライブラリ

● 特徴

サポート・ベクタ・マシンSVMのアルゴリズムを

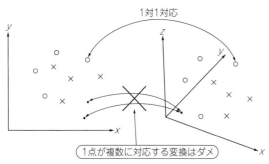

図11　元の情報が失われるような変換はしちゃダメ

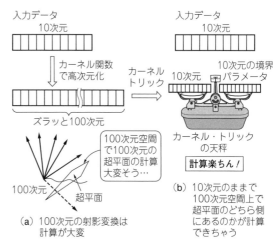

図12　高次元に射影変換するといっても計算量はあまり増えなくて済む

表1　サポート・ベクタ・マシンで判定を簡単にするための高次元への射影によく使われる関数
カーネル関数という．本稿で紹介するオープンソース・サポート・ベクタ・マシン・ライブラリLIBSVMで使えるカーネル関数

カーネルの名前	線形カーネル	多項式カーネル	放射基底（ガウス）カーネル	シグモイド・カーネル
英字/略号	Linear	Polynomial	RBF	Sigmoid
説明	入力ベクトルの次元のまま評価	入力ベクトル同士の積和を用いて評価	入力ベクトルをガウス関数に与えて得られるベクトルを用いて評価	入力ベクトルをシグモイド関数に与えて得られるベクトルを用いて評価
カーネル関数のプロット	高次元化の計算をしない			

第2部 軽くて高速なラズパイ人工知能を作る

表2 サポート・ベクタ・マシンが使えるオープンソース・ライブラリ

ライブラリ名	ライセンス	開発元	対応言語	最新更新年	最新バージョン	特徴
LIBSVM	BSD	台湾大学	C/C++/ほか多数	2015	3.21	最適化ツールも付属している
LIBLINEAR	BSD	台湾大学	C/C++/ほか多数	2015	2.1	線形カーネルに特化して高速化
SVMLight	独自(非商用フリー)	コーネル大学	C/C++/ほか多数	2008	6.02	高速に動作するように最適化
kernlab	GPL-2	ウイーン大学	R	2016	0.9-24	Rで使える
OpenCV	BSD	―	C/C++/ほか多数	2016	3.1	画像処理ライブラリの定番

んでラズパイ環境で動かすことができます．表2は，SVM機能をもつオープンソースのライブラリです．

この中で，LIBSVMという台湾の台北大学の学生が開発したオープンソースのライブラリがBSDライセンスで一般に公開されています．

▶特徴1：利用者が多くてネット上の情報が多い

LIBSVMは，多数の利用者がいるため，ネット上に豊富な技術解説情報がありますので習得が容易で理解しやすいです．既に十分な利用実績もあります．

▶特徴2：いろんな言語で使える

LIBSVMは，C/C++にとどまらずPython/Ruby/Octave/C#/Rなどなど幅広い言語用に移植されていますので，自分の習熟した言語環境で使うことができることもメリットとして挙げられます．

▶特徴3：理屈に精通していなくてもある程度使えるようなソフトウェアが用意されている

高性能な識別器を開発するのに欠かせないパラメータの自動チューニング・ツールが付属しているので，理屈には精通してないけどツールとしてSVMを使いこなしたいというニーズにも対応しています．

● 使用するカーネル関数

表1は，LIBSVMのもつカーネル関数の一覧です．線形カーネル，非線形カーネル両方に対応していて全部で5種類のカーネル関数をサポートしています．オプションを切り替えるだけでカーネル関数を切り替えて使うことができます．ターゲットとなるデータの特性に合わせて，どのカーネル関数が最も高性能なのかを簡単に評価ができます．

一般には，RBF (Radial Basis Function) カーネルが最も多様な問題に対応できるといわれています．まずはRBFを選択するのが無難です．

● スピード重視の兄弟ライブラリLIBLINEAR

LIBSVMには，LIBLINEARという兄弟ライブラリがあります．LIBSVMは，非線形のカーネル関数を含め五つのカーネル関数から選択できますが，LIBLINEARでは線形カーネルのみに特化しており，その代わりに処理速度を大幅に高速化しているという特徴があります．同じ線形カーネルを用いる場合で

も，LIBSVMよりもLIBLINEARは圧倒的に速いです．

その一方でLIBLINEARは，線形カーネルにしか対応していないので，クラス間の境界が複雑に入り組んだ問題での識別性能は，LIBSVMで非線形カーネルを用いて作ったものには及びません．

従って，処理速度よりも認識性能を重視したいときはLIBSVMを選択し，多少識別性能を犠牲にしてでも処理速度を重視する場合はLIBLINEARを使うといった選択をすることになります．学習用データのファイル・フォーマットは，LIBSVMもLIBLINEARも同じですから，簡単にそれぞれの性能を試して比較できます．

● インストール

ラズベリー・パイにLIBSVMをインストールするには，コンソールで次のコマンドを実行します．

```
sudo apt-get install libsvm-dev
libsvm-tools  liblinear-dev
liblinear-tools
```

これで，学習と識別に必要なツールがインストールされます．SVMを理解するために役に立つsvm-toyというサンプル・プログラムが含まれていないので，ソースコードをダウンロードしておきます．

https://github.com/cjlin1/libsvm

学習処理は，ラズパイよりも実行速度の速いデスクトップPCを使うと効率的です．Linuxマシンなら，ラズパイと同様にapt-getでインストールできます．Windows PCならソースコードのあるLIBSVMOサイトにWindows用実行ファイル (EXE) が公開されているので，インストーラをダウンロードして使えば，コンパイルの手間が省けます．

LIBSVMと一緒にLIBLINEARもインストールしてしまうことをおすすめします．使い方や学習用データのファイル形式も全く同じなので，それぞれの性能を試して比較するのに手間もかかりません．

オープンソースLIBSVMライブラリの使い方

● LIBSVMを使った自作プログラムの全体像

LIBSVMをラズパイに組み込んで自作プログラム

第4章　方式2：計算量が少なくて高性能なサポート・ベクタ・マシン

を開発する際に必要となるLIBSVMの全体像が**図13**です．

二つの部分で構成されています．
①コマンドを呼び出して使うツール類
②自作プログラムに組み込むライブラリ

ツールで提供さている機能は，ライブラリ関数でも提供されており自作プログラムに組み込んで呼び出すこともできます．

主にツール類は，自作プログラムの開発段階で学習データを作成する際に利用します．

ライブラリ関数は，できた学習データを自作プログラムで利用するために組み込んで使います．

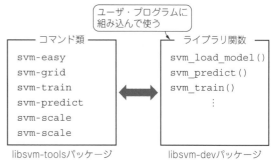

図13 ラズパイで使えるシンプル方式「サポート・ベクタ・マシン」用ライブラリLIBSVMの構成

● LIBSVMライブラリを使った開発フロー

図14にLIBSVMを使って識別器を作る手順を示します．

お手軽コースというのは，LIBSVMを使い始めたばかりだとか，細かいことは気にせず手っ取り早く識別器を作りたいときにお手軽に済ませられる方法です．

マニュアル・コースは，お手軽コースでは自動実行されていることを一つ一つ自分でコマンド実行していくときの手順になります．

慣れていない場合はお手軽コースが便利ですが，同じパラメータ条件で学習データを追加して再学習させたいときなど，一部の手順の繰り返し確認するときに時間の短縮ができて便利な場合があります．

● 学習データのファイル形式

LIBSVMとLIBLINEARの学習用データのフォーマットは，共通のテキスト・ファイル形式です．1行ごとに，各データの分類番号と，データに添え字番号を「：」で区切りながら次元数分並べて書きます．

分類番号　1:1番目の要素　2:2番目の要素　3:3番目の要素　…　n:n番目の要素

分類番号には，0以上の整数をカテゴリ数分ごとに割り当てます．例えば○と×なら丸を0，×を1とします．

分類番号に続いて，データの各要素の値を順番に記述していきます．

例えば，4次元データの○×にラベルされたデータの場合は次のように記述します．

```
0 1:0.1 2:0.3 3:-0.9 4:0.01
1 1:0.0 2:0.9 3:0.01 4:-0.2
             …
0 1:0.7 2:0.4 3:-0.5 4:0.6
```

各行は1個の学習用データ・サンプルとなっていますので，1000個データ・サンプルがあれば，1000行並べて既述することになります．

データごとに記述されている各要素の値が，識別に用いる特徴量となるわけです．例えば画像を識別したい場合なら，識別に用いる画素の輝度値をデータの各要素として既述します．

あるいは，画素そのものではなく何らかのフィルタ処理を施した結果を記述したりするなど，分類に少しでも有利な特徴量を検討して与えます．

多数のサンプル・データから抽出した特徴量を，学習用テキスト・データにまとめて既述していくことになりますので，例えばデータが画像なら，認識したい対象のみを集めた画像ファイル群から画素値を読み出して，学習用テキスト・データ・ファイルにバッチ処理的に書き出していくことになります．

● 学習方法1：SVMパラメータ自動調整ツールを使う（`svm-easy`）

一般にSVMは，高性能な識別ができるといわれていますが，各問題にあわせてパラメータを調整するか

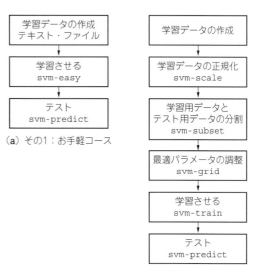

図14 LIBSVMライブラリを使った開発フロー

第2部 軽くて高速なラズパイ人工知能を作る

表3 LIBSVMライブラリの主なコマンド

LIBSVMのコマンド名	LIBLINEARのコマンド名	形　式	機　能
svm-train	liblinear-train	バイナリ実行ファイル	学習コマンド
svm-predict	liblinear-predict	バイナリ実行ファイル	学習データと同じ形式のデータ
svm-scale	―	バイナリ実行ファイル	データ・ファイルの各要素を−1〜1の値の範囲になるように正規化し保存する．また各要素の全データの最大値と最小値を記録したレンジ・ファイルを作成する
svm-subset	―	Pythonスクリプト	一つの学習データ・ファイルから学習用とテスト用の二つのファイルに分割するツール．テスト・データと学習データが被らないようにデータを分けることができる
svm-grid	―	Pythonスクリプト	SVMのパラメータの自動調整ツール
svm-easy	―	Pythonスクリプト	データの正規化とパラメータの自動調整，学習，テストまでを一括で行ってくれるツール
svm-toy	―	バイナリ実行ファイル	マウスで2次元散布図のデータをプロットして，SVMの働きを視覚的に確認できるデモ・ツール

しないかによって性能が大きく左右されます．

　全く調整しないと，残念な結果になることが少なくありません．SVMを使うとき，パラメータ調整の一手間は決して惜しんではいけないのです．パラメータ調整となると泥臭くて面倒なやりたくない作業を想像しますが，LIBSVMには，コマンド1発で最適なパラメータを導きだしてくれる「svm-easy」という優れものツールが付属しているのです．使い方は，次の通りです．

svm-easy ［学習用に用いるデータ・ファイル名］
［評価用に用いるデータ・ファイル名］

　svm-easyは，Pythonスクリプトとなっていて，中では，svm-scale, svm-grid, svm-train, svm-predictを呼び出して，学習に必要な処理を一括で行ってくれます．内部で呼び出しているこれらのコマンドの働きは，表3のとおりとなっています．svm-easyを使えばこれらのコマンドが適切に処理されて，ただ待っているだけで最適なパラメータを使って学習されたモデル・ファイルを得ることができます．評価用に用いるデータ・ファイル名は省略できますが，与えると，生成されたモデル・ファイルを用いて推定した結果と実際のデータとの適合率を表示してくれます．

● 学習方法2：マニュアル（svm-train/liblinear-train）

　svm-easyを使わずに自分で学習コマンドを使って学習させることもできます．

　学習時に用いるコマンドは，svm-trainです．LIBLINEARでは，liblinear-trainとなります．

　最終的には，コマンド実行で作ったモデル・ファイルを自作アプリに組み込んだLIBSVMのAPI関数に読み込ませたうえで，アプリの中で特徴量データをLIBSVMに与えて識別させることになります．もちろん，svm-trainと同様の学習機能そのものを自作アプリに組み込むこともできます．

　svm-trainのコマンド引き数は，リスト1のようになっています．

● 予測性能テスト（svm-predict）

　svm-easyやsvm-trainで作成したモデル・ファイルの性能をテストするときには，svm-predictコマンドを使います．

svm-predict ［テスト・データ・ファイル名］
［モデル・ファイル名］［結果の出力先ファイル名］

　例えば入力データ・ファイルがtest.txt，モデル・ファイルがtest.modelで出力結果をout.txtに書き出すには，次のように指定します．

svm-predict test.txt test.model out.txt

　すると，out.txtには，入力データ・ファイルの各行に対応する形で，test.modelを使って判定されたカテゴリ番号が出力されます．入力データの各行に書かれているカテゴリ番号と照合し，一致していた割合がsvm-predict実行完了後に「Accuracy = ?%」の形式で表示されます．

　ここで一つ注意が必要なことがあります．svm-easyを使ってモデル・データを作った場合は，学習データはsvm-scaleを用いて正規化されたうえで学習処理が行われ，正規化されたデータに対して正しく判定ができるようなモデル・ファイルが生成されています．従って，評価するデータも同様に正規化しておく必要があります．自作ソフトウェアに組み込む場合も同様に，入力データを正規化してLIBSVMに与えることを忘れてはいけません．

● 学習用データと評価用データの分離（svm-subset）

　svm-predictコマンドでは，オプションに与え

第4章　方式2：計算量が少なくて高性能なサポート・ベクタ・マシン

リスト1　学習用LIBSVMコマンド

```
★コマンド
svm-train [オプション] 学習用データ・ファイル名 [出力するモデル・
                                              ファイル名]
★主なオプション
-s svm_type : 使用するSVM種別（省略時は0）
        0 -- C-SVC（デフォルト）
        1 -- nu-SVC
        2 -- one-class SVM
        3 -- epsilon-SVR
        4 -- nu-SVR
-t kernel_type : カーネル関数種別（省略時は2）
        0 -- 線形カーネル：u'*v
        1 -- 多項式カーネル：(gamma*u'*v + coef0)^degree
        2 -- 放射基底(ガウス)カーネル：exp(-gamma*|u-v|^2)
        3 -- シグモイド・カーネル：tanh(gamma*u'*v + coef0)
        4 -- ユーザの独自カーネル（カーネルの値を学習データに書いて
                                                            おく）
★その他のオプション
-d degree : set degree in kernel function (default 3)
-g gamma : set gamma in kernel function (default 1/
                                             num_features)
-r coef0 : set coef0 in kernel function (default 0)
-c cost : set the parameter C of C-SVC, epsilon-SVR,
                                and nu-SVR (default 1)
-n nu : set the parameter nu of nu-SVC, one-class SVM,
                                and nu-SVR (default 0.5)
-p epsilon : set the epsilon in loss function of
                                epsilon-SVR (default 0.1)
-m cachesize : set cache memory size in MB (default
                                                        100)
-e epsilon : set tolerance of termination criterion
                                           (default 0.001)
-h shrinking : whether to use the shrinking
                                heuristics, 0 or 1 (default 1)
-b probability_estimates : whether to train a SVC or
    SVR model for probability estimates, 0 or 1 (default
                                                          0)
-wi weight : set the parameter C of class i to
                              weight*C, for C-SVC (default 1)
-v n: n-fold cross validation mode
-q : quiet mode (no outputs)
```

(a) svm-train

```
★コマンド
train [オプション] 学習用データ・ファイル名 [出力するモデル・ファイ
                                              ル名]
★オプション
-s type : set type of solver (default 1)
        0 -- L2-regularized logistic regression
                                              (primal)
        1 -- L2-regularized L2-loss support vector
                                    classification (dual)
        2 -- L2-regularized L2-loss support vector
                                    classification (primal)
        3 -- L2-regularized L1-loss support vector
                                    classification (dual)
        4 -- multi-class support vector classification
                                    by Crammer and Singer
        5 -- L1-regularized L2-loss support vector
                                    classification
        6 -- L1-regularized logistic regression
        7 -- L2-regularized logistic regression (dual)
-c cost : set the parameter C (default 1)
-e epsilon : set tolerance of termination criterion
        -s 0 and 2
                |f'(w)|_2 <= eps*min(pos,neg)/
                                            l*|f'(w0)|_2,
                where f is the primal function and
                pos/neg are # of
                positive/negative data (default 0.01)
        -s 1, 3, 4 and 7
                Dual maximal violation <= eps; similar
                                            to libsvm (default 0.1)
        -s 5 and 6
                |f'(w)|_1 <= eps*min(pos,neg)/
                                            l*|f'(w0)|_1,
                where f is the primal function
                                            (default 0.01)
-B bias : if bias >= 0, instance x becomes [x; bias];
                if < 0, no bias term added (default -1)
-wi weight : weights adjust the parameter C of
                different classes (see README for details)
-v n: n-fold cross validation mode
-q : quiet mode (no outputs)
```

(b) liblinear-train

る学習データには含めない未知のデータを与えることで，作成したモデル・ファイルが未知のデータに対して，どれだけの識別性能をもつものかを把握できます．もし学習データと評価データを分けて作っていなかった場合は，`svm-subset`コマンドを使えば，ランダムに抽出した評価用のデータ・ファイルと，評価用と重複しない学習用データ・ファイルに分割することができます．やり方は次の通りです．

```
svm-subset -s 0 all.txt 100 test.
txt train.txt
```

`all.txt`は，サンプルから抽出した全データが記述されているものとし，その中から100個のデータを，各カテゴリが均等になるようにランダムにサンプルを取り出す「層化抽出法」を使って`test.txt`に保存し，残りを`train.txt`に保存します．

オプションを「-s 1」とすると，層化抽出法ではなく完全にランダムに100個のデータを抽出します．

◆参考・引用*文献◆

(1) Chih-Wei Hsu, Chih-Chung Chang, and Chih-Jen Lin；A Practical Guide to Support Vector Classification.
http://www.csie.ntu.edu.tw/~cjlin/papers/guide/guide.pdf

(2) YouTubeの「SVM with polynomial kernel visualization」のサイト．
https://www.youtube.com/watch?v=3liCbRZPrZA

かまた・ともや

第2部

第5章 一番たいへんな学習データベースの作り方からラズパイ1・2・3認識テストまで

ターゲット魚「ナベカ」の学習と認識

鎌田 智也

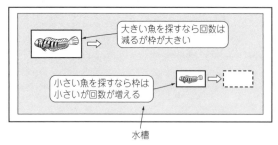

図1 リアルタイムに画像を見つけるには認識処理にかかる時間を短くしないといけない
大きな魚でも小さな魚でも処理は軽くしたい

表1 人の顔などのメジャーな認識対象にはたいてい画像データベースが用意されている
マイナな自分専用ターゲットを認識したいときは，学習用の画像データベースを自作しないといけない…

データベース名	画像数	画像サイズ	色
Caltech 10,000 Web Faces	10524	不定	カラー
CMU / VASC Frontal	734	不定	グレー
CMU / VASC Profile	590	不定	グレー
IMM	240	648 × 480	カラー/グレー
MUG	401	896 × 896	カラー
AR Purdue	508	768 × 576	カラー
BioID	1521	384 × 286	グレー
XM2VTS	2360	720 × 576	カラー
BUHMAP-DB	2880	640 × 480	カラー
MUCT	3755	480 × 640	カラー
PUT	9971	2048 × 1536	カラー
AFLW	25993	不定	カラー

● 機械学習によるリアルタイム画像認識に求められること

今回の実験の目的である，カメラで撮影した水槽の画像の中から小さい魚「ナベカ」をラズベリー・パイでリアルタイムに認識させる実験の内容を説明します．

▶その1：処理にかかる時間を短くしたい

第3章で説明したように広い水槽の中から小さい魚を探す際には，検出の単位であるスライド・ウィンドウ枠を，画面全体を網羅するように移動させながら繰り返し判別処理をしなければいけません．できるだけ1回の処理に要する判定時間を短くする必要があります（図1）．

▶その2：性能が出やすいように学習＆前処理させる

一般に画像認識を行う際は，照明条件など環境によって影響を受ける生画像の画素を直接的に入力データとして使うよりも，事前に画像処理を行って環境条件に影響されにくい認識に有効な特徴量を抽出して，それを識別用に用いる方が安定した性能が出ます．

ここでは，ナベカ観察の画像認識を題材に，サポート・ベクタ・マシンSVM用学習データの作り方を紹介し，実際に実験を行ってみます．

機械学習で避けて通れない…学習用データの準備

ナベカの画像を機械学習させるためには，まず学習させるための十分な画像を集めなければなりません．

● メジャーな対象物を画像認識させたい場合…学習に使えるデータベースが公開されている

人の顔や体，自動車のように認識させる対象として関心が高いものに関しては，インターネット上にさまざまな画像データが公開されています．

例えば，表1は，人の顔に関する画像データベースです．人の顔の検出技術はさまざまな分野での応用が考えられるので研究対象として関心が高く，公開されている画像データベースも多く存在しています．

● マイナな対象物を画像認識させたい場合…学習用データベースを自作しないといけない

一方，今回の実験のように，ある種類に限定したサカナだけを集めた画像データベースというのは，よほど特殊なケースでもない限り，存在していません．画像収集から切り出し作業まですべて自分で作らないといけません．

夜中に自宅の台所にゴキブリがいないかどうかを探

第5章　ターゲット魚「ナベカ」の学習と認識

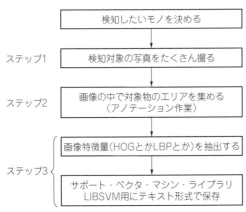

図2　学習用画像データベースを作成する作業フロー

写真1　ステップ1：学習用画像データベースを作成するためにまずターゲット「ナベカ」をたくさん撮影する

知したいとか，釣りエサに使うコオロギを集める捕獲マシーンを作るために検知したいとか…，自分にしかないニーズを満たすためのDIY開発ネタの多くのケースでは，新たに自分で画像データベースを作らないといけない状況であると思います．

ステップ1：学習用画像の撮影

● カメラの準備

図2は，学習用画像データを集める作業の流れです．この流れに沿って学習用の画像データを自分で作る手順について説明していきます．

最初のステップでは認識させたい物体が写り込んだ画像をたくさん集めます．今回の実験では，ナベカの画像をカメラで撮影しました．写真1は，学習用に使う画像を撮影したときの様子です．今回の実験では，暗闇でもナベカを検出できるように近赤外線LED照明が付いたタイプのUSBカメラを使用しました．USBカメラにはクリップが付いており，水槽の上部の壁に挟んで固定しています．

● 検出率をちょっとでも上げるための工夫…本当に使うカメラで学習用画像を撮影する

学習画像を集めるときには検出に使うカメラと同じカメラを使うのが望ましいです．なぜなら，カメラの種類の違いによって，同じものを撮影したとしてもエッジのボケ具合や輝度の状態などが異なって撮影されてしまい，わずかでも検出率に影響を及ぼすことがあるからです．画像のフィルタ処理によってカメラの機種や撮影環境の違いになどによる影響をとりのぞく前処理を行う場合でも，検出に用いるカメラで学習画像を撮影するのが一番無難です．

▶近赤外線画像を用いる場合は要注意

特に今回の実験のように近赤外線画像を用いる場合は，可視光のカラー・カメラで撮影した場合と，色味や物体表面の見え方が大きく異なる場合があります．

● 学習用画像撮影に使ったラズパイ・プログラム

リスト1は，学習用画像の撮影に使ったCソース・コードです．OpenCVのカメラ・キャプチャ機能を用いて撮影しています．

プログラムを起動するとカメラのキャプチャ画像がウィンドウ表示されます．画像を見ながらナベカが顔を出したタイミングで「a」ボタンを押して，静止画をキャプチャします．ナベカが姿勢を変えたときもどんどんキャプチャします．

見続けているのが面倒な場合は，動画を撮影しておいて後から動画の中でよいシーンをピックアップして静止画像を切り出す方法でも構いません．できるだけ多くの画像を集めていきます．

今回の実験では，70秒間撮影した動画から2100枚程度の静止画を抽出し，そこからさらにナベカが顔を出しているシーンをピックアップしています．

ステップ2：撮影した画像に学習用のラベルを付ける

● ああ大変…画像に学習用ラベルを付けるアノテーション作業

検出したいナベカが写り込んだ画像が収集できたら，次に各画像の中でナベカがいる領域をピックアップしていく作業を行います．手作業で各画像を丹念に見ながら，画像に写り込んだナベカのいる画像領域だけを切り出して集めていくのです．この作業は，根気がいります．

英語では，この作業のことを「image annotation」というのが一般的なようです．画像を切り出すツールや既存のデータベースを検索する際には「image annotation」で検索すると，機械学習用の画像データ

第2部 軽くて高速なラズパイ人工知能を作る

リスト1 学習用画像撮影に使ったラズパイ・プログラム
Cで記述．OpenCVのカメラ・キャプチャ機能を用いて撮影

```c
//-*- coding: utf-8-unix -*-
// for CQ Interface 2016.July
#include <opencv/cv.h>
#include <opencv/highgui.h>
using namespace cv;
#define OUT_VIDEO_FILE "videofile.avi"
int main(int argc, char* argv[])
{
    CvCapture * capture;
    IplImage * im0;
    int fourcc = CV_FOURCC_MACRO('M', 'P', '4', '2');
    int index = 0;
    if(argc > 1) index = atoi(argv[1]);
                                    //カメラ番号0,1,2など
    capture = cvCaptureFromCAM(index);//カメラオープン
    if(capture == 0)
    {
        printf("cannot open camera\n");
                                    //開けなかったので終了
        return 0;
    }
    cvSetCaptureProperty(capture, CV_CAP_PROP_FRAME_
                                WIDTH, 1280/*160*/);
    cvSetCaptureProperty(capture, CV_CAP_PROP_FRAME_
                                HEIGHT,960/*120*/);
    int counter;
    cv::VideoWriter * video_writer = 0;
    cvNamedWindow("camera", CV_WINDOW_AUTOSIZE);
    bool b_video_write = false;
    for(counter = 0 ; im0 = cvQueryFrame(capture) ; )
    {
        cvShowImage("camera", im0);
        int c = cvWaitKey(33);
        if(b_video_write)
        {
            cv::Mat im_src(im0);
            video_writer->write(im_src);
        }
        if(c < 0) continue;//何も押されなかった
        else//何かキーが押された
        {
            c &= 0xff;
            if(c == 'q' || c == 0x1b) break;
                                    //ESC/qキー入力で終了
            else if(c == 'r')//動画録画開始
            {
                if(b_video_write == false)
                {
                    video_writer = new VideoWriter(OUT_
            VIDEO_FILE, fourcc, 30.0, cvGetSize(im0), true);
                // (2)動画ファイル書き出しの準備に成功したかチェックする
                    if(!video_writer->isOpened())
                                // (失敗していればエラー終了する)
                    {
                        delete video_writer;
                        b_video_write = false;
                    }
                    else b_video_write = true;
                }
            }
            else if(c == 's')//静止画保存
            {
                char buff[128];
                sprintf(buff, "sample-%04d.png",
                                                counter++);
                cvSaveImage(buff, im0);
            }
        }
    }
    return 0;
}
```

を用意するための情報が得られます．

日本語では，「ラベル付け作業」とか「切り出し作業」，「タグ付け作業」といったり，英語のまま「アノテーション」といったり，開発チームによって呼び方にばらつきがあるように思います．ここでは，英語読みの「アノテーション」と呼ぶことにします．

● 学習用ラベル付け「アノテーション」が行えるオープンソース・ソフトウェア

実際に学習データを作ろうと画像に向き合ってみると，一つの画像の中に複数の対象が映り込んでいる場合があったり，複数の対象を一緒にタグ付けしたい場合もあったりなど，画像をピックアップする作業にもさまざまな要求が出てきます．自分でアノテーション作業をするためのツールを書いてもよいのですが，画像データベースを作った先人たちが開発したオープンソースのアノテーション・ツールが世の中には存在しています．**表2**は，筆者が利用を検討したアノテーション・ツールの一覧になります．

今回は，ラズパイでも学習データを作ることができるという点を重視して，実際に動作確認がとれたslothを使いました．デスクトップPCでもUbuntuなどのLinuxマシンなら簡単にインストールできます．

Windows PCで実行したい場合は，Virtual PCなどの環境にLinuxをインストールして，その上にslothをインストールするのが手っ取り早いと思います．

筆者は試していませんが，WindowsにPythonをインストールしてWindows用のQtを導入すれば，動作

表2 撮影した画像に学習用のラベル付けを行えるオープンソース・アノテーション・ソフトウェア

名称	ダウンロード先URL	対応OS	特徴
sloth	https://github.com/cvhciKIT/sloth	Linux	ラズパイで動作するのが確認できた
LEAR	https://lear.inrialpes.fr/people/klaeser/software_image_annotation	Linux/Windows	
LabelMe	http://labelme.csail.mit.edu/Release3.0/	ウェブ	ウェブ上でタグ付け
VIA (Video Image Annotation Tool)	https://sourceforge.net/projects/via-tool/	Windows	Windowsアプリ
LabelImg	https://github.com/tzutalin/labelImg	Linux	

第5章 ターゲット魚「ナベカ」の学習と認識

するかもしれません．

● **ステップ2-1：画像ラベル付けオープンソース・ソフトslothのインストール**

ラズパイにslothをインストールするのは簡単です．ラズパイをインターネットに接続した状態にして次のコマンドを実行します．

```
sudo apt-get install python python-pil python-qt4
git clone https://github.com/cvhciKIT/sloth.git
cd sloth
sudo python setup.py install
```

● **ステップ2-2：準備…画像に付けるラベルを自分用にカスタマイズする**

起動は，slothコマンドを実行します．図3は，何もオプションを与えずにslothを起動した場合の動作画面です．左側の「Labels」と書かれた部分に，あらかじめ用意された切り出し用のラベルが表示されています．

このラベル種別は，自分のデータに合わせてカスタマイズできます．図4もslothの画面です．今回の実験用に，水槽の中にいる生き物たちにラベルを付けるために用意したconfigをオプション指定して起動

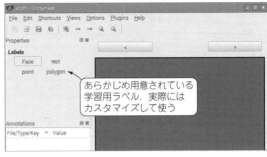

図3 画像に学習用ラベルを付ける「アノテーション」用ソフトウェアsloth

しました．

「Labels」のところに，この水槽ならではのラベル名が設定されています．このラベルをslothに設定するために用意したのがリスト2のテキスト・ファイルです．

slothの実体は，Pythonスクリプトとなっています．アノテーションに使うラベルの設定は，Pythonのマップ・データとして記述してあげます．

slothでは，矩形（rect）の他に点（point），多角形領域（polygon）などの画像の領域指定方法に対応しています．矩形（rect）を用いるケースが多いでしょうから，この設定ファイルの「class」と「text」のと

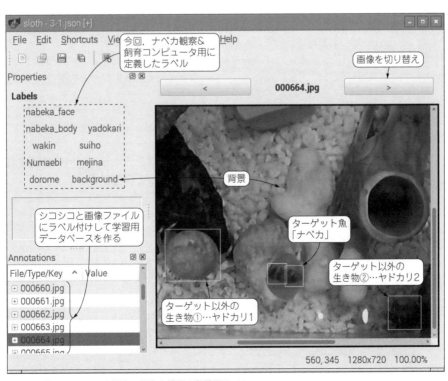

図4 認識させたいナベカ観察＆飼育水槽用の学習用ラベル

第2部 軽くて高速なラズパイ人工知能を作る

リスト2 画像にナベカ観察＆飼育用ラベルを付けるためのオープンソースsloth用設定ファイル

```
LABELS = (
    {"attributes": {"type":  "rect",
                    "class": "nabeka_face"},
     "item":       "sloth.items.RectItem",
     "inserter":   "sloth.items.RectItemInserter",
     "text":       "Nabeka Face"
    },
    {"attributes": {"type":  "rect",
                    "class": "nabeka_body"},
     "item":       "sloth.items.RectItem",
     "inserter":   "sloth.items.RectItemInserter",
     "text":       "Nabeka Body"
    },
    {"attributes": {"type":  "rect",
                    "class": "yadokari"},
     "item":       "sloth.items.RectItem",
     "inserter":   "sloth.items.RectItemInserter",
     "text":       "Yadokari"
    },
    {"attributes": {"type":  "rect",
                    "class": "background"},
     "item":       "sloth.items.RectItem",
     "inserter":   "sloth.items.RectItemInserter",
     "text":       "Background"
    }
)
```

ころを，ラベルの対象に合わせて変更するだけでよいと思います．

もし，点座標（point）や多角形領域指定（polygon）を使いたいときは，「rect」のところを，pointやpolygonに修正すればよいでしょう．

画像の中でピックアップしたいものをすべて，この設定ファイルの中に書いておきます．Pythonスクリプトなので今回はaqua.pyとしました．

sloth起動時に次のようにオプション指定して読み込ませると，「Labels」が設定に従った表示になって起動します．

```
sloth --config=aqua.py
```

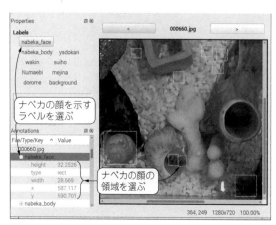

図5 学習対象が存在する領域を指定する作業を延々と繰り返す

● ステップ2-3：画像ラベル付け用オープンソース・ソフトslothに画像を読み込む

slothでアノテーション作業を行う手順を説明します．まずメニューの中から「Edit」→「AddImage」を選び，学習用に撮影した画像を選択します．すると左下の「Annotations」に読み込んだ画像ファイル名が表示され，右側に読み込んだ画像が表示されます．

複数の画像が読み込まれているときは，画像の上にある「＜」や「＞」，左側下の「Annotations」にある画像ファイル名をクリックすると，右側に表示される画像を切り替えることができます．

● ステップ2-4：学習対象の領域を指定（ラベル付け）する

画像の中に写り込んだナベカの顔をラベリングするには，「Labels」から「nabeka_face」を選択し，画像のナベカの顔が写っている領域を左クリック＋ドラッグで指定します．黄色い矩形エリアが表示され，「Annotations」の選択中のファイル名の下に「nabeka_face」というラベルが新たに追加されます．

ラベルを選択してツリーを展開すると，領域の座標値や大きさを確認できます（図5）．

学習用画像を準備するアノテーション作業では，slothに画像を読み込ませて学習させたい対象が存在する領域を指定し，ラベルを設定していく作業を延々と繰り返していくことになります．

ある程度のボリュームは必要ですが，ここでは，どんな条件でも検出できなければならないような製品を作っているわけではありませんので，日曜大工レベルの労力でタグ付けできる分量を用意すればOKです．

あとで説明する回転や拡大変換で学習データを増やすテクニック「データ・オーギュメンテーション」で，タグ付けしたデータをさらに水増しすることも可能ですから，ここは気長に気楽にやりましょう．

● ステップ2-5：ラベル付け情報をJSONファイルとして保存する

作業が進んだらファイルに保存します．slothは，アノテーション・データをJSONフォーマットのテキスト・ファイルに保存します．

保存したファイルは，もちろん後からslothで読み込んでデータを追加したりできます．slothは，ラベルの対象が各画像ファイルのどの座標にあるのかの情報を入出力して表示しているに過ぎません．

リスト3は，slothに一つの画像を読み込ませてナベカの顔と背景を一つずつ設定して保存してできたJSONファイル例です．

第5章 ターゲット魚「ナベカ」の学習と認識

ステップ3：
ラベルから学習用データを作成する

● ステップ3-1：JSONファイルから認識対象物の座標&サイズを取り出す

slothの出力であるJSON形式のファイルを自作ソフトウェアで読み込んで，サポート・ベクタ・マシンSVMに入力する特徴量データを抽出し，LIBSVMライブラリ用の学習データ・フォーマットのテキスト・ファイル形式に変換していかなければなりません（図6）．

JSON形式のデータは，Pythonを使えば簡単に読みだすことができます．リスト4は，slothのアノテーション・データの中の「nabeka_face」ラベルが付いた矩形の座標とサイズをすべて取り出すスクリプト例です．

● ステップ3-2：学習用データ・ファイルを作成する

リスト4のスクリプトから起動しているfeature_exractコマンドは，引き数に画像ファイル名と画像特徴量を抽出する矩形領域の座標と大きさを受け取り，矩形領域の特徴ベクトルを抽出し，標準出力にLIBSVMの学習用データ形式の1行レコードを出力するプログラムです．C++で記述しています．

リスト4とfeature_extractの連携によって，学習用画像ファイル群とslothで作ったアノテーション・データが記録されているJSONフォーマットのテキスト・ファイルを読み込んで，LIBSVMの学習用データ・ファイルを作ります（図6）．

● 学習用データ作成用feature_extractプログラムで行う処理

feature_extractは，slothでラベル付けした四角い枠1個ずつの画像エリアから，画像特徴量を抽出してLIBSVMの学習用データ・ファイル1行分のデータを作る自作プログラムです．リスト4のPythonスクリプトが，JSONファイルに書かれたnabeka_faceのラベルを見つけるごとに，そのラベルの画像ファイル名とエリアの座標情報を受け取りま

リスト3 画像ラベル付けソフトウェアslothが入出力できるラベル付け情報用JSONファイル

```
[
    {
        "annotations": [
            {
                "class": "nabeka_face",
                "height": 33.70051808259143,
                "type": "rect",
                "width": 31.688546853780053,
                "x": 562.3459584527941,
                "y": 576.4297570544743
            },
            {
                "class": "background",
                "height": 33.70051808259143,
                "type": "rect",
                "width": 32.694532468185685,
                "x": 642.8248076052514,
                "y": 197.67617323072284
            }
        ],
        "class": "image",
        "filename": "000100.jpg"
    }
]
```

す．画像特徴量を抽出し，標準出力にテキスト形式で1行分のLIBSVM用学習データを出力して終了します．Pythonスクリプトは，JSONファイルに含まれるすべての指定ラベルを見つけるごとにfeature_extractを呼び出し，一つの学習用データを作成していくという仕組みです．

ここまでできればようやくLIBSVMに学習させることができるようになりますが，その前に，feature_

リスト4 特徴量を抽出するために…JSONファイルからナベカの顔を示す「nabeka_face」ラベルの座標情報を取り出すPythonスクリプト
このあとで特徴量を抽出して，サポート・ベクタ・マシン用LIBSVMライブラリに入力できる学習データ形式に変換していく

```
import json
f = open(json_filename, 'r')
sloth_data = json.load(f)
label = 1 #ナベカの顔はクラスラベル1だとする
    #JSONに含まれているすべての各画像ファイル単位のレコードを取り出す
for i in sloth_data:
    #画像ファイル名を取り出す
    image_filename = i['filename']
    #一つの画像ファイルに対応する含まれているすべての
                                    アノテーション・データを取り出す
    annotations = i['annotations'];
    #各画像ファイルに属するアノテーション・データを取り出す
    for j in annotations:
        #ラベルがナベカの顔のアノテーションだけを対象とする
        if j['class'] == 'nabeka_face':
            #ナベカ顔矩形領域のx,y座標
            x, y = j['x'], j['y']
            #ナベカ顔矩形領域の縦横サイズ
            width, height = j['width'], j['height']
            #指定した画像ファイルの矩形領域から画像特徴量を抽出して
            #LIBSVMデータ・フォーマットの1行レコードを出力する
                                            プログラムを起動する
            cmd = "./feature_extract %s %f %f %f %f %d" % \
                (image_filename, x, y, width, height, label)
            subprocess.check_call(cmd.strip().split(" "))
```

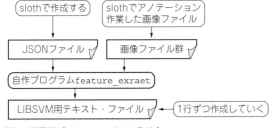

図6 学習用データ・ファイルの作り方

第2部 軽くて高速なラズパイ人工知能を作る

コラム1 学習データを増やすテクニック「データ・オーギュメンテーション」　　鎌田 智也

　特徴量を抽出するプログラムhoglbp_extractで領域(ROI)から特徴量を抽出する際に，回転してから抽出するオプション「-r」や拡大縮小オプションを指定すると，回転・拡大縮小処理を行ってからROI領域の切り出し処理を行うようになります．

　限られたデータを元に画像を拡大縮小したり回転を施したりすることによって，学習データを増やすテクニック「データ拡大サンプリング」(Data Augmentation)をやるときに指定します．

　例えば，LBP特徴を抽出する場合で，画像回転1.5度，1.1倍に拡大し，ラベル番号1として出力させるときは次のようにします．

実行例
```
hoglbp_extract -i sample.jpg -o roi00001.png -r 1.5 -s 1.1 -lbp -L 0
```

結果
```
1 1:0.181297 2:0.053298 3:0.030435 ...[省略]...
143:0.376400 144:0.145774
```

---

extractが出力する画像特徴量の抽出について解説します．

ナベカ画像特徴量の抽出処理

● 認識に使う画像特徴量が性能の良し悪しを決める

　画像の矩形領域の画素を，そのままLIBSVMへの入力データとすることもできます．しかし，同じ物体を撮影した画像であっても，撮影時の照明の明るさや光源の位置関係によって，陰影の付き方などが容易に変化してしまうため，環境の変化に対して強く影響を受ける不安定な検出器になってしまう恐れがあります．

　照明や撮影条件の影響を受けにくい検出に有利な画像特徴量を追求することは，最近まで画像認識の分野における主要な研究テーマの一つでしたが，学習しながら自動的に認識に有利な特徴量を獲得していくディープ・ラーニングの画像への応用技術であるCNN(Convolutional Neural Network)の登場で，あまり話題にも上らなくなった印象はあります．

　しかし，ラズベリー・パイのような小型ARMコンピュータ・ボードでCNNを使っても，計算量が膨大で重すぎてリアルタイム検知できません．検出対象に適した画像特徴量を適切に選定して，SVMをはじめとする機械学習アルゴリズムで判別するアプローチは，今もなお手放せない技術です．

● ターゲット魚「ナベカ」検出に使う画像特徴量

　画像認識に使う画像特徴量に関しては，今回は詳しい解説は割愛し，ラズパイでリアルタイム検出させるテクニックや学習にフォーカスして話を進めていきます．

　数ある画像特徴量を計算する手法のうち，ラズパイでリアルタイムな画像認識に使えるくらいの計算量をもち，さらに実用性のある検出性能も備えた選択肢として，今回の実験で取り上げたのは，次の二つです(表3)．

(1) LBP；Local Binary Pattern
(2) HOG；Histogram Orientation Gradient

　選定の理由は，リアルタイム性と安定した検出性能を得ることが第1に挙げられます．特に，LPBは高速であること，HOGは今回の検出対象のように姿勢や形がある程度変形する対象でも対応できることなどが挙げられます．

　最終的にLBPとHOG，どちらか一方のみをラズパイに計算させる方が両方同時に計算させる場合よりも

表3 リアルタイム処理を目指して計算量が少ない画像特徴量を使うことにした

名称	LBP特徴	HOG特徴	SIFT特徴
方式	3×3領域における画素中心と周辺との輝度の大小をビット・パターン化	セル単位で輝度勾配方向のヒストグラムを用いる	DoG画像(ぼかし具合の異なるガウス画像の差分)の勾配方向のヒストグラムを用いる
計算量	小	中	大
特徴ベクトルの次元数(32×32画像)	113	1296	1296

(LBP特徴・HOG特徴：リアルタイム処理向き)

第5章 ターゲット魚「ナベカ」の学習と認識

表4 自作した画像特徴量抽出プログラム hoglbp_extract の引き数

オプション	引き数	型	機 能
-f [image filename]	入力画像ファイル名	ファイル名	特徴量を抽出する入力画像ファイル名を指定する
-o [image filename]	出力画像ファイル名	ファイル名	抽出したROI領域の保存先ファイル名を指定する
-L [label]	0以上の整数	整数	LIBSVM形式テキストの先頭に出力するラベル番号する
-r [回転角度]	degree単位の回転角度値	小数	ROI切り出しの際の回転角度指定
-z [スケール]	0より大きい数，1で等倍	小数	ROI切り出しの際の拡大縮小指定
-p [X座標] [Y座標]	ROI左上の座標値	整数	ROI領域の左上座標
-s [幅] [高さ]	ROIのピクセルサイズ	整数	ROI領域のサイズ
-hog	-	-	HOG特徴量を抽出
-lbp	-	-	LBP特徴量を抽出

ラズパイの負荷が小さくなることが期待されます．どちらが有利な特徴量であるかについては，必ずこうなると断言できる理論や方法があるわけではなく，実験して高い検出率が得られた特徴量を選定するのが確実です．

今回の実験では，LBP特徴量とHOG特徴量のそれぞれについてLIBSVMに学習させます．正しくナベカの顔を検出できた正解率を表す検出率と，検出に要する時間を比較する実験を行いました．

● ナベカ学習用画像特徴量抽出プログラム hoglbp_extract

HOGとLBPのいずれにも対応した画像特徴量抽出プログラム（hoglbp_extract）を用意しました．

リスト4のPythonスクリプトを用いてslothが吐き出すJSONファイルを読み出しながら，各アノテーション・データがもつナベカの顔の矩形領域の座標をこの画像抽出プログラムに与えて，LBPかHOGいずれかの特徴量をLIBSVM用の学習データ・フォーマットで1行ずつ出力させていきます．

表4は，hoglbp_extractコマンドの引き数リストです．hoglpb_extractは，オプション-pと-sで与えられた特徴量を抽出する領域（ROI；Region Of Interest）から，HOGかLBP特徴量を抽出します．

得られた特徴量をLIBSVMの学習用テキスト・データ形式で1行出力します．

LIBSVM学習用テキスト・データの1列目で出力するラベル番号は，-Lオプションで指定します．

hoglbp_extractコマンドは直接起動するのではなく，slothのラベル設定用JSONファイルを読みだすPythonスクリプト（リスト4）を回転や拡大縮小にも対応させたload_sloth_data.pyから起動するようにしています．slothでタグ付けされた画像領域の特徴量を抽出していきます．

表5は，load_sloth_data.pyの主なオプションです．load_sloth_data.pyを使って，slothでタグ付けしたクラスごとに画像ファイル群とJSONファイルからLIBSVMが学習できる学習データが作成できます．

例えばナベカの顔のカテゴリnabeka_faceにslothでアノテーションされた領域のHOG特徴量を抽出して，LIBSVM用学習データを作るには，次のようにします．

> **実行例**
> ①データ拡大サンプリングを行わない場合
> ```
> python load_sloth_data.py -m 0 -c nabeka_face -f sample.json -L 1
> ```
> ②回転／拡大によるデータ拡大を行う場合
> ```
> python load_sloth_data.py -m 0 -c nabeka_face -f sample.json -L 1 -r 10 -a 2 -z 0.6 -Z 0.2
> ```

● 学習で重要なこと…ポジティブ・データとネガティブ・データの両方が必要

load_sloth_data.pyを使うことで，slothでタグ付けした画像ファイルから一括で指定したカテゴリの特徴量データを取得できます．

忘れてはならないのが，学習には，検出対象のデータとそれ以外のデータのセットが必要ということです．例えばLIBSVMでナベカの顔を学習させるには，ナベカの顔の特徴データ（ポジティブ）と，それ以外の画像の特徴データ（ネガティブ）とが，それぞれ必要になります．

図4のように背景を表す「background」と名前付けしたクラスでアノテーションしておき，これをネガティブ・データとして用います．ナベカの顔以外のヤドカリ「yadokari」などもネガティブ・データに組み合わせて，ネガティブ・データの件数を増やします．

ナベカ以外のカテゴリのラベルを「0」として，学習データを作っておきます．load_sloth_data.pyは，LIBSVM用学習データを標準出力します．ファイルにリダイレクトします．2行目の以降が「>>」になって追加保存されています．

第2部 軽くて高速なラズパイ人工知能を作る

表5 角度＆サイズ補正機能付きのJSON座標情報を取り出した自作Pythonスクリプト load_sloth_data.py 関数のオプション
リスト4を改良

オプション	引き数	型	例	機能
-m [0|1]	0か1		-m 0	0ならHOG, 1はLBPを出力
-c [slothクラス名]	クラス文字列	文字列	-c nabeka_face	JSONからROIを取り出すクラス文字列
-f [jsonファイル名]	jsonファイル名	ファイル名	-f sample.json	slothで保存したJSONファイル名
-r [回転角度範囲]	回転角度範囲	小数	-r 10	ROIについて$-\theta$から$+\theta$までの範囲で回転させて複数の特徴データを出力させる指定を行う
-a [回転ステップ]	回転ステップ角度	小数	-r 10 -a 2	ROIを-rオプションで与えた角度範囲で回転させる際の刻み角度幅を設定する
-z [拡大率範囲]	拡大率範囲	小数	-z 0.6	ROIについて$1-a$から$1+a$倍の範囲で回転させて複数の特徴データを出力させる指定を行う
-Z [拡大ステップ]	拡大率ステップ値	小数	-Z 0.2	ROIを-zオプションで与えた倍率範囲で拡大縮小させる際のステップ倍率を設定する
-L [クラス番号]	出力するラベル番号	整数	-L 1	LIBSVM形式テキストデータの先頭に出力するクラス番号
-p [0|1]	0か1		-p 1	0ならload_sloth_data.pyを実行, 1ならコマンドを表示

実行例

```
python load_sloth_data.py -m 0 -c
nabeka_face -f sample.json -L 1 -r
10 -a 2 -z 0.6 -Z 0.2 > all_data.
txt
python load_sloth_data.py -m 0 -c
background -f sample.json -L 1 -r
10 -a 2 -z 0.6 -Z 0.2 >> all_data.
txt
python load_sloth_data.py -m 0 -c
yadokari -f sample.json -L 0 -r 10
-a 2 -z 0.6 -Z 0.2 >> all_data.txt
```

実験1：基本LIBSVMライブラリを使ったナベカ認識

● 学習ステップ1：学習データとテスト用データをあらかじめ分割しておく

load_sloth_data.pyを使ってようやくLIBSVM用の学習データが準備できたところで，いよいよ学習させます．第4章で説明したようにLIBSVMには，学習用パラメータを自動チューニングしながら学習までコマンド一つ「svm-easy」で行える便利なしくみを使います．

その前に，学習データとテスト用のデータに分割しておきます．

```
svm-subset all_data.txt 100 test_
data.txt training_data.txt
```

この場合，all_data.txtから100サンプルをピックアップしてtest_data.txtに，残りをtraining_dat.txtに保存します．できた学習データの性能を確認するときに，学習データにかぶらないテスト・データを用意できるので，事前にsvm-subsetを使って分割しておくのが望ましいです．

svm-trainは，テスト用データをピックアップする際に層化抽出法を使ってポジティブとネガティブの比率が同じになるようにサンプリングしてくれます．

● 学習ステップ2：全自動学習用コマンド svm-easyを実行する

svm-easyは，次の順番で実行していきます．
① 学習データの正規化
② 最適なパラメータの探索
③ 学習の3ステップ

① 学習データの正規化は，軽い処理なので，開始と共にすぐに完了します．

② 最適なパラメータの探索のステップにある程度の時間を要します．このステップに入るとsvm-easyはgnuplotを起動して，図7のようなパラメータの探索のようすを示すチャートを表示します．

ラズベリー・パイの実機上でも行えますが，もし可能ならLinuxのデスクトップPC上で行うと早く学習結果を得ることができます．

実行例

```
> svm-easy training-data.txt

Scaling training data...
Cross validation...
Best c=2.0, g=0.03125 CV rate=98.7
Training...
Output model: training-data.txt.
model
```

svm-easyは三つの拡張子（.range, .scale, .model）をもつファイルを生成します．例えば，training.txtをsvm-easyに与えた場合，

第5章 ターゲット魚「ナベカ」の学習と認識

コラム2　アバウトに境界を引くソフト・マージン設定と生真面目に境界を引くハード・マージン設定

鎌田 智也

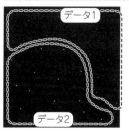
（a）生データ

（b）すべてのデータに対して生真面目に境界を引くハード・マージン設定…Cパラメータ大

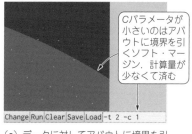
（c）データに対してアバウトに境界を引くのがソフト・マージン設定…Cパラメータ小

図A　サポート・ベクタ・マシン方式でどれだけ生真面目に境界を計算するかを表すCパラメータ

マージン最小化という基準があるのがサポート・ベクタ・マシンの特徴であると説明しましたが，もう一つ押さえておかなければならない重要なポイントが「ソフト・マージン」と「ハード・マージン」です．

図A(a)のような生データがあったときに，境界を決定する際に，すべてのデータを満たすために図A(b)のように分けたい場合をハード・マージン設定といいます．

複雑な境界にはノイズが含まれていると考えて緩やかに分けたほうがよいということで図A(c)のように分ける場合をソフト・マージン設定といいます．

一般に，ハード・マージン寄りの設定にすると境界を決定するためのサポート・ベクタの数が多くなり，計算量が増える傾向にあります．

LIBSVMでは，Cパラメータでソフト・マージン寄りにするかハード・マージン寄りにするかを調整できます．Cを小さく設定するとソフト・マージン寄りとなり，大きく設定するとハード・マージン寄りとなります．

svm-easyやsvm-gridは，最適なCパラメータを見つける処理を行ってくれますが，Cパラメータが大きいハード・マージン寄り設定のときにサポート・ベクタの数が増えすぎると，計算量が増えてラズパイでは重すぎる処理になってしまうことがあります．

このような場合，処理スピード早めることを目的としてCパラメータを小さくしてサポート・ベクタの数を減らすような調整を行うこともあります．

---

(1) `training.txt.range`
(2) `training.txt.scale`
(3) `training.txt.model`

が生成されます．

`.range`は，学習データを正規化した際の最大と最小値を保存しています．自作ソフトウェアで識別させるときやsvm-predictで性能をテストするときに使います．

`.scale`は，svm-easyに与えた学習用データを正規化したデータ・ファイルです．

`.model`が，学習の結果できたモデル・ファイルになります．このモデル・ファイルが，学習結果が納められたファイルになります．後ほど自作プログラムに読み込ませて使います．

GPGPUを使って学習を高速に行えるCUDAに対応したLIBSVMの派生版「GPU-accelerated LIBSVM」もありますので，大量の学習データを処理させる際には利用するとよいでしょう．

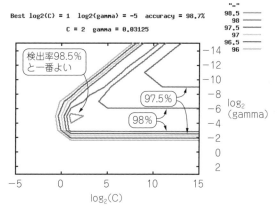

図7　全自動svm-easyコマンドを実行するとパラメータの探索のようすを示すチャートを表示する

横軸は，ソフト・マージンからハード・マージンまでの程度を表すCパラメータとなっている（コラム2）．左側がソフト・マージン寄り，右側がハード・マージン寄りの設定となっている．縦軸はRBFカーネルを使う際のガウス・カーネルの大きさを決めるパラメータ．右上の判例にある「98.5」が最も検出率の高かった「98.5%」エリアを示している．グラフ$C=0$付近の三角エリア．この近傍のパラメータの組み合わせが，検出性能が良かったということをこのグラフは示している

第2部 軽くて高速なラズパイ人工知能を作る

リスト5 人工知能アルゴリズムの一つサポート・ベクタ・マシン用ライブラリLIBSVM & LIBLINEARの検出性能と実行速度を調べるプログラム

```
#include <opencv/cv.h>
#include <opencv/highgui.h>
#include <libsvm/svm.h>
#include <linear.h>

//モデル・ファイルの読み込み
struct svm_model* model_svm;
model_svm = svm_load_model("training-data.txt.model");

struct model * model_linear;
model_linear = load_model("training-data.txt.linear.
                                          model");

//画像を走査して繰り返し判定する
for(y = offset_y ; y < im_src.rows - 32 - 1 ;
                                            y += stride)
{
    for(x = offset_x ; x < im_src.cols - 32 - 1 ;
                                            x += stride)
    {
        int judge;
        ihog.calc(cv::Point(x, y));
        for(i = 0 ; i < 16 * 9 ; i++)
        {
            features[i].value = 2 * (ihog(i) - t_min_
                val[i]) / (t_max_val[i] - t_min_val[i]) - 1;
        }
        //libsvm/lilinearで判定
        judge = (predict(model_linear, (feature_node*)
                                     features) == 1 ? 0x02 : 0x00)
              | (svm_predict(model_svm, features) == 1 ?
                                                   0x01 : 0x00);
        if(judge)
        {
            cv::rectangle(im_dst, cv::Point(x, y),
cv::Point(x + 32, y + 32), cv::Scalar(0, judge & 0x02
            ? 255 : 0 , judge & 0x01 ? 255 : 0) , 2);
        }
        counter++;
    }
}
```

● 検出の準備…正規化

svm-easyの実行の結果，学習結果が記録されているモデル・ファイルを使ってみます．まずはあらかじめ学習データと分離しておいたテスト用データで識別性能を見てみます．

ここで忘れてはいけないのが，正規化の手順です．

svm-easyは，処理の過程で勝手に学習用データを正規化してから学習します．同様にテスト用データも学習時と同じ基準で正規化してからテストしないと，うまく識別できません．

正規化はsvm-scaleコマンドを使います．

> svm-scale -r training-data.txt.
range test-data.txt > test-data.
txt.scale[RET]

svm-scaleは，正規化したデータを標準出力に出力しますので，リダイレクトでファイルに保存します．

● 検出テスト

次に，svm-predictを使ってモデル・ファイルを使って識別してみます．

> svm-predict test-data.txt.scale
training-data.txt.model result.txt
Accuracy = 98% (98/100)
(classification)

正解率が98%と表示されました．result.txtには，テスト・データの各行に対応する形で判定結果のラベルが保存されます．

ここまでで，LIBSVM形式で保存した特徴量データから学習させてモデル・ファイルを作り，テストさせる手順をひと通り説明しました．学習させてテストするまでの手順を理解できたと思います．

実験2：高速LIBLINEARライブラリを使ったナベカ認識

● 学習

第4章で紹介したLIBSVMの兄弟ライブラリである高速LIBLINEARの学習&検出方法も合わせて説明しておきます．

LIBLINEARは，線形カーネルに特化した代わりに大幅に計算が高速化されています．LIBSVMと組み合わせて使うことで，ラズパイでリアルタイム画像認識処理を行う際に強力な武器になります．

また学習用のテキスト・データもLIBSVMと全く同じフォーマットですので，モデル・データの作成にもあまり手間がかかりません．

LIBLINEARでは，liblinear-trainコマンドを学習に使います．LIBSVMのときのように最適化が必要なパラメータもありません．svm-easyで生成された学習用データの正規化ファイルを使って次のように学習コマンドを実行します．

学習も短時間に終わります．学習結果は，LIBSVMと同様にモデル・ファイルに記録されます．

> liblinear-train training-data.
txt.scale training-data.txt.linear.
model
..............*
optimization finished, #iter = 145
Objective value = -6.708872
nSV = 80

テスト方法はLIBSVMとほとんど一緒です．こちらも学習時に用いたデータと同様に正規化したデータを与えることに注意します．

result-linear.txtファイルにテスト結果が

第5章 ターゲット魚「ナベカ」の学習と認識

(a) ナベカがいるとき

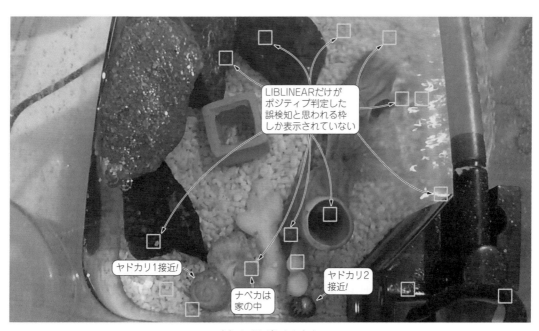

(b) ナベカがいないとき

図8 人工知能アルゴリズムの一つサポート・ベクタ・マシン用ライブラリLIBSVM & LIBLINEARの検出例
誌面では枠の色がわかりにくいのでふきだしで示している

保存されます．各行に推定されたラベルのみが保存されます．

```
> liblinear-predict test-data.txt.
scale training-data.txt.linear.
model result-linear.txt
Accuracy = 98% (98/100)
```

● 検出テスト…静止画像を使う

svm-predictやliblinear-predictを使った認識性能テストでは，あらかじめslothでタグ付けしておいた学習用データからsvm-subsetコマンドで抜き取りました．この方法だと，あらかじめslothでラベル付けされた画像領域しかテストできま

83

第2部 軽くて高速なラズパイ人工知能を作る

表6 サポート・ベクタ・マシン用LIBSVM & LIBLINEARライブラリを使ったときの処理時間

ラズベリー・パイ・バージョン	1画面全走査時間 [ms]		1回のROI処理時間 [ms]		LIBSVM/LIBLINEARの処理時間比 [倍]	RPI1を1とした時の速度比	
	LIBSVM	LIBLINEAR	LIBSVM	LIBLINEAR		LIBSVM	LIBLINEAR
RPI1	201662.041	492.41	60.126	0.147	409.5	1	1
RPI2	53195.321	182.796	15.86	0.055	288.4	3.8	2.7
RPI3	23031.257	68.123	2.32	0.007	331.4	8.8	7.2

↑ LIBLINEARが300倍速い

表7 表6の実験を行ったときのラズベリー・パイ1～3のコンパイル・オプション

ラズベリー・パイ・バージョン	使ったコンパイルの最適化オプション
RPI1	-march=armv6zk -mcpu=arm1176jzf-s -mfloat-abi=hard -mfpu=vfp
RPI2	-march=armv7-a -mtune=cortex-a8 -mfpu=neon -mfloat-abi=hard
RPI3	-Ofast -march=armv8-a+crc -mtune=cortex-a53 -mfpu=crypto-neon-fp-armv8 -mfloat-abi=hard -ftree-vectorize -funsafe-math-optimizations

せん．結果を画像で確認できないので性能がつかみにくいです．

そこで，画像を1枚受け取って第3章で説明したウィンドウ・スライド法により画像全体を走査しながら，繰り返しLIBSVMを呼び出して検出させるテスト・プログラムscan-fishを用意して，検出性能を確認してみます．

scan-fishでは，LIBSVMの他にLIBLINEARでもテストできるようにして，検出性能と実行速度を比較してみます．

● 検出精度

リスト5は，scan-fishを簡略化して，ポイントのみを抜粋したC++ソースです．LIBSVMとLIBLINEAR両方で判定を行います．
(1) LIBSVMがポジティブ判定した場所は赤枠で表示
(2) LIBLINEARがポジティブ判定した場所は緑枠で表示
(3) 両方ともにポジティブ判定した場所に関しては，黄色枠を表示

図8(a)は，ナベカがいるときの実行結果の例で，図8(b)はナベカがいないときの検出例です（誌面上では枠の色がわかりにくいのでふきだしで示しています）．

それぞれ共通していえるのは，LIBLINEARがポジティブと判定した枠がたくさん出ています．これは誤検知が多いことを意味しています．

ナベカがいる画像[図8(a)]では，LIBSVMもポジティブ判定した枠が1カ所確認できます．

ナベカがいない[図8(b)]では，LIBSVMがポジティブと判定した黄色枠は確認できていません．つま

りLIBSVMは，ナベカの顔だけに枠が出ていますので，このシーンでは誤検知が一つもないといえます．LIBSVMは，LIBLINEARよりも正確に検出できています．

● 実行速度

次にLIBSVMとLIBLINEARの実行速度を見てみましょう．表6は，LIBSVMとLIBLINEARどちらかのみを使って1画面の検出を行わせたときの実行時間です．画像サイズは，1280×720ピクセルです．ラズベリー・パイ1，2，3それぞれの上で実行させて比較しました．

コンパイルする際には，それぞれのARM用に最適なコードが生成されるよう，GCCのコンパイル・オプションを表7のように設定しました．

バージョンごとに多少のばらつきがありますが，LIBLINEARはLIBSVMよりも約300倍高速です．

正確に検出できるLIBSVMと，検出率は悪いけれどもLIBSVMよりも大幅に高速なLIBLINEARのそれぞれの特性を生かして，次の第6章では，いよいよカメラでキャプチャした画像をリアルタイムに認識し，結果を画像に表示させてみます．

かまた・ともや

第2部

第6章 高精度×高速な画像認識でリアルタイムえさやり

ラズパイ人工知能による自動飼育への挑戦

鎌田 智也

図1 人工知能牧場に自動養殖！農林水産革命の可能性を探る！？

● 人工知能が実現する自動飼育の未来

人工知能による画像認識で，生き物を24時間モニタできるようになったとします．その次のステップとして，人工知能が生き物の生命維持に必要な世話をやってしまう「自動飼育」も，実現可能な技術テーマとして思い浮かんできます（図1）．

自動飼育が実現できたら，今ある農業や畜産にも今まで想像できなかった革命的な変化が起こることになりそうです．人工知能が次の産業革命を起こすといわれている理由の一つと思います．

人工知能による自動飼育技術が実現した場合，食料になる鶏や豚，牛，魚介類など，ありとあらゆる幅広い分野に応用できそうです．

完全な自動飼育を実現するためには，環境の維持や健康状態の把握なども必要です．クリアしなければならない難しい課題がたくさんあって道のりは遠いですが，未来の人工知能による自動飼育にちょっとでも近づくことができたら，面白い実験となりそうですよね．

● 本章でターゲット魚「ナベカ」のプチ自動飼育に挑戦！

第5章では，ナベカの顔をLIBSVMやLIBLINEARに学習させて，「検出に必要なモデル・ファイル」を作成し，静止画レベルでの検出実験を行いました．

本章では，カメラの画像をキャプチャしながらナベカをリアルタイムに認識させ，ナベカの行動をラズパイでモニタできるようにします（図2）．またラズパイから制御可能な自作の自動給餌装置をドッキングし，ナベカの行動に基づいて水槽にエサを投入する飼育実験を行ってみます．

ハードウェア構成

● 主なパーツ

図3は，実験に用いたシステム全体のハードウェア構成です．写真1は，実際に実験に使用した機材のセットです．

▶パーツ1：近赤外線カメラ

ラズパイには，近赤外線カメラをUSBポートに接続し，リアルタイムに水槽の中の画像をキャプチャしながらナベカの状態をモニタさせます．

▶パーツ2：音声通知用アンプ内蔵スピーカ

ナベカが「隠れていた状態」から，「顔を出して検出された状態」になったなど，変化があった際には，アンプ内蔵スピーカからお知らせ音を鳴らします．ラズパイのステレオ・ジャックから出力される音声信号は弱いので，電池を内蔵したアンプ組み込みタイプのスピーカを使いました．

第2部 軽くて高速なラズパイ人工知能を作る

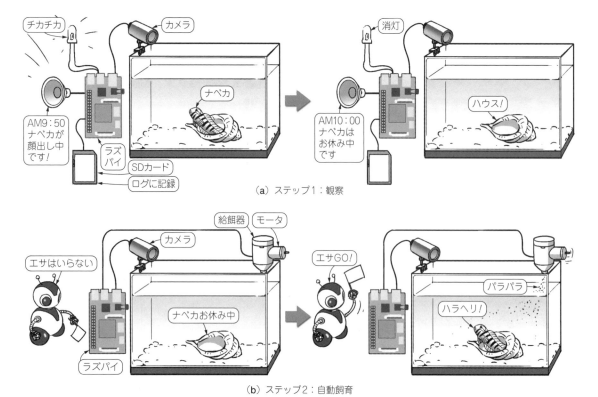

(a) ステップ1：観察

(b) ステップ2：自動飼育

図2 ラズベリー・パイ機械学習コンピュータがやること…ターゲット魚「ナベカ」の観察＆飼育

▶パーツ3：HDMIモニタ＆お知らせ用LED

ラズパイには，ナベカの検出状態を表示するためのHDMIモニタを接続しました．ナベカを検知した状態の時には，ラズパイのI/Oポートに接続したLEDを点灯させながら，HDMI接続したモニタに水槽の様子と，検知されたナベカを拡大して表示させます．

▶パーツ4：エサやり用振動モータ＆モータ・ドライバ基板

ラズパイのI/Oポートには，自作の給餌器に組み込んである振動モータを駆動するため，4チャネルのモータ・ドライバ基板Gertbotをドッキングしています（写真2）．Gertbotは，RSオンラインで購入しました．4チャネル内蔵していますので四つの給餌器を駆動できるポテンシャルがあります．

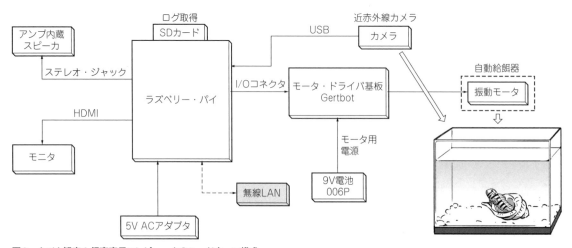

図3 ナベカ観察＆飼育専用コンピュータのハードウェア構成

第6章　ラズパイ人工知能による自動飼育への挑戦

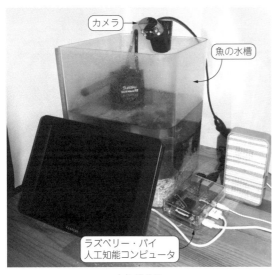
（a）横から

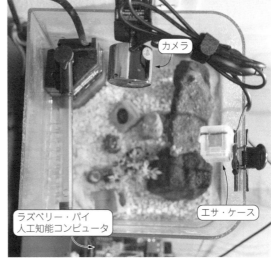
（b）上から

写真1　実験すること…ラズパイ人工知能コンピュータによるナベカ観察＆自動飼育

▶パーツ5：リモート飼育用Wi-Fiドングル

　また，ナベカの検知状態を記録したログ情報をメール送信したり，餌やり命令をネット経由で行ったりできるように，USBタイプの無線LANアダプタをラズパイのUSBポートに接続しています．

　表1は，使用した部品のリストです．給餌装置を動かすGertbotが少々高めです．1チャネルの振動モータを動かすだけですので，ネット通販で入手可能な東芝のモータ・ドライバIC（TA7291P）を使ってモータ制御回路を自作すると，さらに安く抑えられると思います．

● モニタ表示

　図4は，HDMIポートに接続した外部モニタへ表示する画面のイメージです．画面の左側には，水槽上面に設置されたカメラ映像が表示されており，ナベカ検出時には検知された位置に赤枠マーカをナベカに重ねて表示します．また右上には，検知されたナベカを拡大表示することで直接水槽をのぞきこんだらすぐに気

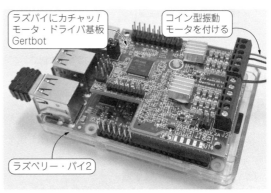
写真2　ラズベリー・パイ拡張OK！エサ・ケース揺らし用モータ・ドライバ基板Gertbot

付いて隠れてしまうナベカをコッソリ眺められるようにします．検出されていないときには，最後に検知されたときのナベカの拡大写真と検出されたときの時刻を表示します．下のログ情報には，ナベカの様子に変化があった記録を表示していきます．

表1　お魚観察＆飼育用ラズベリー・パイ人工知能コンピュータの主なハードウェア

部品名	型　名	参考価格[円]	入手先
ラズベリー・パイ2本体	Raspberry Pi 2	4,410	RSオンライン
近赤外線LED内蔵USBカメラ	いろいろハウス 赤外線ウェブ・カメラ	1,680	アマゾン
小型HDMIモニタ	PLUS ONE HDMI LCD-8000VH	29,800	アマゾン
モータ・ドライバ基板	Gertbot Robotics Board for Raspberry Pi	7,547	RSオンライン
アンプ内蔵小型スピーカ	SANWA SUPPLY MM-SPP4SBL	1,221	アマゾン
USB無線アダプタ	BUFFALO WLI-UC-GNM	1,650	アマゾン
5V USB電源アダプタ	Anker 40W 5ポート USB急速充電器 ACアダプタ 71AN7105SS-WJA	2,599	アマゾン
コイン形携帯電話用振動モータ	uxcell 1200rpm	539	アマゾン
携帯薬プラスチック・ケース	ピルケース	100	ダイソー

第2部 軽くて高速なラズパイ人工知能を作る

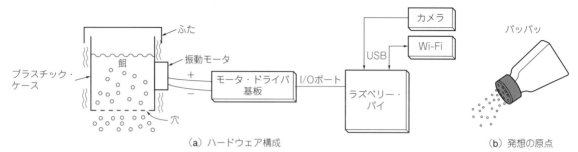

図5 ステップ2：自動飼育…観察状態に応じて自動でエサをやる

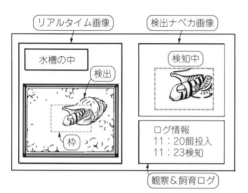

図4 ステップ1：観察…ナベカ検知画像やログ情報を記録する

● 自動飼育に近づく一歩！自動エサやり器

今回の実験ではラズパイからの指令によって水槽に自動でエサを投入できる「自動給餌器」を自作しました．図5は，自作した自動給餌器の構成です．

小型のプラスチック容器の中には1mm程度の粒状になったタイプのエサを入れます．プラスチック容器には，エサがギリギリ通過できる程度の大きさの複数の穴をあけておき，振ると穴からエサが出てくるようにします．ちょうどテーブル・コショウのようなイメージです．

プラスチック容器の外側には，小型の振動モータを両面テープで貼り付けておきます．実験では，入手性の良い携帯電話用のボタン型振動モータを使用しました．振動モータは円筒状のものが一般的ですが，プラスチック・ケースに貼り付けしやすいボタン型を選択

しました．ケースには，水槽の壁に固定するための目玉クリップを取り付けました．今回利用した携帯用薬ケースには，キーホルダなどをつけるためと思われる穴があったので，目玉クリップの穴と結束バンドで結びつけたうえで，両面テープで回転しないように固定しました（図6）．写真3は，実験で作った自動給餌器です．写真のようにケースの蓋をパカッとあけて全開にしてエサを補充します．水槽への取り付けは，給餌器に組み付けた目玉クリップを水槽のヘリに固定します．

● 自動エサやり器の動作メカニズム

振動モータを動かすとプラスチック容器が揺さぶられて穴からエサがこぼれ落ちてきます．実験では，1秒間振動モータを駆動すると約200mgのエサが出てきました．これはモータ・ドライバのPWMデューティ設定を100％駆動させたときの量です．PWMデューティを弱くするとエサの量をもっと少なくするなど調整も可能です．

● 自動エサやり器使用上のコツ

筆者の実験では，金魚やフグは振動が強くてもまったく動じませんが，ナベカやメジナは振動に敏感でした．特にメジナは自動給餌器の振動モータの音に驚い

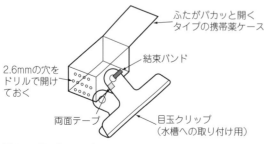

図6 エサ・ケースの加工

（a）揺らし用モータを付ける

（b）クリップで水槽に取り付ける

写真3 エサ・ケースには揺らし用モータを取り付けてクリップで水槽に取り付ける

第6章 ラズパイ人工知能による自動飼育への挑戦

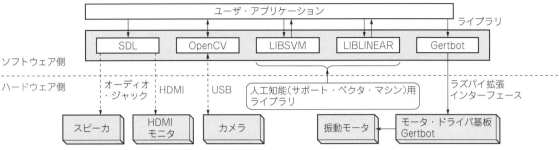

図7 ナベカ観察＆飼育専用コンピュータのソフトウェア構成

てパニックになり，水槽の中で暴れて水しぶきが上がることがありました．

デリケートなサカナの場合などは振動を弱くして稼働時間を長くするなど，生き物に応じて1回に与えるエサの量と共に，自動給餌器の発する音の大きさも考慮して調整する必要がありそうです．

1回に与えるエサの量にもよりますが，今回実験に用いた小型プラスチック・ケースは，一度エサを満タンにすると1週間程度もちそうなボリューム感のケースを使っています．もっと大きいサイズの場合は，より大型の振動モータを使うなどする必要はあるでしょうが，同じ原理でいけるかと思います．

ソフトウェア構成

ラズパイに組み込むソフトウェアの構成について説明していきます．図7は，ソフトウェアの構成です．

ラズパイのOS環境は，第5章までの実験と同様にRaspbian Jessie（2016-03-18版）を使っています．実験では，前章までに説明してきたLIBSVM，LIBLINEARに加えて，表2のライブラリ群を使用しました．

▶ソフトウェア1：高速画面表示用SDL

SDLは，HDMIモニタにフル画面表示したり，音

表2 ナベカ観察＆飼育用ラズベリー・パイ人工知能コンピュータで使用したライブラリ

ライブラリ名	パッケージ名	入手方法
OpenCV	libopencv-dev	apt-get install libopencv-dev
LIBSVM	libsvm-dev	apt-get install libsvm-dev
LIBLINEAR	liblinear-dev	apt-get install liblinear-dev
LIBSDL	libsdl1.2-dev	apt-get install libsdl1.2-dev
SDL-ttf	libsdl-ttf2.0-dev	apt-get installl libsdl-ttf2.0-dev
Gertbot	c-drivers	http://www.gertbot.com/download.html

を出したりする目的で使用しています．

▶ソフトウェア2：USBカメラからの画像取り込みに使ったOpenCV

OpenCVは，USBカメラから画像を取り込むために使用しています．

▶ソフトウェア3：人工知能アルゴリズムSVM用ライブラリLIBSVM/LIBLINEAR

LIBSVM/LIBLINEARは，認識処理に用います．

▶ソフトウェア4：自動エサやり用モータ・ドライバ

振動モータを駆動するためにGertbotのモータ・ドライバ基板を使っています．アプリケーションからはGertbotのウェブ・サイトに公開されているc-driverドライバ・ライブラリをダウンロードして使っています．

● ラズパイのモータ制御にピッタリ！ドライバ基板Gertbot用ソフトウェアのインストール

ライブラリは，表2に従ってほとんどはapt-getでインストールできます．

モータ・ドライバ基板のGertbotだけ表2に記載のURLからドライバ・ソフトウェアをダウンロードし，ソースコードを展開して利用する必要があります．ラズパイ上で次の手順で実行します．

```
mkdir gertbot-c-drivers
cd gertbot-c-drivers
wget http://www.gertbot.com/gbdown
       load/src/c_drivers_src.tgz
tar xvfz c_drivers_src.tgz
make
```

c_drivers_src.tgzを展開するときにカレント・

表3 モータ・ドライバ基板Gertbot制御用プログラム

ファイル名	機能
gb_drivers.c	モータ制御のAPIの実体
gb_drivers.h	ユーザ・プログラムでインクルードするファイル
gertbot_pi_uart.c	gb_drivers.cが呼び出す補助プログラム
gertbot_pi_uart.h	gb_drivers.cのプロトタイプ

第2部 軽くて高速なラズパイ人工知能を作る

表4 エサ・ケース揺らし用Gertbot制御API

API関数名	機能	API関数名	機能
open_connection	Gertbotと接続を開始する	set_output_pin_state	出力ピン状態を設定する
stop_all	すべてのモータを停止する	set_dac	DACの出力レベルを設定する
emergency_stop	緊急停止	read_adc	A-Dコンバータ値を読み出す
set_mode	モータ駆動チャネルの状態を設定する	read_inputs	I/Oピンの状態を読み出す
set_endstop	ジャンパJ3ピンをモータ停止信号として使用するかどうかを設定する	get_io_setup	I/Oピンの設定
		get_motor_status	モータの駆動状態を取得
set_short	指定したチャネルをショート・ブレーキ状態に設定する	send_dcc_mess	―
		dcc_config	―
move_brushed	DCモータの駆動状態を切り替える	set_motor_config	モータ駆動条件設定を行う
pwm_brushed	DCモータの駆動PWMデューティを設定する	get_motor_status	モータ・ステータス情報を読み出す．残り駆動ステップ数など
move_stepper	ステッピング・モータを指定ステップ数駆動する	get_motor_missed	ミス・ステップ数を読み出す
stop_stepper	ステッピング・モータを停止する	quad_on	エンコーダ機能のON/OFFを切り替える
freq_stepper	ステッピング・モータの駆動周期を設定する	quad_read	エンコーダの値を読み出す
		quad_goto	指定したエンコーダ・ポジションにモータを制御する
set_brush_ramps	DCモータ駆動時の加速条件を設定する	quad_limit	エンコーダのリミット値設定
read_error_status	エラー・ステータス番号を読み出す	get_version	基板ファームのメジャー・バージョンとマイナ・バージョン番号を取得する
error_string	ボードのエラー状態を表すエラー・メッセージを取り出す	set_endstop2	エンド・ストップ・ピンJ3の信号を扱う際にグリッジを考慮するかどうかを設定．おそらくチャタリング・キャンセラと考えられる
set_pin_mode	選択したI/Oピンのモードを設定する		
set_allpins_mode	すべてのI/Oピンのモードを一括で設定する		
activate_opendrain	I/Oピンのオープン・ドレイン出力のON/OFF切り替え	set_shorthot	指定モータ・チャネルのショート・ホット・モード設定変更

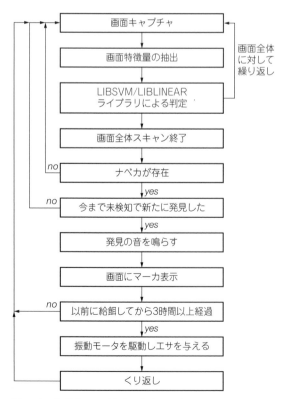

図8 人工知能「ナベカ」観察＆飼育コンピュータの処理フロー

フォルダにファイルが展開されるので注意が必要です．

ビルドするとgtestというサンプル・コマンドができます．自作ソフトウェアでモータを回す場合には，表3のリストにあるファイルを自作プログラムのフォルダにコピーしておきます．

表4は，GertbotのAPI関数リストです．四つあるDCモータを制御するチャネルを独立に使用して，四つのDCモータを駆動したり，組み合せて二つのステッピング・モータを駆動したりできます．また，エンコーダを接続してポジション制御や速度制御を行うことができます．ラズパイでモータを制御する際に便利なボードではないかと思います．

● 全体的な処理の流れ

ラズパイにカメラの画像をキャプチャしながらナベカをリアルタイムに認識させ，ナベカの行動をモニタしながらエサを与えたりするソフトウェア処理の流れについて説明します．図8は，大まかな処理のフローです．

まず，OpenCVのビデオ・キャプチャ機能を使ってUSBカメラの画像をキャプチャします．そこから画像特徴量を抽出し，あらかじめ作成してある学習データを用いてLIBSVM/LIBLINEARに与えてスライド・ウィンドウ法によって画面全体をスキャンしてナベカを検出します．

第6章 ラズパイ人工知能による自動飼育への挑戦

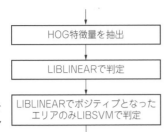

図9 二つの方式を組み合わせて高精度かつ高速リアルタイムを実現する

リスト1 リアルタイム「ナベカ」認識プログラム

```
for(y = offset_y ; y < im_src.rows - 32 - 1 ;
                                      y += stride)
{
   for(x = offset_x ; x < im_src.cols - 32 - 1 ;
                                      x += stride)
   {
      ihog.calc(cv::Point(x, y));
      for(i = 0 ; i < 16 * 9 ; i++)
      {
         features[i].value = 2 * (ihog(i) - t_min_
   val[i]) / (t_max_val[i] - t_min_val[i]) - 1;
      }
      //まず前段階で処理速度の早いliblinearでpredict
      if(static_cast<int>(predict(model_linear,
                    (feature_node*)features)) == 1)
      {
         // libsvmにpredictしてもらう
         if(static_cast<int>(svm_predict(model_svm,
                                    features)) == 1)
         {
            cv::rectangle(im_dst, cv::Point(x, y),
   cv::Point(x + 32, y + 32), cv::Scalar(0,0,255), 2);
            positive++;
         }
      }
      counter++;
   }
}
```

(a) ステップ1：LIBSVMより300倍高速な（だけど誤検出もちょいちょいある）LIBLINEARで目星をつける

(b) ステップ2：目星をつけたエリアに対して高精度なLIBSVMを使う

図10 高精度＆高速にターゲット魚「ナベカ」を認識するアイデア

ナベカが検出され，前のフレームでは見つからずに新たに発見された場合は，音を鳴らし周囲に知らせます．またモニタ表示を更新してナベカの様子を拡大表示します．

ナベカが検知された場合に，前回エサを与えてから3時間以上経過したときに，振動モータを1秒間駆動し，エサを与えます．

この他に，特定の表題のメールを受信したときに自動給餌装置を駆動するようにしたり，ナベカが目撃された最新の画像をメールで送信したりするなど，家を長期間空けるときの安心につながる機能を持たせることも，簡単な応用で実現できそうです．

● リアルタイム処理の実現

ラズパイでカメラ・キャプチャしながらリアルタイムに結果を出力させるためには，検出処理を高速に実行しなければなりません．第4章で説明したとおり，スライド・ウィンドウ法で検出ウィンドウを移動させながら繰り返し判定処理を行わなければならないからです．

第5章で説明したように，LIBSVMは検出率については高いのですが，その代わり実行速度が遅いです．一方でLIBLINEARに関しては，検出率がLIBSVMより劣りますが，実行速度がLIBSVMよりも300倍程度速いです．それぞれの持ち味を生かして，2ステップ処理でナベカを検出します．

つまり図9に示すように，ステップ1において先に処理速度の速いLIBLINEARによって候補を絞り込みます．次にステップ2においてLIBLINEARでポジティブとなったエリアにのみ，LIBSVMにて最終判定を行わせるのです．

実験！高精度＆高速リアルタイム画像認識による自動エサやり

● 高精度＆高速リアルタイム画像認識

図10(a)は，ステップ1のLIBLINERによって検出された候補です．誤検知を多数含んでいますが，正しくナベカ君も検出されている候補を含んでいます．

図10(b)は，ステップ2において図10(a)の枠エリアにのみLIBSVMで判定処理を行って，最終的にポジティブとなったエリアです．正解だけが正しく検出できています．

リスト1は，実際の認識プログラムです．実装もシンプルです．先にLIBLINEARのpredict判定処理

第2部 軽くて高速なラズパイ人工知能を作る

表5 実験成功！ラズパイ2・3ならリアルタイムに「ナベカ」画像を認識できた
注：OCはオーバクロック設定

ラズパイ種別	CPUコア	クロック周波数注[MHz]	フレームレート [fps]	
			LIBSVMのみ	LIBSVM+LIBLINEARフュージョン
Rpi1 TypeA	ARM11	700	0.005	1.094
		900(OC)	0.006	1.223
Rpi2 TypeB	Cortex-A7	900	0.023	4.951
		1000(OC)	0.026	5.584
Rpi3 TypeB	Cortex-A53	1200	0.044	8.196

リスト2 モータ・ドライバ制御モジュールの初期化処理

```
int com_port = 0, a, tst_board = 0, major, minor;
int channel =0;
if (!open_connection(com_port))
{
    printf("gertbot基板と接続しているシリアルポートのオープンに
                                    失敗しました¥n");
    return 2;
}
a=get_version(tst_board);
if (a==0)
{
    fprintf(stderr,"¥n***¥n***
        gertbotのバージョン番号がおかしいです¥n***¥n");
}
```

リスト3 PWMデューティの設定を変えて振動モータを動かして魚にエサを与えるプログラム

```
int test_board = 0;//Gertbot基板が1枚しかない場合は0で
int channel = 0;
                //給餌器のモータを接続したGertbotのチャネル番号
int frequency = 5000;//PWMサイクル
float dc = 100;//PWMデューティ[%]
float feed_time = 1;//給餌器を振動させる秒数
set_mode(tst_board, channel, GB_MODE_BRUSH);
                //チャネル0をDCモータ指定
pwm_brushed(tst_board,channel, frequency,dc);
                //PWM駆動周期設定
move_brushed(tst_board,channel,GB_MOVE_A);
                //振動モータ回転開始
sleep(1);
move_brushed(tst_board,channel,GB_MOVE_STOP);
                //振動モータ回転停止
```

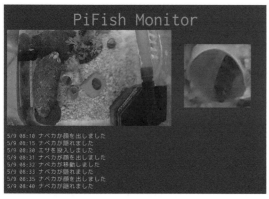

図11 お魚観察アプリ PiFish Monitor

を呼び出して，ポジティブとなったエリアにのみ，続いてLIBSVMのpredict処理を呼び出しています．

表5は，1280×720のカメラ画像をラズパイ1，2，3で処理させたときのフレーム・レートです．ラズパイ1では，リアルタイムというには少々苦しいフレーム・レートですが，ラズパイ2，3なら，なんとかリアルタイム処理できているといえると思います．

もっと画像の小さいVGAなどのカメラを用いれば，さらに高速に処理できるので処理フレーム・レートの向上が見込めます．

● 実験用アプリ＆起動方法

図11は，実験用に開発したラズパイ用アプリケーション「PiFish」の動作画面です．画面の左上にはカメラ画像が，右上には最近検出されたナベカの顔が表示されています．画面下は，検出の履歴をあらわすログ情報表示エリアです．

アプリケーションのパフォーマンスを引き出すため，X Windowアプリケーションではなく，フレーム・バッファ・メモリに直接描画するコンソール・アプリケーションとして動作します（Appendix2参照）．

raspi-configコマンドの「Boot Option」設定で「Console Autologin」設定にして/home/pi/bashrcスクリプト

の末尾にpifishを追加し，電源投入後に自動起動するようにしています．

● 自動給餌器の駆動処理

振動モータを駆動して自動給餌器からエサを振り落とすためのソフトウェア処理に関しては，Gertbotのドライバ・モジュールを呼び出します．

まずアプリケーションの起動時に初期化処理を行います．リスト2は，初期化処理の部分です．

エサを与えるときには，モータを接続したチャネルに対して，

(1) PWMデューティなどのパラメータを設定
(2) move_brushed関数で回転状態を設定
(3) 所望の回転時間が経過した後に同じくmove_brushed関数にて停止を設定

するだけです．実際のプログラムはリスト3のようになります．

ナベカの検出をテーマに，独自の画像認識をラズパイで行わせるための学習データの作り方からリアルタイム処理させるための工夫まで，ひと通り説明してきました．ぜひ自分だけのオリジナルの生き物を検出できる画像認識プログラムを足がかりに，未来の自動飼育マシンを実現するためのDIYにチャレンジしてみてはいかがでしょうか．

かまた・ともや

第2部

Appendix 1 人工知能だけに飼育を任せるのは一抹の不安がある
リモート・マニュアルえさやり機能の追加

鎌田 智也

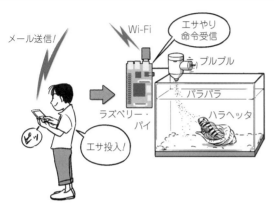

図1 サカナ飼育人工知能コンピュータだけじゃ心配なので人間が外出先からエサON

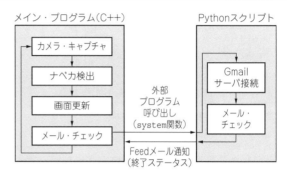

図2 メール受信チェックのしくみ

ラズパイにつないだ自動給餌器を，メールで遠隔操作できるようにしてみます．

プログラム自身が判断したタイミングで餌をあげるだけでなく，リモート起動できるようにすることによって，さらに実用性が高まると思います．急な外出などで水槽の魚たちに餌を与えることができないときにも活躍してくれます．

● 動作の流れ

ナベカを検知するメイン・プログラムにメール受信機能を組み込み，あらかじめ設定しておいた特定のアドレスから「feed」という表題のメールが届いたときに，自動給餌器を動作させるようにします（図1）．

ラズパイには，USBタイプの無線LANアダプタが取り付けられておりインターネットに接続しています．新たに追加するメール受信機能は，GmailにIMAPモードで接続し，メールの表題に「feed」という文字が含まれる新着メールが来るのを待ちます．

以下のような動作をするようにしました．

(1) ユーザがスマホなどから「feed」というメールをラズパイ向けに送信すると，ラズパイがそれを受信し，自動給餌器を起動します．

(2)「feed」に続く数字で自動給餌器の振動モータの駆動時間を3段階で指定できるようします．「feed 1」，「feed 2」，「feed 3」といった具合です．

(3) 本文は書かずに空メールで動作するものとします．

(4) 単純な文字列なのでスパム・メールなどに反応して意図しないタイミングで餌が投入されないように，特定の送信元にのみ反応するようにしておきます．

● プログラムの構成

ナベカを検知するメイン・プログラムはC++で実装しています．メールの受信機能をC++のソースコードで実装するのは，やらなければならないことがたくさんあって骨が折れる作業です．そこでメールの受信をPythonスクリプトで実装し，メインのC++コードから呼び出す方法を採ることにします（図2）．

Pythonスクリプトをわざわざ呼び出す方法を採る理由は，Pythonにはメールの送受信に便利なモジュールが用意されており，少ないコーディング量でメール送受信機能を自作プログラムに組み込むことができるからです．

メインのC++側でPythonスクリプトを呼び出すにはsystem関数を使いますが，その前にワーカ・スレッドを作成しておきます．ワーカ・スレッド内でsystem関数を呼び出してPythonスクリプトを起動します．

ワーカ・スレッドを起動する理由は，system関数がPythonスクリプトの実行完了まで実行をブロックしてしまうからです．メイン・スレッド内で呼び出すとメールの問い合わせ処理の間，画面の更新やナベカの検出が停止してしまうことになります．そこでメイン・スレッドと並列で動作するワーカ・スレッド内でPythonスクリプトを呼び出すことで，ナベカの検

第2部 軽くて高速なラズパイ人工知能を作る

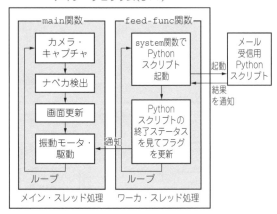

図3 メイン・プログラムのスレッド構成

リスト1 Gmailのアカウントからメールを受信するPythonスクリプト
メイン・プログラムから呼び出すpyfish-mail.py

```python
import imaplib, email, sys
from email.header import decode_header

def check_request_feed():
    gmail = imaplib.IMAP4_SSL("imap.gmail.com")
    gmail.login("gmail_account","password")
    gmail.list()
    gmail.select('INBOX') #受信ボックスを指定する
    # 指定の送信元から来た，タイトルに「feed」を含むメールを取得
    typ, data = gmail.search(None, '(UNSEEN FROM
              "sample@cqpub.jp" SUBJECT "feed")')
    #確認
    ids = data[0].split()
    msg_subject = ""
    for id in ids[::-1]:#メールを読み出して既読にする
        typ, data = gmail.fetch(id, '(RFC822)')
        raw_email = data[0][1]
        msg = email.message_from_string(raw_email)
        header = decode_header(msg.get('Subject'))
        msg_subject = header[0][0]
        msg_encoding = header[0][1] or 'iso-2022-jp'
        break
    gmail.close()
    gmail.logout()
    return (len(ids) > 0, msg_subject)

if __name__=='__main__':
    req_feed, subject = check_request_feed()
    if req_feed:
        val = int(subject[subject.find('feed')+4:])
        if val <= 0: val = 1
        sys.exit(val)
    sys.exit(0)
```

出や画面更新処理が中断しないようにしています（図3）．

● メールの受信処理

リスト1は，メイン・プログラムから呼び出す，Gmailのアカウントからメールを受信するPythonスクリプトpyfish-mail.pyです．check_request_feed関数内にあるlogin関数の引き数にある「gmail_account」と「passwd」を，自分用の設定に書き換えて使用します．

最近は2段階認証などを使っている場合などもあるかと思いますが，そのような場合は，Googleアカウント情報の「ログインとセキュリティー」設定の中にある「アプリパスワード」を利用しアプリ専用のパスワードを取得しておいて，ここに設定するとよいでしょう．

また給餌命令を送るメール・アドレスの指定は，check_request_feed()関数内にあるgmail.search関数の引き数内のメール・アドレス文字列「sample@cqpub.jp」を書き換えます．スマホなどで利用しているアドレスなどを設定しておきます．

pyfish-mail.pyは，メールをチェックして，メールの表題に「feed」文字列が含まれた新着メールをチェックします．

もしメールがない場合は，終了ステータスを「0」に設定して終了します．

もし「feed」文字列を表題に含む新着メールが存在した場合は，「feed」文字列の後に続く数字を終了ステータスに設定します．何も数字がない場合は，「1」が終了ステータスになります．つまり餌の量を指定する情報を終了ステータスとしてメイン・プログラムに伝達します．

● メイン・プログラム側の処理

メインのC++ソースコードでは，メール受信プログラムを呼び出すためのスレッドを起動します（リスト2）．pthreadライブラリのpthread_create関数でワーカ・スレッドを起動しています．引き数に渡しているfeed_funcがスレッドの本体になります（リスト3）．

feed_funcは，system関数でpyfish-email.pyを起動し終了を待ちます．そしてsystem関数の戻り値から終了ステータスを取得し，1以上の値が設定されていたら，「feed」表題の新着メールがあったと判断し，振動モータを起動するためのフラグ「req_feed」を設定します．

これと同時に実行されるメイン・スレッド内では画面更新などを行いながら，req_feedをチェックし，3段階の駆動要求が設定されていたときは，自動給餌制御クラス「Cfeeder」のメソッド関数「feed」を呼び出して，自動給餌器から餌を投入します（リスト4）．

リスト2 メール受信監視スレッドを起動

```
//メール受信スレッドを起動
pthread_t pt_feed;
pthread_create( &pt_feed, NULL, &feed_func, NULL );
```

Appendix 1　リモート・マニュアルえさやり機能の追加

コラム　定番画像処理ライブラリOpenCVで日本語描画

鎌田 智也

　定番画像処理ライブラリOpenCVの画像データ型には，IplImageやcv::Matがあります．この画像データ型に文字を描画したいときには，cvPutTextやcv::putTextを使えば，数字やアルファベットなら描画できますが，日本語は対応していません．選択可能なフォントの種別が限られており，TrueTypeフォントにも対応していません．デバッグで文字を表示するだけなら問題ないのですが，画面デザインにこだわったソフトウェアを作りたいときに困りものです．

　そんなときもSDLライブラリを使えば，IplImageやcv::Mat上に好きなTrueTypeフォントで文字を描画できます．もちろん日本語もOKです．やり方を**リストA**に示します．

　SDLとOpenCVとの間で画像データを行き来できるため，日本語文字列を描画するだけにとどまらず，3次元描画など他のSDLの描画機能とOpenCVの良い所どりをしてデザインに凝った画面表示のアプリを作ることができます．

リストA　OpenCVを使って日本語を描画する

```c
//必要なインクルード・ファイル
#include <SDL2/SDL.h>
#include <SDL2/SDL_ttf.h>
#include <opencv/cv.h>

//初期化
SDL_Init(SDL_INIT_VIDEO);
TTF_Init();
TTF_Font* fnt = TTF_OpenFont("gothic.ttf", 24);
                        //描画に使うTrueTypeフォント指定

//文字を描画したいIplImageを用意
IplImage * img = cvCreateImage(cvSize(640, 480),
                               IPL_DEPTH_8U, 3);
SDL_Surface* sr_img = SDL_CreateRGBSurfaceFrom(
        img->imageData, img->width, img->height, 24,
        img->widthStep, 0x00ff0000, 0x0000ff00,
                                    0x000000ff, 0);
//文字列をSDL_Surfaceに描画
SDL_Color color = { 255, 255, 0 };
SDL_Surface * sr_text = TTF_RenderUTF8_Blended(fnt,
                              "こんにちは", color);
SDL_Rect rect;
rect.x = rect.y = 0;
rect.w = sr_text->w; rect.h = sr_text->h;
                         //文字列の画像サイズが得られる
//IplImageとバインドしているsr_imgに文字画像を転送
SDL_BlitSurface(sr_text, NULL, sr_img, &rect);
SDL_FreeSurface(sr_text);//後始末
SDL_FreeSurface(sr_img);//後始末
// imgに黄色で「こんにちは」が描画されています
```

リスト3　メール受信監視スレッド本体

```c
void * feed_func( void * arg )
{
   int ret_status, status;
   for( ; req_fin == false ; )
   {
      //メール受信Pythonスクリプトを呼び出す
      ret_status = system("./pifish-email.py;");
      if(WIFEXITED(ret_status))
      {
         status = WEXITSTATUS(ret_status);
         if(status > 0)
            req_feed = status;
         else
            usleep(10000000);
      }
   }
   return 0;
}
```

リスト4　メイン・スレッドの振動モータ制御部分

```c
switch(req_feed)//給餌要求フラグのチェック
{
    case 1: feeder.feed(20, 500); break;  //レベル1
    case 2: feeder.feed(20, 750); break;  //レベル2
    case 3: feeder.feed(20, 1000); break; //レベル3
    default: break;
}
```

リスト5　スレッドの終了処理

```c
req_fin = true;
pthread_cancel(pt_feed);
pthread_join(pt_feed, NULL);
```

　アプリケーションを終了するときは，メール受信スレッドに終了要求を設定し，スレッドの終了を待ってアプリを終了します（**リスト5**）．

かまた・ともや

第2部

Appendix 2　画像に人工知能…処理性能が高くて困ることなし

ラズパイ性能をMax引き出す…高速表示ライブラリ＆禁断クロックUP

鎌田 智也

性能をMax引き出す方法1：フレーム・バッファを直接たたく高速SDL表示ライブラリ

● ラズパイにリアルタイム画面表示は荷が重い

　ラズパイに接続した外部モニタ上に，フル画面でリアルタイム動画を表示したい場合，一番簡単なのはX Window上で動作するウィンドウ・アプリケーションを開発する方法です．ただし，現行のラズパイの能力では，X Windowそのものの処理のウェイトが大きくて，自作アプリケーションの性能が良くありません．

　X Windowsを起動せずにコンソール・アプリケーションからフレーム・バッファ・メモリに直接アクセスする方法を使えば，X Windowのオーバヘッドなく，自作アプリケーションにラズパイの能力を集中させられます．

　本稿では，ゲームなどのマルチメディアのアプリケーションを開発する際に便利なSDL（Simple Direct Media Layer）(2)を使って，コンソール・アプリケーションからX Windowを介さずにモニタへフル画面表示させています．

● ラズパイ用最新Linux Raspbian Jessieだと高機能SDL 2.0ライブラリが使える！

　従来のラズベリー・パイ用LinuxであるRaspbian Wheezyまでは，標準パッケージではSDLの1.2系しかサポートされていませんでした．最近リリースされたRaspbian Jessieでは，SDLの1.2系に加えてSDLの新バージョンである2.0系の両方がサポートされるようになりました．

　SDL 2.0系では，Android/iOSに対応したり，複数ウィンドウに対応したりなど，魅力的なアップグレード内容となっています．

■ ラズパイで最新SDL 2.0ライブラリを使う方法

　コンソール・フレーム・バッファ目当てでラズベリー・パイにSDL 2.0を導入する場合には，いくつか注意しなければならないことがあります．

● Raspbian標準パッケージのSDL 2.0は問題アリ

　Raspbian JessieでSDL 2.0を使う場合，一般には次のようなコマンドを打つことでインストールできます．
`apt-get install libsdl2-dev`
　しかし，この方法でインストールしたSDL 2.0を使って自作アプリケーションを開発した場合，X Window上では正しく動きますが，X Windowを起動せずにコンソールから起動すると，SDL_Initを呼び出した段階で「ERROR: Couldn't initialize SDL: No available video device」となって停止してしまい，動作してくれません（2016年4月時点）．

　そこで対策として，SDL 2.0の最新ソースコードをダウンロードして自前でコンパイルして使います．コンパイルの際には，ラズパイ1/2/3それぞれの最適化オプションを指定するとベスト・パフォーマンスが引き出せます．

● インストール方法

　まずラズパイの実機上でソースコードをサイトからダウンロードして展開します．

```
wget https://www.libsdl.org/release/SDL2-2.0.4.tar.gz
tar xvfz SDL2-2.0.4.tar.gz
cd SDL2-2.0.4
```

　次に，使用するラズベリー・パイのバージョンに合わせて最適化オプションを指定してコンフィグレーションします．

①ラズパイ1の場合
```
CFLAGS="-Ofast -march=armv6zk -mcpu=arm1176jzf-s -mfloat-abi=hard -mfpu=vfp" ./configure --disable-pulseaudio --disable-esd --disable-video-mir --disable-video-wayland --disable-video-x11 --disable-video-opengl
```
②ラズパイ2の場合
```
CFLAGS="-Ofast -march=armv7-a
```

Appendix 2　ラズパイ性能をMax引き出す…高速表示ライブラリ＆禁断クロックUP

```
-mtune=cortex-a8  -mfpu=neon
-mfloat-abi=hard"  ./configure
--disable-pulseaudio --disable-esd
--disable-video-mir --disable-
video-wayland --disable-video-x11
--disable-video-opengl
```
③ラズパイ3の場合
```
CFLAGS="-Ofast -march=armv8-a+crc
-mtune=cortex-a53 -mfpu=crypto-
neon-fp-armv8 -mfloat-abi=hard
-ftree-vectorize -funsafe-math-
optimizations" ./configure
--disable-pulseaudio --disable-esd
--disable-video-mir --disable-
video-wayland --disable-video-x11
--disable-video-opengl
```

　コンフィグレーションが終わったら，ビルドしてインストールします．この場合，/usr/local/配下にインストールされます．次のようにコマンドを実行していきます．
```
make
sudo make install
```
　これでコンソール・アプリケーションからフレーム・バッファ・メモリを通じて画像表示が行えるSDL 2.0のインストールが完了です．

● 自作アプリケーションのビルド方法
　自作アプリケーションをビルドする場合には，次のようにします．
```
g++ -O2 -o test test.cpp `/usr/
local/bin/sdl2-config --cflags
--libs`
```
　標準パッケージ版のSDL 2.0がインストールされている場合は，/usr/配下にあるので，上記の「/usr/local/bin」の有無によって，どちらのSDL 2.0を用いるのかを切り替えることができます．

◆参考文献◆
(1) Raspberry Pi - Building SDL 2 on Raspbian.
https://solarianprogrammer.com/2015/01/22/raspberry-pi-raspbian-getting-started-sdl-2/
(2) 鎌田 智也：第1部 相性抜群! ラズベリー・パイ×手のひらプロジェクタ初体験，特集 ぴったり! ラズベリー・パイ×モバイル時代プロジェクタ，Interface，2015年5月号，CQ出版社．

性能をMax引き出す方法2：禁断の裏ワザ…オーバクロック設定

　値段も手ごろなラズパイはいろいろできて便利ですが，処理性能には不満をもっている人も多いはずです．手軽に処理速度をアップさせる手段として，オーバクロックの設定があります．まだ1回も試したことがなかったら，設定してみる価値があります．
　ただし，オーバクロックを設定すると動作が不安定になったり，発熱の増加によって寿命が短くなったりするなどの影響があるともいわれているので自己責任で行わなければなりません．

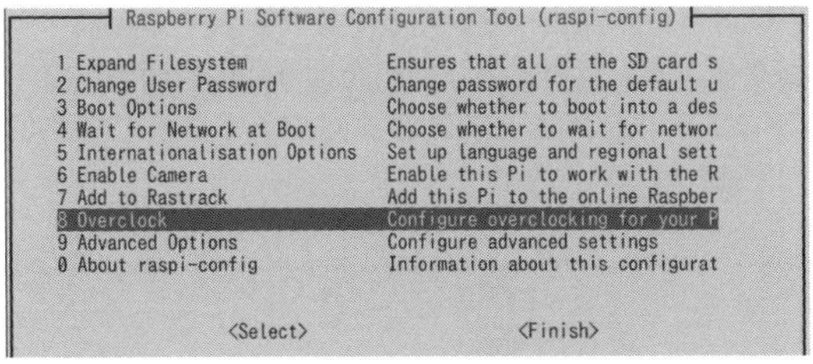

■ オーバクロックの使い方

● 今のところ使えるのはラズパイ1と2
　ラズパイ1と2でオーバクロックを設定することができますが，ラズパイ3は，残念ながら設定できません（執筆2016年4月時点）．

● 設定の手順
　オーバクロックを設定するときには，次の手順を実行します．
　①「sudo raspi-config」を実行します．
　②メニューが表示されますので「8 Overclock」を選択します（図1）．

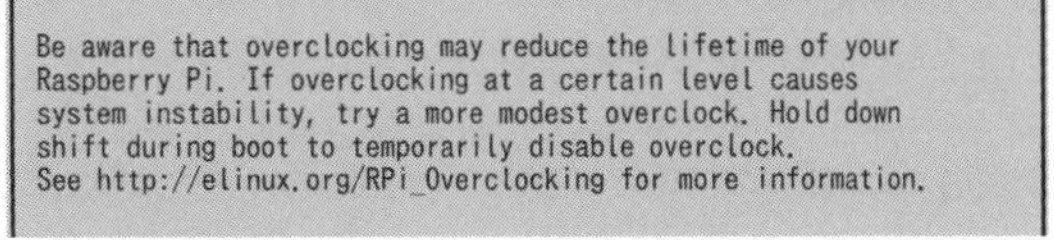

図1　設定手順1：raspi-configでOverclockを選ぶ

図2　設定手順2：発熱によって寿命が短くなるかもしれないことを承諾すれば進める

第2部　軽くて高速なラズパイ人工知能を作る

```
Chose overclock preset
None     700MHz ARM, 250MHz core, 400MHz SDRAM, 0 overvolt
Modest   800MHz ARM, 250MHz core, 400MHz SDRAM, 0 overvolt
Medium   900MHz ARM, 250MHz core, 450MHz SDRAM, 2 overvolt
High     950MHz ARM, 250MHz core, 450MHz SDRAM, 6 overvolt
Turbo   1000MHz ARM, 500MHz core, 600MHz SDRAM, 6 overvolt
Pi2     1000MHz ARM, 500MHz core, 500MHz SDRAM, 2 overvolt
```
（ラズベリー・パイ2だと選べる）

図3　設定手順3：周波数を選ぶ

表1　Raspbianから設定できるオーバクロック周波数

ラズベリー・パイのバージョン	元のクロック周波数[MHz]	モード名	オーバクロック周波数[MHz]	UP率
1	700	Modest	800	1.14
		Medium	900	1.29
		High	950	1.36
		Turbo	1000	1.43
2	900	Pi2	1000	1.11
3	1200	設定不可		

```
Would you like to reboot now?
```

図4　設定手順4：再起動する

③警告画面が表示されます（図2）．寿命が短くなるかもしれないのを承諾するなら［了解］を押します．
④オーバクロック周波数を選択します（図3）．ラズパイ1の場合は，「Modest」が無難な選択です．ラズパイ2の場合は，Pi2を選択します．
⑤選択したクロックの確認画面となるのでよければ［了解］を選択します．
⑥元のメニューに戻りますので（図1），［Finish］を選択します．
⑦再起動の確認画面が表示されるので［了解］を選択します（図4）．

これで，再起動後にうまく起動すれば，元のクロック周波数よりも高速に処理できるようになります．例えば，ラズパイ1なら，元のクロック数が700MHzなので800Hzの「Modest」なら約1.1倍，900MHzの「Medium」なら約1.3倍，1000MHzの「Turbo」なら約1.4倍で処理できるようになるはずです（表1）．

● マズイ…動かないときの対処法

オーバクロック設定をして再起動しても正常に起動しなかった場合は，設定した周波数をあきらめて一つグレードの低い周波数を選択するか，元のクロックに戻して再起動します．

ラズベリー・パイにキーボードを接続して，シフト・キーを押しっぱなしにして電源を投入し，起動すると，デフォルトの周波数で起動します．

うまく起動できなかったときは，SDカードをパソコンに接続して，DOSパーティションに入っている，CONFIG.TXTをメモ帳などのテキスト・エディタで開き，arm_freqと書いてある行を探しコメントアウトします．

SDカードをラズパイに戻して再起動すれば，無事に元の周波数設定で正常に起動します．

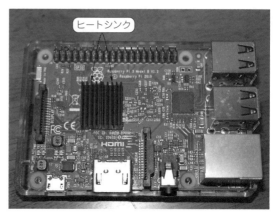

写真1　少しでも寿命を延ばしたいならCPUにヒートシンクを付けておく
アマゾンなどで1000円程度で買える

● 少しでも寿命を延ばすコツ…ヒートシンク

設定一つで処理性能を上げられるオーバクロックは，とても魅力的ですが，発熱が増加して動作が不安定になったり，寿命が縮んだりする可能性があることが不安要素としてあります．安定性が重要視されるような使い方ならオーバクロック設定はしない方がよさそうです．

また，ヒートシンクをチップに取り付けることで，オーバクロックによる熱のダメージを減らすことが期待できます．アマゾンなどでラズパイ用ヒートシンクなどと検索すると，すぐ見つけられると思います．1000円程度から入手できそうです．筆者は手元にあったモータ・ドライバIC用のヒートシンクを2個貼り付けて使っています（写真1）．

貼り付ける際にはヒートシンクに付属する両面テープを使うか，付いていない場合は薄めの両面テープでCPUに貼り付けると，熱が逃げやすくなって効果的だと思います．

かまた・ともや

第3部
人工知能を作るためのソフトウェア

※各情報は執筆時点のものです．実際に使用するときの最新情報等はウェブ・サイト等をご確認ください

第3部 人工知能を作るためのソフトウェア

第1章
人工知能ソフト事典

佐藤 聖

グーグルのNo.1…人工知能ライブラリTensorFlow

GitHubで最も大きなコミュニティを持つ人工知能ライブラリで，データ・フロー・グラフを使用した数値計算を行います（**図1**）．グラフのノードは数学的演算を表し，グラフのエッジはそれらの間で伝達される多次元データ配列（テンソル）で表します．デスクトップ，サーバ，モバイル・デバイスの1つ以上のCPUまたはGPUに計算を展開することができます．

- https://www.tensorflow.org/

図1 グーグルの人工知能ライブラリTensorFlow

コミュニティNo.2…Pythonの人工知能ライブラリscikit-learn

機械学習ライブラリです．PythonライブラリのNumPy，SciPy，matplotlibで構築されたツール群です．GitHubで機械学習ライブラリの中で2番目に大きなコミュニティを有しています（**図2**）．

- http://scikit-learn.org/stable/

図2 コミュニティNo.2! Pythonの人工知能ライブラリscikit-learn

以前から代表的Caffe

画像アプリにおける機械学習のためのディープ・ラーニング・フレームワーク&ライブラリです（**図3**）．表現，速度，モジュール性を念頭に置いて作成されました．GPUアクセラレータにも対応しています．

- http://caffe.berkeleyvision.org/

図3 以前から代表的Caffe

次世代ディープ・ラーニング向けソフトウェアChainer

ディープ・ラーニングのための次世代オープンソース・フレームワークです（**図4**）．GPUアクセラレータによるCUDA計算をサポートし，複数のGPUでも動作します．フィードフォワード・ネット，コンバ・ネット，リカレント・ネット，再帰ネットなど，さまざまなアーキテクチャにも対応しています．前方計算にはPythonの制御フロー文を含めることができるので，直感的にコードをデバッグできます．

- http://chainer.org/

図4 次世代ディープ・ラーニング向けソフトウェアChainer

URLや画面，バージョン等は執筆時点のものなので，実際に使うときは必ず確認してください

ニューラル・ネットワーク・ライブラリ Deep Learning Library

標準的なニューラル・ネットワークをサポートしているライブラリです（図5）．制限ボルツマン・マシン（RBM）とディープ・ビリーフ・ネットワーク（DBN）およびそれらの畳み込みを実装できます．

- https://github.com/wichtounet/dll

図5　Deep Learning Library のダウンロード・ページ

Java用ディープ・ラーニング・ライブラリ Deeplearning4j

JavaとScalaのために書かれた，ディープ・ラーニング・ライブラリです（図6）．TensorFlow，Caffe，Torch，Theanoなどを介して，ほとんどの主要なフレームワークからニューラル・ネットワーク・モデルをインポートできます．商用グレード，オープンソース，分散型のライブラリです．

- http://deeplearning4j.org/

図6　Java用ディープ・ラーニング・ライブラリ Deeplearning4j

C++機械学習ライブラリ Shark

オープンソースのC++機械学習ライブラリです（図7）．線形/非線形最適化，カーネル・ベース学習アルゴリズム，ニューラル・ネットワーク，その他のさまざまな機械学習手法が含まれます．Windows，Solaris，Mac OS X，Linuxで使えます．

- http://image.diku.dk/shark/

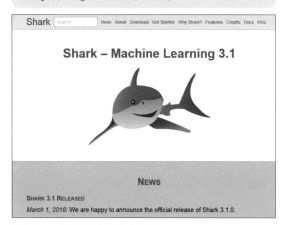

図7　C++機械学習ライブラリ Shark

大量データが高速！配列処理向き Pythonライブラリ Theano

数学的表現，特に多次元配列を持つ数式を定義，最適化，評価するためのPythonライブラリです（図8）．大量のデータを扱う場合，C実装並みの処理速度を出すことも可能です．

- http://deeplearning.net/software/theano/

図8　大量データが高速！配列処理向き Pythonライブラリ Theano

第3部 人工知能を作るためのソフトウェア

生物学に基づく知能ライブラリ NuPIC

　脳の研究に基づき絶えず更新される，JavaやPythonで利用可能なライブラリです（図9）．生物学に基づく機械知能のための技術です．

- http://numenta.org/

図9　生物学に基づく知能ライブラリNuPicを提供しているNumenta.orgのウェブ・サイト

ベイズ推定用Pythonライブラリ BayesPy

　ベイズ推定のためのPythonライブラリです（図10）．ベイジアン・ネットワークとしてモデルを構築し，データを観察し，事後推論を実行します．共役指数ファミリのための変分ベイズ推論のみが実装されています．

- https://github.com/bayespy/bayespy

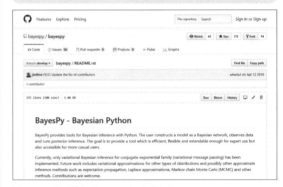

図10　ベイズ推定用PythonライブラリBayesPy

第3部
第2章 定番も最新も対応
Pythonで使える人工知能ライブラリ

佐藤 聖

● ゼロから作ると時間が膨大…人工知能ではライブラリを使う

　Pythonで利用可能な人工知能ライブラリを紹介します．一般的に人工知能APIや人工知能クラウド・コンピューティングなどを利用することが多いのではないでしょうか．独自の人工知能アルゴリズムを使用したい場合や人工知能サービスの動作の仕組みを明らかにして使用したい場合もあると思います．通常，ゼロから人工知能システムを開発すると，プログラムのコーディングや実行テストなどを繰り返すため，開発が長期化しがちです．Pythonの人工知能ライブラリを活用すると，開発期間の短縮やコーディングの省力化ができます．

● 人工知能の研究開発にはコーディングしやすいPythonが多用される

　人工知能は，統計学を中心にさまざまな分野を組み合わせて実現します．基本的にどのようなコンピュータ言語でも開発できますが，人工知能の研究や仮説検証ではPythonが多用されています．C++などの静的型向け言語と比べて，Pythonは処理速度が遅いというデメリットがありますが，データの型をそれほど意識せずにコーディングできるため，開発者への負荷が少ないというメリットがあります．人工知能を開発する際に，多種多様なデータや数式を利用するため，システム規模が大きくなるほど開発期間やプログラムの品質管理に大きな差が出ます．

● 世界の企業/研究機関の英知＝人工知能ライブラリからはじめるべし

　世界中の多くの開発者がPythonライブラリを開発しています．紹介するライブラリの中にもGoogleやマイクロソフトなどの企業，研究機関で開発されたライブラリがあります．高品質のライブラリは，業務やサービス開発にそのまま応用できます．人工知能システムを初めて開発するときなど，何から手をつけてよいか迷いますが，メジャーな人工知能ライブラリにはドキュメントやYouTube動画が多くありますので，最初は情報をたくさん仕入れて，先駆者の知恵を活用するとよいと思います．

● 人工知能ライブラリあれこれ

　国内外でポピュラなライブラリを選択しました（表1）．
　メジャーなPythonの人工知能ライブラリとして，scikit-learn，Theano，TensorFlow，Caffe，Chainerなどがあります．最も利用されていると思われる三つのライブラリを紹介します．

▶機械学習ライブラリscikit-learn

　インターネットを検索するとscikit-learnを使用した開発事例が見つかります．機械学習アルゴリズムの学習に利用したり，クラウド型サービスを開発したりすることが容易です．画像認識や自然言語処理などのアルゴリズムが開発しやすく，仮説検証にもぴったりなライブラリです．

▶数値計算ライブラリTheano

　Pythonの代表的な数値計算ライブラリです．このライブラリは，実行時コンパイルによる高速化，GPUのサポートによる高速化，自動微分のサポートなどの機能があります．ニューラル・ネットワークやディープ・ラーニングで多用される数式や関数を簡単にコーディングできます．特にGPUのサポートがあると，計算速度をCPUよりも100倍以上速くすることも可能です．

▶Google提供のTensorFlow

　Googleが使っている人工知能や機械学習のソフトウェアをオープンソース化したものです．Google製品と同品質の人工知能や機械学習が利用できます．
　パソコンからクラウド・コンピューティングまで，さまざまなスケールのシステムが同じコードで動かせるため，企業向けのITシステム開発のプロトタイピングから業務システムの開発まで応用可能です．

● こんなキーワードでもっと見つけられる

　ウェブ検索エンジンで，「Python」＋「library」に続けて，SVM，Bayes，Machine Learning，Natural Network，

第3部 人工知能を作るためのソフトウェア

表1 Pythonで利用可能な人工知能関連ライブラリ

番号	パッケージ名	詳細	入手先URL
1	BayesPy	ベイズ推定のためのツール	http://bayespy.org/en/latest/
2	Caffe	ビジョン・アプリケーションにおける機械学習のためのライブラリ	https://github.com/BVLC/caffe
3	Chainer	ディープ・ラーニングのための次世代オープンソース・フレームワーク	https://github.com/pfnet/chainer
4	Gensim	自動的に文書からセマンティック・トピックを抽出するためのライブラリ	http://radimrehurek.com/gensim/
5	Hebel	GPUアクセラレーションによるディープ・ラーニング・ライブラリ	http://hebel.readthedocs.io/en/latest/
6	LibSVM	SVMによる機械学習のライブラリ	https://www.csie.ntu.edu.tw/~cjlin/libsvm/
7	mlxtend	データ分析や機械学習ライブラリの拡張ライブラリと補助ライブラリ	https://github.com/rasbt/mlxtend
8	Monte	モンテカルロ・マルコフ連鎖による確率分布サンプリングのライブラリ	https://github.com/baudren/montepython_public
9	neon	高速な成功を実現したディープ・ラーニングのフレームワーク	https://github.com/NervanaSystems/neon
10	Nimfa	非負値行列因子分解のためのPythonライブラリ	http://nimfa.biolab.si/
11	PyBrain	Python用のモジュール式機械学習ライブラリ	http://www.pybrain.org/pages/home
12	PYMVPA	大規模なデータセットの統計的学習の分析を簡単に行うためのPythonパッケージ	http://www.pymvpa.org/
13	Ramp	機械学習ソリューションを迅速にプロトタイピングするためのPythonライブラリ	https://github.com/kvh/ramp
14	scikit-learn	機械学習ライブラリ	http://scikit-learn.org/stable/
15	TensorFlow	スケーラブルな機械学習のための「データ・フロー・グラフ」を用いて計算	https://www.tensorflow.org/
16	Theano	Pythonの数値計算ライブラリ	http://deeplearning.net/software/theano/

GA，Deep LearningSVM，Machine Learning，NLPなどの機能で探すともっと見つかると思います．

　　　　＊　　　＊　　　＊

　Pythonはコーディングが容易なため，ライブラリの開発者に多くの学生も含まれます．特にオンライン教育サービスが普及している昨今では，コンピュータ・サイエンス，データ・サイエンス，機械学習，ゲノム，マーケティングなどのコースをパソコンで学習しますので，幅広い分野でライブラリが開発されてます．講座ではさまざまな課題が与えられ，成果を公開することで多くの開発者からフィード・バックを受けられます．成果の公開先としてGoogle CodeやGitHubなどが指定されることがよくあります．

さとう・せい

第3部

第3章 ゴッホ・タッチAI画伯に挑戦

ディープ・ラーニングが試せる クラウドAPI＆統計ライブラリ

原島 慧

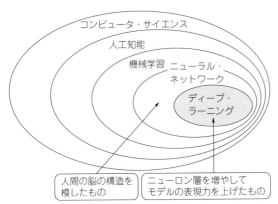

図1 ディープ・ラーニングと機械学習はイコールでない

ディープ・ラーニングが身近になった一因…クラウドの発達

● ディープ・ラーニング方式の特徴

近年, 画像認識や音声認識, 自然言語処理などの分野で, ディープ・ラーニングが活用されるようになってきました. ここでいう「ディープ・ラーニング」や「人工知能」,「機械学習」といった用語は, 時と場合によってさまざまな使い方をされるため混乱を招きがちです.

コンピュータ・サイエンスの一大分野である人工知能に属する分野として機械学習があり, その中でも脳の構造を模したニューラル・ネットワークと呼ばれるモデルのうち, 特にニューロンの層の枚数を増やしてモデルの表現力を上げたものが, ディープ・ラーニングです (図1).

応用例としては, 画像を「犬」,「猫」と分類したり, 受信メールから返信文を提案したりと, 従来は人間にしかできなかったようなタスクであっても目覚ましい性能を発揮し始めています (表1).

● クラウド・サーバやクラウド・サービスの発展による恩恵が大きい

ディープ・ラーニングは高い性能を発揮するという魅力がある一方で, 数年前までは開発に高度な専門知識を必要とするため, 一部の研究者やエンジニア以外には気軽に体験するのは難しい現実がありました. ところが, ここ数年でソフトウェア面やハードウェア面ともにディープ・ラーニングを試すハードルが下がってきています. また, クラウド・サービスが発展したおかげで, 手軽にディープ・ラーニングの予測能力を利用したり, 本格的に予測モデルの学習を行わせたり, 用途に合わせてクラウドの利便性を活用できるようになった点も大きいでしょう.

● クラウド・サーバの種類

表2にクラウド上で利用できる機械学習の実例として, SaaS (Software as a Platform) として利用できるWeb API (Application Programming Interface), PaaS (Platform as a Service), IaaS (Infrastructure as a Service) の三つに分けて示します.

これら3種を定性的に比較すると, 利用する上での

表1 代表的なディープ・ラーニング・アルゴリズム

種 類	特 徴	得意分野
畳み込み (Convolutional Neural Network)	入力画像から局所的に単純なパターンを検知し, それを組み合わせて複雑なパターンを検知する	画像処理(「犬」,「猫」のように画像中の物体を識別する物体カテゴリ識別, 車載画像などから歩行者や自転車のような特定の物体の位置を特定する物体検出, 1枚の画像を人が写っている部分と背景などに分離する物体領域抽出など)
再帰型 (Recurrent Neural Network)	ネットワークの現在の出力を次の時点で入力として扱う. 時系列データに適用すると, 過去からの情報を用いて現在の予測を出力するなどして, 時間依存性を取り扱うことができる	音声(人間の声をテキストに書き起こす認識処理など)や自然言語(質問文を投げると回答文を返すボット, 受信メールから返信文を提案するボットなど)の時系列データ処理

105

第3部 人工知能を作るためのソフトウェア

表2 クラウド上で利用できる機械学習の例

種類	特徴	長所	短所	具体的なサービス例
Web API (Application Programming Interface), SaaS (Software as a Service)	学習済みの機械学習モデルが配備されたWeb APIサーバにデータを送ると,モデルによる予測結果が返ってくる	学習データの準備や機械学習モデルの設計などの手間を経ず,手軽に学習済みモデルを利用可能	提供されている機能以上の解析はできず,拡張性は低い	Microsoft Cognitive Services, Google Cloud Vision API, IBM AlchemyAPI, Clarifai
PaaS (Platform as a Service)	データを用意して,クラウド上の分析環境で実装済みの機械学習モデルを選択して設計・学習・予測ができる	SaaSに比べて,機械学習モデルの選択肢が多く,データの種類も自分で自由に用意できる.IaaSに比べて分析環境構築の手間が少ない	SaaSと違って学習データの準備やモデル学習などは自分で行う必要がある.IaaSに比べ,ハードウェア構成の自由度はかなり低く拡張性も低い	Microsoft Azure Machine Learning, Amazon Machine Learning, IBM BlueMix
IaaS (Infrastructure as a Service)	仮想サーバに予測分析環境を構築し,データを用意して,機械学習モデルを設計して学習と予測をする	ハードウェアの構成の選択やソフトウェアの改変など,自由度や拡張性が高い.AWS EC2のように,ディープ・ラーニングに多用されるGPUが利用可能なサービスもある	PythonやRなどの開発環境の構築,データの準備,モデルの学習,精度検証など,すべて自分で行う必要がある	Amazon Web Services Elastic Computing Cloud (AWS EC2), Microsoft Azure Virtual Machine, IBM SoftLayer

　手軽さという点では,データをサーバに送るだけで解析結果が返ってくるWeb APIが優れています.一方,Web APIは,提供されている予測分析サービス以上に機能を拡張することは難しく,例えば新たなデータを用意して新たな機械学習モデルを作るという用途には向きません.その点,PaaSであれば,さまざまな機械学習モデルが既に実装されており,それらを選択して組み合わせることで,新たなタスクを実行できます.また,プログラミング言語などの分析環境をPCにインストールする手間も必要ないというのも利点です.ただし,現状でGPU計算などを行えるPaaSは少なく,本格的に負荷の高いディープ・ラーニング処理を行いたい場合などは,IaaSでGPU付きの仮想サーバを選択し,そこに分析環境も構築していくという選択肢が妥当でしょう.

　IaaS,PaaS,SaaSについては,表3に示します.
　今回は主だった二つの方法を試してみます.

> **方法1**：クラウド・サーバに画像を送ってディープ・ラーニングによる画像解析を体験します.
> **方法2**：ローカルPC上に統計的学習のライブラリ（フレームワーク）を導入しディープ・ラーニングを実行します[注1].

方法1：クラウドAPIで試すディープ・ラーニング

● ユーザの端末からデータを送ると解析結果を戻してくれる

　ディープ・ラーニングの効力を体験するなら,ウェ

注1：実は**方法2**を試してみたところPCの処理時間が60分ほどかかり,現実的ではありませんでした.近いうちに,IaaSの代表例であるAmazon Web Services Elastic Computing Cloud（AWS EC2）を使って,複雑で負荷の高いディープ・ラーニングの計算処理を,高速に行う方法を紹介したいと思います.

表3[4] どこまで機能を提供するかによってサーバの種類は異なる

構成要素＼サーバ・タイプ	IaaS	PaaS	IoTクラウド/BaaS	SaaS	備考
クライアント・アプリ	×	×	×[注1]	○	ブラウザ・アプリ,スマホ・アプリなどの実際にユーザが触れるアプリケーション.IoTクラウドの場合は,データを収集してサーバへ送ったり,サーバからのプッシュに対してモータを動かしたりするデバイス内で動くアプリケーションを指す
サーバ・アプリ	×	×	○[注2]	○	ユーザ/デバイス管理,データ管理,Web API機能など
ミドルウェア	△	○	○	○	ウェブ・サーバ,データベース・サーバ,アプリケーション・サーバなど
OS	○	○	○	○	LinuxやWindowsなど
ハード（マシン）	○	○	○	○	ネット回線,配線,コンピュータ,設置場所

○…提供される,×…自分で用意,△…どちらの場合もある
注1：ブラウザ・アプリやスマホ・アプリも提供してくれるクラウド・サーバもある
注2：自作のサーバ・アプリを載せられるクラウド・サーバもある

第3章　ディープ・ラーニングが試せるクラウドAPI＆統計ライブラリ

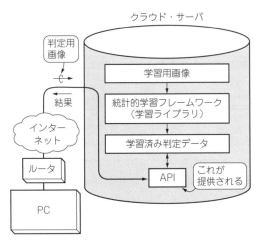

図2　Web APIで提供される機械学習
測定データをPCやマイコン基板からクラウド・サーバに送付．判定結果を受け取れる

図3　感情認識を機械学習で行ってくれるAPI（マイクロソフト提供）を試した
手持ちの画像をアップできるため友人の感情がわかるかも？

ブ・サービスとして公開されているAPIを使うのが，最も手軽な手段の一つでしょう（**図2**）．このようなAPIサーバ上には，大量のデータを元に統計的学習を行った予測分析モデルが配備されています．ユーザがデバイス（例えばPC，ラズベリー・パイ，スマートフォンなど）から画像や音声などのデータをAPIサーバに送ると，この機械学習モデルが分析や予測を行い，その結果をJSON形式などで返してくるという使い方ができます．負荷の大きい計算はサーバ上で行ってくれるため，たとえ簡素なデバイスであってもディープ・ラーニングの機能を使えるのが便利です．

● 機械学習のためのWeb APIあれこれ

画像中の物体検知などのように，広く一般に使用されるようなタスクについては，**表4**に示すように複数のAPIが公開されており，これらの多くで試用版/無償版が利用可能です．なお，それぞれのサービスで複数のAPIが別々の機能を提供していますが，それらすべてがディープ・ラーニングを使っているとは限りません．ニューラル・ネットワーク以外の機械学習モデルを使っているものもあるようです．

● 友人や自分の写真をアップして感情を分析してみる

ここでは例として，マイクロソフトのCognitive Servicesの感情認識APIを試してみます．まずhttps://www.microsoft.com/cognitive-services にアクセスし，「APIs」から「Emotion」を選択し，下へスクロールします．

並んでいるサンプル画像を選択すると，APIが画像中に写っている人々の顔から感情を分析し，結果がDetection Resultとして表示されます．画像中の顔にマウス・カーソルを重ねても結果を表示できます．また，「Submit」ボタンでウェブ上の画像URLを入力したり，**図3**に示したように，ローカルPCから画像をアップロードして分析させることも可能です．**図3**の例では，ローカル・フォルダから笑顔の画像を入力した結果，Happinessが1.00000（つまり100％）として認識されています．

表4　機械学習用クラウドAPIの機能

名　称	提　供	機　能	URL
Cloud Vision API	Google	物体検知，有害コンテンツ検知，ロゴ検知，顔認識，表情分析，光学文字認識など	https://cloud.google.com/vision/
Cognitive Services	マイクロソフト	物体検知，サムネイル生成，有害コンテンツ検知，顔/年齢/性別認識，表情分析，光学文字認識，映像分析など	https://www.microsoft.com/cognitive-services/
AlchemyAPI	IBM	タグ付け，物体検知，顔認識，OCRなど	http://www.alchemyapi.com/
Clarifai	Clarifai社	タグ付け，物体検知，映像分析など	https://www.clarifai.com/

第3部　人工知能を作るためのソフトウェア

ここではウェブ・ブラウザ上の操作でAPIを利用しましたが，自作のアプリケーションから利用することも可能です．マイクロソフトのアカウントを作成すればAPI Keyが取得できます．「Developers」→「Documentation」には，複数のプログラミング言語でのコード例を含む開発者向けドキュメントがあり，例えばラズベリー・パイやスマートフォンからもAPI Keyを使ってAPIを呼び出すことが可能です．

● 手振れ補正や顔認識／音声認識もある

Cognitive Servicesには，表情分析をするEmotion APIの他にも，顔の年齢や性別などを分析するFace API，映像の手ブレ補正や顔認識の動き検出などを行うVideo API，また画像・映像以外にも音声認識や自然言語処理を行うAPIがあります．また，表4に示したように，Cognitive Services以外にも類似の機能を提供するAPIは複数あり，大量のデータの準備，ニューラル・ネットワークの設計・学習といった骨の折れる作業を経ることなく，ディープ・ラーニングの効果を体験，活用できるようになっています．

方法2：ローカルPCにもってきた統計的学習フレームワークで試すディープ・ラーニング

● クラウドAPIじゃ自分専用の学習を行っていない

以上のように，APIを使えばディープ・ラーニングの威力を体験することはできますが，これはあくまでAPIサービス提供者が学習させたニューラル・ネットワークを使っているに過ぎず，大量のデータを元にニューラル・ネットワークに統計的学習をさせる部分は行っていません．本節ではその学習の部分を体験するため，ローカルPC環境でCPUだけを使い，まず基礎としてMNIST手書き文字認識を，次に発展的な内容として画風変換のアルゴリズムを走らせてみます．

● 統計的学習の手順

自分で「ニューラル・ネットワークによる予測モデル」に学習させる場合，学習用データを用意し，ニューラル・ネットワークの構造を設計してから，ニューラル・ネットワークを学習（内部パラメータを最適化）し，検証用データを用いて予測の精度を検証する，というステップになります（図4）．

▶学習

学習フェーズでは，ニューラル・ネットワークの順伝播による予測と，ラベル・データの正解を比べて予測誤差を算出し，この誤差をニューラル・ネットワーク中に逆伝播させて，最適化の調整量を計算します．

▶検証

検証フェーズでは，学習に用いていない検証用の

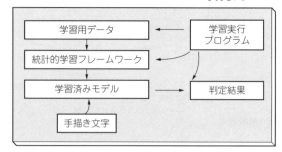

図4　自分の手元にあるPCにおいて統計的学習フレームワークを利用しデータを学習する

データを予測させることで，ニューラル・ネットワークの予測精度を計算します．

なお，ここで使用するハードウェアは，近年では大量の計算をGPUで行うのが標準的になってきています．本稿では，ニューラル・ネットワークを手元の装置に組み込むユーザもいると思いますので，汎用PCでCPU計算だけを使います．

● 統計的学習のために公開されたフレームワークを利用する

ソフトウェア面については，ここ数年で数多くのディープ・ラーニング・フレームワークが公開されるようになったおかげで，最適化計算やニューラル・ネットワーク・モデルの設計などもすべてゼロから実装する必要がなくなりました．

フレームワークとは，多用する複数の機能が実装されたライブラリのようなものです．ライブラリの場合は基本的にユーザ作成のアプリケーションが部分的なツールとしてのライブラリを呼び出します．フレームワークの場合はアプリケーション全体を決めるのがフレームワークで，ユーザはそのうち一部分だけを作成・変更するだけでアプリケーションを動かすことができるようなイメージです．

表5は，数多あるフレームワークの中でも広く使われているものを一部抜粋したものです．また，図5は，複数のフレームワークを定量的に比較するため，オー

第3章　ディープ・ラーニングが試せるクラウドAPI＆統計ライブラリ

表5　統計的学習のフレームワーク

フレームワーク	主要開発元	特徴	URL
Caffe	Berkeley Vision and Learning Center	多数の学習済みモデルがダウンロード可能．歴史が比較的長くコミュニティが活発	http://caffe.berkeleyvision.org/
MXNet	Distributed Machine Learning Community	OSはWindows，Mac，Linuxに公式対応．プログラミング言語はPython，Julia，R，Goなどに対応．複数GPU，複数マシンでの並列処理も可能	https://github.com/dmlc/mxnet
Neon	Nervana	計算速度ベンチマークで高性能を誇る	https://github.com/NervanaSystems/neon
TensorFlow	Google	ディープ・ラーニング研究で先端を行くGoogleが開発元ということもあり，後発ながら注目度も高くコミュニティも活発	https://www.tensorflow.org/
Theano	モントリオール大学	ネットワーク設計の自由度・拡張性が高く，複雑で新規なネットワーク構造の記述も可能な一方で，Kerasなどのフレームワークと合わせて使うことで簡潔なコードでも記述可能	http:/deeplearning.net/software/theano/

プンソース・ソフトウェアの開発に多用されるGithubでのFork数とStar数をプロットしたものです．

　Forkは開発者がソフトウェアを改変するときに自分のアカウント内にリポジトリの複製を作る操作で，Starはリポジトリをブックマークするような機能です．これらの数が大きいほど，コミュニティが大きく開発が活発に行われているといえるでしょう．

　Google社が発表したTensorFlowはFork数，Star数ともに多く，コミュニティの大きさ，注目度の高さが伺えます．

　コミュニティの大きさ以外にも，それぞれのフレームワークごとにさまざまな特徴があります．例えば比較的歴史が長く多数の学習済みモデルが用意されているCaffeや，計算速度比較（https://github.com/soumith/convnet-benchmarks）で高い性能を誇るNeonなど，どのフレームワークを使うのがベストかは目的や状況によって変わるのが現状です．

　本稿で扱うMXNet（https://github.com/dmlc/mxnet）は，Windows，Mac，Linuxに公式対応していて，Python，R，Julia，Goなど科学技術計算に多用される複数言語で使えるため，後発ながらTheanoなどと並んで人気の高いフレームワークです．以降，Windows環境でPythonからMXNetを用いてディープ・ラーニングを試していきます（MacおよびLinuxの場合も，http://mxnet.readthedocs.org/en/latest/build.htmlに従ってインストールできます）．

● 学習の準備

　まず，https://github.com/dmlc/mxnet/releasesから，cpu_onlyと入っているファイルをダウンロードし，解凍してできたファイルを，例えばC:¥MXNetディレクトリを作成してそこに展開します．環境変数を設定するため，C:¥MXNetディレクトリ内のsetupenv.cmdを実行します．次に

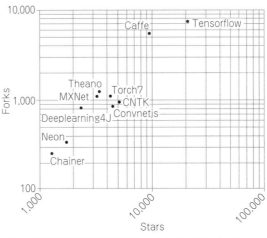

図5　Githubで公開されているディープ・ラーニング・フレームワークのStar数およびFork数
www.github.comより抽出．2016年4月4日時点

Pythonをインストールしますが，ここでは複数の科学技術計算パッケージが含まれたPythonディストリビューションであるAnacondaを利用すると便利です．https://www.continuum.io/downloadsから，PYTHON 2.XのWindowsインストーラを用いてインストールします．次に，PythonからMXNetを呼び出せるようにするため，コマンド・プロンプトで，

```
cd C:¥MXNet¥python
python setup.py install
```

と実行して，PythonのMXNetパッケージをセットアップします．ここでコマンド・プロンプトから，

```
python
```

でPythonを立ち上げて，

```
>>> import mxnet
```

と実行してエラーが発生しなければ，無事PythonからMXNetを呼び出せるようになっています（筆者の

第3部 人工知能を作るためのソフトウェア

環境では，libopenblas.dllがない，またはimportError: cannot import name 'libinfo'などのエラーが出ることがあったが，Windowsを再起動すると問題なく使えた).

● 学習1…手書き文字を認識させてみる

ここまで環境構築が完了したので，本書のウェブ・サイト，

http://interface.cqpub.co.jp/contents/ai_tukuru.php

からmxnet-interface.zipをダウンロードして解凍します．解凍してできるディレクトリのうち，¥example¥image-classificationにあるtrain_mnist_win.py(Mac/Linuxの場合はtrain_mnist.py)が，手書き文字認識を行うニューラル・ネットワークの学習(およびそのためのMNISTデータのダウンロード)を実行するプログラムです．MNISTは手書き数字の28×28ピクセル画像が数万枚入った標準的なデータセットで，画像認識アルゴリズムのベンチマークとしても多用されます．

コマンド・プロンプトで上記の¥mxnet¥example¥image-classificationディレクトリに移動してから，

```
python train_mnist_win.py --data-dir "mxnet¥¥"
```

と実行すると，MNISTデータのダウンロードおよびニューラル・ネットワークの学習が開始されます．学習が進行していくと，Train-accuracyの値が1に近づいていき，最終的に，

```
略
2016-04-08 13:56:06,429 Node[0] Epoch[9] Time cost=2.611
2016-04-08 13:56:06,554 Node[0] Epoch[9] Validation-accuracy=0.976462
```

などと表示され，検証用データでの予測精度であるValidation-accuracyが0.97を超え，手書き数字の認識精度が97%程度まで学習できていることが分かります．

● 学習2…手持ちの写真をあの名画に変換

MXNetでは，MNISTのように基本的な画像認識アルゴリズム以外にも，比較的新しいアルゴリズムがサンプル・プログラムとして実装・公開されています．ここではそのような新しいアルゴリズムの例として，絵画の画風をベースに写真画像を変換するアルゴリズム[1]を試してみます．例えば本アルゴリズムを使えば，手持ちの装置に新しいデザインを取り入れることが簡単にできます．

前項でダウンロードしたディレクトリのうち，画風を変換するプログラムは¥mxnet¥example¥neural-styleにあります．このディレクトリに移動し，コマンド・プロンプトから，

```
python download.py
```

を実行すると，画風の変換に必要な学習済みニューラル・ネットワーク・モデルとサンプル画像がダウンロードされ，model, input, ouputの三つのディレクトリに保存されます．これで画風変換に利用するニューラル・ネットワーク(vgg19.params)，絵画画像(starry_night.jpg←ゴッホの絵)が準備できました．以下のコマンドで写真画像(train.jpg：手持ち画像)を絵画風に変換します．

```
python run.py --content-image input¥¥train.jpg --style-image input¥¥starry_night.jpg --output output¥¥output.jpg --gpu -1
```

ここではオプションとしてそれぞれ，

- --content-imageで写真画像をinputディレクトリのtrain.jpgに指定
- --style-imageで絵画画像をinputディレクトリのstarry_night.jpgに指定
- 出力画像をoutputディレクトリのoutput.jpgディレクトリに指定
- --gpuを-1とすることでGPUを使わずCPU計算するよう指定

しています(もしここでNo module named skimageとエラーが出る場合，conda install scikit-imageコマンドを実行することで，計算に必要なscikit-imageパッケージをインストールできる)．このコマンドではdownload.pyプログラムがダウンロードしてきた画像をデフォルトで使っていますが，例えば写真画像を顔写真に変えて，スタイル画像を好きな画家の絵やプリント基板に変えて変換することも可能です．学習が進めば，

```
INFO:root:epoch 0, relative change 0.991449
INFO:root:epoch 1, relative change 0.639207
INFO:root:epoch 2, relative change 0.478931
```

のように表示され，relative change(画風を変換していく際に，ステップごとに出力画像にどれくらい変更が加えられたかの値)が小さい値へと収束していきます．最後に，

```
INFO:root:epoch 166, relative change 0.004850
INFO:root:eps < args.stop_eps, training finished
```

第3章　ディープ・ラーニングが試せるクラウドAPI＆統計ライブラリ

（a）変換終了後の画像

（d）変換中の画像

（b）手持ち画像

（c）学習に用いたゴッホ画像

図6　ゴッホの画像を統計的学習し手持ちの写真をゴッホ風に変換した

```
INFO:root:save output to output¥¥
output.jpg
```
のように変換が終了し，出力画像がoutputディレクトリに保存されます．outputディレクトリには，最終的な出力画像以外にも変換途中の画像が保存されています．変換が終了するまで，筆者の環境（Windows 7，Core i5-3320M CPU @ 2.60 GHz，8Gバイト RAM）では60分程度かかりました．inputディレクトリの写真および絵画，outputディレクトリに出力された変換の結果を図6に示します．元の写真画像が，出力画像ではゴッホのようなタッチへと変換されていることが見て取れます．ここでは風景写真とゴッホを組み合わせましたが，他にもさまざまな組み合わせで思わぬ面白い効果で変換されることが報告されているので，文献(2)，(3)などを参考にしてください．

◆参考・引用＊文献◆
(1) Leon A. Gatys, Alexander S. Ecker, Matthias Bethge ; A Neural Algorithm of Artistic Style, Cornell University Library.
http://arxiv.org/abs/1508.06576
(2) 画風を変換するアルゴリズム，Preferred Networks.
https://research.preferred.jp/2015/09/chainer-gogh/
(3) James Robert Lloyd ; A neural algorithm of artistic style.
http://jamesrobertlloyd.com/blog-2015-09-01-neural-art.html
(4) ＊中村 太一：モヤモヤ解消！タイプ別クラウド・サーバ全集，Interface，2016年1月号，CQ出版社．

はらしま・さとし

第3部

第4章 TensorFlowにCaffe，Chainerとプラス・アルファ

3大人工知能ライブラリ

牧野 浩二，西崎 博光

　ここ数年，ディープ・ラーニング向けのフレームワーク/ライブラリ[注1]が複数の会社や団体から提供されています．ソフトウェアの研究では，作成したものを公開して使ってもらうという文化が根付いており，多くの場合はディープ・ラーニングの発展や人材育成，分野のすそ野を広げるなどが目的とされています．本稿では，ディープ・ラーニング向けのフレームワーク/ライブラリについて，特徴や使い勝手，インストール手順などを整理しました（**表1**）．

　なお，ここで紹介するフレームワーク/ライブラリは，自分のPC上にインストールして使うことはもちろん，クラウド・サーバ上に設けたインスタンス（CPUやメモリ）にもインストールできます．

　ディープ・ラーニングは主にLinuxでの開発がメインになっていますので，Linuxへのインストールは簡単にできるようになっています．逆にWindowsへのインストールは難しいものが多いです．そこでWindows PCにVirtualBoxをインストールし，その中でUbuntu 16.04を動かして，それぞれのディープ・ラーニングのライブラリやフレームワークを動かしました．そのため，各フレームワーク/ライブラリの全ての機能を保証するものではありません．

> ### Googleの中の人も使っているTensorFlow

　TensorFlowは，2015年11月に公開されたGoogleの数値計算用のオープンソース・ライブラリです．テンソルフローやテンサーフローと読む人が多いです．

　もともとGoogleが2011年に開発した「DistBelief」の柔軟性を高め，オープンソース化してリリースした第2世代のライブラリとなっています．TensorFlowはディープ・ラーニングにも使われますが，分散処理に秀でているライブラリです．

　供給元はGoogle社で，開発者はThe Google Brain Teamです．

● 特徴…ユーザが多く情報が多い

　提供されている視覚化ツールTensorBoardを使うと，ニューラル・ネットワークの学習過程やデータの流れを簡単に確認できます（**図1**）．そして，複雑なモデルの構築も可能です．しかも，大規模（数十億レベル）な学習データを扱えます．TensorBoardとは，プロ

注1：フレームワークとライブラリの使い分けが難しいです．各社，自社のものをフレームワークとしていたりライブラリとしています．以下，各社の表記に合わせました．

表1 ディープ・ラーニング向けのフレームワーク/ライブラリ

名称	供給元	使い勝手	特徴	何に向くのか	公式ホームページ
Tensor Flow	Google社	中〜上級者向け	ネット上に情報が多く勉強しやすい	大規模なネットワーク	https://www.tensorflow.org/
Caffe	カリフォルニア大学バークレー校	上級者向けのライブラリ	画像処理の研究者の中ではデファクト・スタンダード	画像処理	http://caffe.berkeleyvision.org/
Chainer	Preferred Networks社	初心者にとって使いやすい	あらゆるニューラル・ネットワークの構造に柔軟に対応できる	自然言語処理や音声処理	http://chainer.org/
Keras	https://keras.io	初心者にも扱いやすい	拡張性が高く，新しいモジュールの実装が簡単に行える	手軽に試してみたいときにすぐに実装できる	https://keras.io/
Theano	モントリオール大学	少し試したい人には不向き	Theanoをベースにした機械学習ライブラリが幾つか開発	ディープ・ラーニングの理論を勉強してゼロから実装したい人	http://deeplearning.net/software/theano/

第4章 3大人工知能ライブラリ

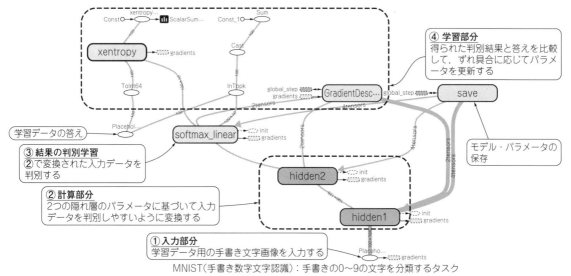

図1 TensorFlowは作ったアルゴリズムを可視化できるため開発/勉強しやすい

グラミングしたニューラル・ネットワークの構造やネットワークに流れるデータの動きをグラフで可視化(これを計算グラフという)するためのツールです.

Googleが公開しているだけあって利用者が多く,GitHubなどでコードがたくさん公開されているため,ネット上に情報が多く,勉強しやすいという特徴があります.

TensorFlowにはModel Zooがあります(https://github.com/tensorflow/models).

Model Zooとは,だれでも利用可能な学習データのセットです.よくできたデータ・セットなので,多くの研究者のテストに使われ,その性能測定に利用されています.

● 何に向くのか…大規模から小規模まで

大規模なネットワーク,大量の学習データを扱ってみたいときに向きます.

モバイル端末や小型端末での機械学習向けには,Mobile TensorFlowというライブラリがあります.これを使うとAndroidやiOS上で動作させることができます.

● 対象OS/プラットフォーム

OSとしてはLinux,Mac OS X,Windowsが挙げられます注2.プラットフォームとしてはAndroid,iOS,ラズベリー・パイがあります.

注2:対象OSは公式ウェブ・ページで書かれているものと,試したものが混在しています.そのため,必ずしも動作するとは限りません.

● 言語…PythonとC++

言語はPython 2.7または3.3以上,他にC++が使えます.

● インストール

▶手順

公式ホームページ上で「GET STARTED」をクリックし,左側の「Pip Installation」をクリックすると,詳細が書いてあります.

▶コマンド

```
$ sudo apt-get install python-pip python-dev
$ sudo pip install --upgrade https://storage.googleapis.com/tensorflow/linux/cpu/tensorflow-0.11.0-cp27-none-linux_x86_64.whl
```

● 使い勝手…ディープ・ラーニングの知識は必要

ある程度ディープ・ラーニングを学んでいないと,スイスイとコードが書けません.しかし,比較的容易に,かつ柔軟なニューラル・ネットワークを記述できます.計算グラフの理解がやや難しいです.

画像処理では事実上の業界標準 Caffe

Caffeは,カフェと読みます.Yangqing Jia氏(現在はFacebook)が,カリフォルニア大学バークレー校の博士課程のときに立ち上げたプロジェクトがきっかけで開発が始まりました.画像処理の研究者の中では事実上の業界標準になっているディープ・ラーニング

第3部 人工知能を作るためのソフトウェア

のフレームワークです．

供給元はカリフォルニア大学バークレー校で，開発者はthe Berkeley Vision and Learning Center, UC Berkeleyとなっています．

● 特徴…テキストや時系列データは対象外

Caffeを用いた研究成果（モデル）が公開されているサイト「Model Zoo」があります（http://caffe.berkeleyvision.org/model_zoo.html）．

画像処理のコミュニティでよく利用されているので，画像処理に関する情報は多くあります．最新の研究成果（画像処理分野）がすぐに試せるという特徴があります．

画像処理でのディープ・ラーニングの草分け的なフレームワークであるため，多くの人が使っています．そのため画像処理のサンプル・プログラムも多く，参考になるサイト（ブログ）も多くあります（ただし日本語の解説は少ない）．

なお，画像処理のディープ・ラーニング・フレームワークとして開発されており，テキストや時系列データを扱うことは想定されていません[1]．

● 対象OS

Linux，Mac OS X，Windowsです．

● 言語

Python，C++，MATLABを使います．

● インストール

入手先はhttp://caffe.berkeleyvision.orgです．

▶手順

公式ホームページにおいて，「Installation instructions」をクリックし，「Ubuntu installation」をクリックすると詳細が書いてあります．コマンドラインで以下を実行します．

- ライブラリのインストール

```
$ sudo apt-get install libprotobuf-dev libleveldb-dev libsnappy-dev libopencv-dev libhdf5-serial-dev protobuf-compiler
$ sudo apt-get install --no-install-recommends libboost-all-dev
```

- gitのインストール

```
$ sudo apt install git
```

- Caffeのダウンロード

```
$ git clone https://github.com/BVLC/caffe.git
```

- caffe以下のpythonディレクトリへの移動

```
$ cd caffe/python
```

- Caffeのインストール

```
$ for req in $(cat requirements.txt); do pip install $req; done
```

- caffeディレクトリへの移動

```
$ cd ..
```

- 線形代数ライブラリのインストール

```
$ sudo apt-get install libatlas-base-dev
$ sudo apt-get install libopencv-dev
```

- Makefile.configファイルのコピー

```
$ cp Makefile.config.example Makefile.config
```

- Makefile.configファイルの編集（viが起動する）

```
$ vi Makefile.config
```

────viでの作業（ここから）────

- Makefile.config中の下記のコメント行を有効化

```
# CPU_ONLY := 1
```

- 下記の行をコメント・アウト

```
CUDA_DIR := /usr/local/cuda
```

- 下記のコメント行を有効化

```
# CUDA_DIR := /usr
```

- Makefile.config中の下記を変更

変更前：

```
INCLUDE_DIRS := $(PYTHON_INCLUDE) /usr/local/include
```

変更後：

```
INCLUDE_DIRS := $(PYTHON_INCLUDE) /usr/local/include /usr/include/hdf5/serial
```

────viでの作業（ここまで）────

- Makefileファイルの編集（viが起動する）

```
$ vi Makefile
```

────viでの作業（ここから）────

- Makefile中の下記を変更

変更前：

```
LIBRARIES += glog gflags protobuf boost_system boost_filesystem m hdf5_hl hdf5
```

変更後：

```
LIBRARIES += glog gflags protobuf boost_system boost_filesystem m hdf5_serial_hl hdf5_serial
```

────viでの作業（ここまで）────

コマンドラインでmakeを実行します．

```
$ make
```

第4章 3大人工知能ライブラリ

▶コメント

LinuxへのインストールはほかのOSよりも比較的容易ですが、それでも苦労することがあります。Windowsでの利用にはVisual Studioが必要となります。

● 使い勝手…上級者向けかも

ディープ・ラーニングのことがかなり分かっていないと扱いづらいため、上級者向けのフレームワークです。ソースコードもほかのフレームワークに比べて複雑で長くなる傾向にあります。ディープ・ラーニングを深く学びたい人には向いていますが、ひとまず試したいという人にはあまりお勧めしません。

時系列パターンの扱いも得意なChainer

Chainer（チェイナー）は、2015年6月に公開されたPreferred Networks社が開発したディープ・ラーニングを実装するためのフレームワークです。供給元、開発者ともにPreferred Networks社となっています。

● 特徴…時系列パターンを扱う処理に向く

リカレント・ニューラル・ネットワーク（RNN）が記述がしやすいので、時系列パターンを扱う処理（自然言語処理や音声処理）に向いています。

さらにCaffeのモデルをChainerで動かすこともできるため、世界の最先端のモデルを利用できます。

● 言語…Python

言語はPythonに対応します。対象OSは公式にはLinuxだけです。

● インストール

▶手順

公式ホームページ（http://chainer.org/）から「Get STARTED」をクリックすると詳細が書いてあります。

▶コマンド

```
$ sudo apt-get install python-pip
pip install chainer
```

▶コメント

GPUを使わないのであれば非常に簡単です。GPUを使う場合でも比較的簡単にインストールできます。

● 使い勝手…初心者も上級者も

ディープ・ラーニングを構成するモデルの構造を直感的にコードにしやすいというメリットがあります。そして、活性化関数や損失計算方法を指定するだけで、簡単に学習器を実装できます。このことから

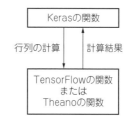

図2 KerasはTensorFlowまたはTheanoをバックグラウンドで呼び出して利用する

ディープ・ラーニングの初心者にとって使いやすいフレームワークとなっています。

柔軟にネットワークを記述できるので、初心者だけではなく上級者も利用できます。リカレント・ニューラル・ネットワークの記述が楽にできます。さらに、GPUを使った演算がとても高速にできます。

リカレント・ニューラル・ネットワーク（または回帰型ニューラル・ネットワーク）とは、時系列データ（音声や文など）を扱うのに適したニューラル・ネットワーク構造の一種です。1つ前の時刻の中間層の出力を次の時刻の入力と併せて使うことで、前の時刻の情報を考慮した学習器を構築できます。最新の音声認識システムや機械翻訳システムで利用されています。

コードの書き方が初心者に分かりやすいKeras

KerasはPython用のディープ・ラーニング・フレームワークです。モデル・レベルのライブラリで、行列演算などは行いません。その代わりに行列演算にはTensorFlowまたはTheanoをバックグラウンドで呼び出して利用します（図2）。TensorFlowやTheanoは行列演算だけに利用されますので完全に隠ぺいされています。そのため、コードの書き方はこれらのフレームワークとは異なり、初心者にはより分かりやすいものとなっています。

開発者はFrancois Chollet氏で、供給元はhttps://keras.io/ということしか分かりません。

● 特徴…短時間で動かせる

Pythonで動くディープ・ラーニングのフレームワークで、高いモジュール性を持ち、かつ、各モジュールのコードが短くシンプルに構成されています。拡張性が高く、新しいモジュールの実装が簡単に行える点も特徴の1つです。Chainerと同じように直感的にネットワークが構築できます。

Kerasをウェブ・ブラウザ上から動作させるJavaScriptライブラリも存在します。

https://github.com/transcranial/keras-js

第3部 人工知能を作るためのソフトウェア

とにかくアイディアを手軽に試してみたいときにすぐに実装できます．

● 対象OS

Linux，Mac OS X，Windowsに対応します．

● インストール

公式ホームページはhttps://keras.io/です．日本語のマニュアルはhttps://keras.io/ja/にあります．

▶手順

公式ホームページの左から「インストール」をクリックすると詳細が書いてあります．

▶コマンド

```
$ sudo pip install keras
```

▶コメント

Windowsでの利用にはVisual Studioが必要となります．サンプルやsetup.pyは以下から入手できます．

https://github.com/fchollet/keras

● 使い勝手…用意してあるパーツを組み合わせるだけ

用意してあるパーツを組み合わせるだけで目的のネットワークが構築できます．そのため初心者にも扱いやすいフレームワークとなっています．Chainerより扱いやすいと思っているブロガーが多くいるようです．

数値演算や関数微分の機能を提供するTheano

2007年に公開されたPython用の数値計算オープンソース・ライブラリです．これを基にしてディープ・ラーニングを行うことができます．供給元，開発者ともにthe Montreal Institute for Learning Algorithms（MILA）となっています．

● 特徴…数値演算のライブラリ

Pythonの数値演算ライブラリで，実行時にC++コンパイルによる高速処理を行いGPUを使うことができます．そして，自動微分をサポートしているという特徴があります．Theanoをベースにした機械学習ライブラリが幾つか開発されています．Kerasはその1つです．

ディープ・ラーニングの理論を勉強してゼロから実装したい人にとっては勉強になるライブラリです．

● 対象OS

Linux，Mac OS X，Windowsを対象とします．

● 言語

Python 2から使う場合はバージョン2.6以上，Python 3ではバージョン3.3以上に対応しています．

● インストール

▶手順

公式ホームページ（http://deeplearning.net/software/theano/）の左側から「Installing Theano」→「Linux」→「Ubuntu」をクリックし，「Easy Installation of an Optimized Theano on Current Ubuntu」をクリックすると詳細が書いてあります．

▶コマンド（簡略版）

```
$ sudo apt-get install python-numpy python-scipy python-dev python-pip python-nose g++ libopenblas-dev git
sudo pip install Theano
```

● 使い勝手…ベテラン向け

ディープ・ラーニング専用のパッケージではなく，ディープ・ラーニングで必要な数値演算や関数微分の機能を提供してくれるパッケージです．ディープ・ラーニングのプログラムはこれらを組み合わせて作る必要があるため，ちょっとだけ試したい人には不向きです．

◆参考文献◆

(1) DL4J vs. Torch vs. Theano vs. Caffe vs. TensorFlow, Skymind. https://deeplearning4j.org/compare-dl4j-torch7-pylearn#caffe

まきの・こうじ，にしざき・ひろみつ

第3部

Appendix 1 専門用語＆英語が苦手な人のために
TensorFlow 公式ページの歩き方ガイド

足立 悠

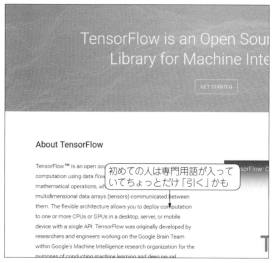

図1 全てはここから！Google公式のTensorFlowサイト
英語である上に専門用語なのでとっつきにくい
https://www.tensorflow.org/

```
（トップ）
├── GET STARTED ・・・(1)
├── TUTORIALS    ・・・(2)
├── HOW TO       ・・・(3)
├── MOBILE       ・・・(4)
├── API          ・・・(5)
├── RESOURCES    ・・・(6)
└── ABOUT        ・・・(7)
```

TensorFlow は Google 社が開発したオープンソースのディープ・ラーニング・ライブラリです．商用非商用を問わず使用できます（Apache 2.0 ライセンス）．

図1に Google 公式の TensorFlow サイトを示します[注1]．TensorFlow の概要，インストール方法，使い方，使用できる関数，チュートリアルなどを確認できます．

各項目ごとに詳しい内容が記載されていますが，なにぶん英語であることと，難解な専門用語が多数使われていることから，とっつきにくいようです．

本稿ではこれから TensorFlow を活用していく方向けに，差し当たって重要なポイントをピックアップして解説します．

公式サイトの構成

Google 社公式の TensorFlow サイト（https://www.tensorflow.org/）の構成は以下です．

注1：執筆時点（2017年1月）での情報ですが，更新される可能性があるので，実際にはサイトをご確認ください．

● （1）GET STARTED

これから TensorFlow を使い始める場合は，まずこのページを参照しましょう．

（GET STARTED）
├── Introduction：はじめに
├── Download and Setup：入手と設定方法
└── Basic Usage：コードの書き方

● （2）TUTORIALS

TensorFlow を使って開発できる19種類のアプリケーションについて紹介しています．

（TUTORIALS）
├── Basic Neural Networks
│   手書き文字画像 MNIST を使ったニューラル・ネットワーク・モデルの構築方法です．
├── MNIST For ML Beginners
│   手書き文字画像 MNIST を使った畳み込みニューラル・ネットワーク（CNN）モデルの構築方法です．
├── TensorFlow Mechanics 101
│   作成したネットワーク・モデルの概観や学習状況を確認できる「TensorBoard」の使い方です．
├── tf.contrib.learn Quickstart
│   あやめの花のデータ（花弁やがくの長さなどの数値）を使った分類モデルの構築方法です．
├── Overview of Linear Models with tf.contrib.learn
│   TensorFlow における線形モデルの考え方です．
└── Linear Model Tutorial
    国勢調査の収入データを使ったロジステック回帰モデルの構築方法です．

第3部 人工知能を作るためのソフトウェア

|― Wide and Deep Learning Tutorial
国勢調査の収入データを使ったロジステック回帰／ニューラル・ネットワーク／この2つを組み合わせたモデル，の3つのモデルを構築する方法です．

|― Logging and Monitoring Basics with tf.contrib.learn
あやめの花のデータ（花弁や額の長さなどの数値）を使った分類モデルの精度をMonitor APIとTensorBoardで確認する方法です．

|― Building Input Functions with tf.contrib.learn
TensorFlowにおける入力関数の作成方法です．

|― Creating Estimators in tf.contrib.learn
評価器（予測の精度）の作成方法です．

|― TensorFlow Serving
構築したモデルを別システムに適用する方法です．

|― Convolutional Neural Networks
CIFAR-10画像データセットによるCNNモデルの構築方法です．

|― Image Recognition
ImageNet画像データセットによるCNNモデルの構築方法です．

|― Vector Representations of Words
単語ベクトル（word2vec）モデルの構築方法です．

|― Recurrent Neural Networks
出現する単語を予測するための再帰型ニューラル・ネットワーク（Recurrent Neural Network，RNN）モデルの構築方法です．

|― Sequence-to-Sequence Models
機械翻訳に使われる配列モデル（seq2seq）の構築方法です．

|― SyntaxNet: Neural Models of Syntax
TensorFlowにおける自然言語処理フレームワーク「Syntax」の使い方です．

|― Mandelbrot Set
マンデルブロー集合の可視化方法です．

|― Partial Differential Equations
偏微分方程式のシミュレーション実施方法です．

まずは，上の3つ「MNIST For ML Beginners」，「MNIST For ML Beginners」，「TensorFlow Mechanics 101」を実行してみましょう．チュートリアルにはサンプル・コードが付いています．

● (3) HOW TO
GPUでの実装，分散処理方法などを紹介しています．チュートリアルに慣れたら，自分でカスタマイズしてみましょう．

● (4) MOBILE
TensorFlowを使って構築したモデル・アプリケーションを「Android」，「iOS」，「Raspberry Pi」で実行する方法について紹介しています．

● (5) API
TensorFlowで使用できるPython，C++のAPIを一覧で紹介しています．
ここでは，基本的なチュートリアル3種「MNIST For ML Beginners」，「MNIST For ML Beginners」，「TensorFlow Mechanics 101」で使うものに絞って紹介します．

▶ TensorFlowの処理に関するAPI
- tf.Session()
処理を実行するためのクラスです．
- tf.InteractiveSession()
処理を対話的に実行するためのクラスです．

▶ 層に関するAPI
- tf.nn.dropout(x, keep_prob, noise_shape=None, seed=None, name=None)
ドロップアウトを計算します．
- tf.placeholder(dtype, shape=None, name=None)
入出力データの格納を定義します．

▶ 重みやバイアスなど変数に関するAPI
- tf.global_variables_initializer()
変数を初期化します．
- tf.truncated_normal(shape, mean=0.0, stddev=1.0, dtype=tf.float32, seed=None, name=None)
変数を初期化（乱数発生）します．
- tf.Variable(<initial-value>, name=<optional-name>)
行列要素の格納を定義します．

▶ 活性化関数に関するAPI
- tf.nn.relu(features, name=None)
ReLU関数を定義します．
- tf.nn.softmax(logits, dim=-1, name=None)
ソフトマックス関数を定義します．

▶ 基本的な行列計算に関するAPI
- tf.argmax(input, axis=None, name=None, dimension=None)
変数の最大値を返します．
- tf.cast(x, dtype, name=None)
変数の型変換を実行します．
- tf.constant(value, dtype=None, shape=None, name='Const', verify_shape=False)

Appendix 1　TensorFlow公式ページの歩き方ガイド

定数の行列要素を生成します．
- `tf.equal(x, y, name=None)`
2つの変数の値が等しいかどうか比較します．
- `tf.matmul(a, b, transpose_a=False, transpose_b=False, adjoint_a=False, adjoint_b=False, a_is_sparse=False, b_is_sparse=False, name=None)`
2つの行列の積を計算します．
- `tf.truncated_normal(shape, mean=0.0, stddev=1.0, dtype=tf.float32, seed=None, name=None)`
切断正規分布によるランダムな値を出力します．
- `tf.reduce_mean(input_tensor, axis=None, keep_dims=False, name=None, reduction_indices=None)`
行列の平均値を計算します．
- `tf.reduce_sum(input_tensor, axis=None, keep_dims=False, name=None, reduction_indices=None)`
行列の合計値を計算します．
- `tf.reshape(tensor, shape, name=None)`
行列の形式を変更します．

▶ CNNアルゴリズム実装に関するAPI
- `tf.nn.conv2d(input, filter, strides, padding, use_cudnn_on_gpu=None, data_format=None, name=None)`
畳み込み演算を定義します．
- `tf.nn.max_pool(value, ksize, strides, padding, data_format='NHWC', name=None)`
最大プーリングを定義します．

▶ 学習に関するAPI
- `tf.train.GradientDescentOptimizer(learning_rate)`
勾配降下法による計算をします．
- `tf.train.AdamOptimizer(learning_rate)`
Adamアルゴリズムによる計算をします．

以上が最初のチュートリアルで使用するAPIです．TensorFlowでは基本的にユーザ自身で行列計算を実装してモデルを構築する必要があります．

● (6) RESOURCES

ホワイトペーパーやコミュニティ，よくある質問などを紹介しています．

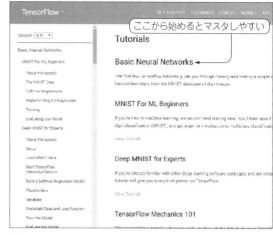

図2　TensorFlowサイトのチュートリアル
TensorFlow公式サイトには，画像や自然言語含め19種類（2016年11月末時点）のチュートリアルが用意されている．これからTensorFlowを使い始める方は，チュートリアル一番上から順に試していくと良い

● (7) ABOUT

クレジットや謝辞を紹介しています．
以上がサイトの概要です．どのページに何の情報が載っているかを簡単に紹介しました．詳細を知りたい場合は各ページを参照してください．

● サンプルを通して慣れる

まずは，先にご紹介したTensorFlow公式サイトのチュートリアルをご確認ください（図2）．手書き数字（0〜9）の画像データセットMNIST (Mixed National Institute of Standards and Technology database)[注2]を使って，基本的なニューラル・ネットワーク・モデルや畳み込みニューラル・ネットワーク・アルゴリズムによるモデル学習・構築をできます．画像の他，自然言語のチュートリアルも用意されています．

あだち・はるか

注2：https://www.tensorflow.org/tutorials/

第3部

Appendix 2 人工知能をバンバン試すために
定番「文字認識」の楽ちん体験アプリ

高木 聡

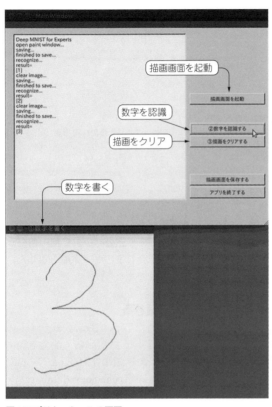

図1 アプリケーションの画面

● 「test accuracy 0.993」って結果が出たけど実感がわかない…

　TensorFlowにはチュートリアルとして，手書き数字認識のモデル・コードがあります．初めて動かしたとき，まずは「よし！やっと動いたぞ！」と安心しました．そしてワクワクしながら機械学習が終わるまで長い間待ちました．その結果，ターミナルに表示されたのが，

test accuracy 0.993

「え？それだけ？」と思ってしまいした．もちろん，たった70行ほどのコードで作れたのですから，すごいことだと理解はしています．しかし，そのチュートリアルを終えた筆者ですら物足りなさを感じてしまったのですから，専門外の方にそれを見せても，きっと「なにそれ？」とか言われるに違いありません．

　そこでチュートリアルの結果を「実感できる」アプリケーションを作ろうと思い立ちました．今回はそのアプリケーションの作り方を紹介します．GUIの画面は図1のようになります．

　開発環境は以下のようになります．
OS：Ubuntu 16.04 LTS 64ビット
CPU：Core i7-5500U@2.40GHz × 4
言語：Python 2.7.12

● GUIアプリにするとうれしいこと
　GUI画面が作れるようになると，次のようなときに役立ちます．
- 一般の人でも操作が可能になる
- 画像を並べて表示し違いを確かめる

● ステップ1…開発環境を構築する
　まずはTensorFlowをインストールします．公式ページを参考にインストールしてください．今回GPUは使いませんので，CPU版TensorFlowバージョン0.11をインストールします[注1]．
　次に，その他必要なライブラリのインストールをします．以下のコマンドを実行し，必要なライブラリとツールをapt-getコマンドでインストールしてください．

```
$ sudo apt-get install python-numpy
$ sudo apt-get install python-opencv
$ sudo apt-get install python-scipy
$ sudo apt-get install python-matplotlib
$ sudo apt-get install python-qt4
$ sudo apt-get install qt4-designer
$ sudo apt-get install python-pil
```

● ステップ2…ひとまず動かしてみる
　この時点で，筆者の作ったGUIアプリケーションを動かせます．作成したアプリケーションはGitHubにアップロードしています．これ以降，これらのコードを参考にします．
https://github.com/jintaka1989/DeepMnistGuiAppForMagazine.git

注1：現在はバージョン0.12～1.4を推奨

Appendix 2　定番「文字認識」の楽ちん体験アプリ

Gitコマンドを使える方は以下のコマンドでダウンロードできます．

```
$ git clone https://github.com/
jintaka1989/DeepMnistGuiAppForMagazine.
git
```

また，［clone or download］ボタンからZIPファイルでダウンロードすることもできます．ダウンロードが終わったら解凍してください．

▶**基本動作**

ターミナルでダウンロードしたディレクトリ「DeepMnistGuiAppForMagazine」に移動してください．そして以下のコマンドにより，プログラムを実行します．

```
$ python main.py
```

図1を参考に，以下のように動作確認をしてみてください．

「描画画面を起動」ボタンを押します．すると，「①数字を書く」画面が表示されます．

次に「①数字を書く」画面にマウスで数字を書きます．「②数字を認識する」ボタンを押すと，次が実行されます．

- 描画画面と認識のための前処理の結果の画像が保存される
- 左側テキスト・ボックスに手書き数字を認識した結果（0～9）が表示される

「③描画をクリアする」ボタンを押します．すると，画像データがクリアされます．そして，「①数字を書く」画面が再表示されます．再びマウスで数字を書ける状態になります．

「描画画面を保存する」ボタンを押すと，描画画面と認識のための前処理の結果の画像が保存されます．

「アプリを終了する」ボタンを押すと，TensorFlowのセッションが閉じられます．

▶**学習済みモデルを使っています**

ボタンを押すたびに機械学習をしているわけではなく，あらかじめ10000stepほど学習したモデルを使っています．これは学習しながらだと処理が重いためです．

学習したモデルを生成するプログラムは，model_creator.pyです．20000stepの学習などをして，より精度を高めたい場合は，これを実行してckptファイル（学習済みモデルを保存したもの）を生成してください．

以降で説明するPythonプログラムの関係を図2に示します．

```
$ python model_creator.py
  ［文献（4）に全ソースコード掲載］
```

以下の行の数字を変更することによって，学習回数を変更できます．

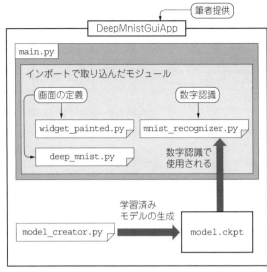

図2　制作したPythonプログラムの関係
文献（4）のサイトに全ソース公開中

86行目：`for i in range(20000): #「20000」が学習するstep数`

10000stepほど学習したモデルのMNISTのテスト・データに対する認識率は99.11％です．

▶**枠からはみ出さないでください**

枠をはみ出て数字を書くとエラーなので「③描画をクリアする」ボタンを押して書き直してください．

● **ステップ3…学習モデルを生成する**

TensorFlowのチュートリアル（Deep MNIST for Experts）を参考にmodel_creator.pyを作成します．さらに，生成したモデルを保存するコードを書きます．これを実行することで，学習したモデルを保存するckptファイルを生成します．

```
$ python model_creator.py
  ［文献（4）に全ソースコード掲載］
```

ほとんどTensorFlow公式のチュートリアルと同じです．変更したうちの重要な行は以下の通りです．

11行目：`W = tf.Variable(tf.zeros([784,10]), name = "W")`

変数に保存するための名前を付けます．

82行目：`saver = tf.train.Saver()`

保存するためのsaverインスタンスを定義します．

97行目：`saver.save(sess "model.ckpt")`

学習したモデルを保存します．

121

第3部 人工知能を作るためのソフトウェア

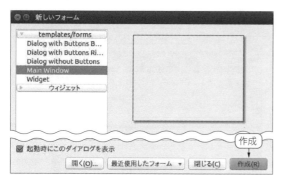

図3 Qt Designer新規作成画面

● ステップ4…画面を作る

PyQt4とQt Designerを使って画面を作ります．文献(2)のウェブ・サイトを参考にしました．

Qt Designerを起動してください．図3のように「Main Window」を選択して「作成」ボタンを押します．

図4のように左のウィジェットボックスからMainWindowへ，ドラッグ＆ドロップでGUIの部品を配置していきます．「Push Button」を5つ，結果を表示するための「Text Edit」を1つ並べます．

次に右のオブジェクトインスペクタ画面で部品を選択します．これでプロパティエディタの「objectName」の値を入力することで，オブジェクトの名前を変更できます．各ボタンの機能が分かりやすいように画面にならって名前を変更してください．

さらに，プロパティエディタの「text」の値を変更することで，ボタンの上に表示されるテキストを変更できます．各ボタンの機能が分かりやすいように画面にならって名前を変更してください．

次に，左上の保存ボタンにより，ファイル名 deep_minist.uiとして保存してください．

deep_minist.uiを作った後，convert_qt.pyを実行して，deep_mnist.pyを生成し，Pythonで使えるようにします．

```
$ python convert_qt.py
```

作成した画面を使うためのモジュールdeep_mnist.pyが自動生成されます．以上でメイン画面の作成は終わりです．

● ステップ5…マウス・カーソルで描画できる画面を作る

PyQt4ライブラリには画面を作るためのQWidgetクラスがあります．

文献(3)のウェブ・サイトを参考にQWidgetクラスを拡張した描画画面である，PaintedWidgetクラスを作ります．

作成するモジュール・ファイルはwidget_painted.pyです．これにより真っ白なPaintedWidget画面を用意し，マウスでドラッグしている間に線を描画できます．

● ステップ6…TensorFlowを用いて手書き数字の認識処理を行う関数を作る

model_creator.pyを参考に手書き数字の認識処理を行う関数を作ります．作成するモジュールはmnist_recognizer.pyです．

▶main.pyの変更点［文献(4)に全ソースコード掲載］

23行目：import mnist_recognizer

このモジュールはimportされた時点で，あらかじめ作られたモデル（ckptファイル）を読み込みます．そして，28*28画像を引き数にmnist_recognizer()関数を使うことにより，認識した数字を返すことができます．

以下にmnist_recognizer.pyのコードの特に重要な部分を示します．

▶mnist_recognizer.py

82(行目)：saver = tf.train.Saver()
84：saver.restore(sess, "model.ckpt")

ckptファイルを読み込みます．この行の前でmodel_creator.pyと全く同じモデルを定義する必要があります．

86：def mnist_recognizer(image):

28*28の画像を引き数に，このmnist_recognizerメソッドを呼び出すと，戻り値に認識した結果である数値(0～9)を返します．

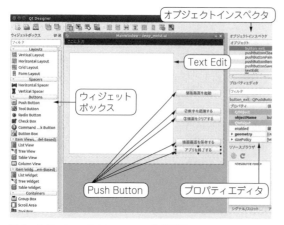

図4 Qt DesignerのMainWindow作成画面

Appendix 2　定番「文字認識」の楽ちん体験アプリ

● ステップ7…これまで作成したモジュールを呼び出すメイン・プログラムを作る

メインのプログラムを作成します．「②数字を認識する」ボタンが押されるとMainWindowクラスのrecognize_number()関数の処理が行われます．

以下にmain.pyのコードの特に重要な部分を示します．

▶main.py［文献(4)に全ソースコード掲載］

```
22（行目）: import deep_mnist
```

ステップ3で作成した画面を取り込みます．

```
92: def recognize_number(self):
99: self.image = cv2.flip(self.
    image, 0)
101: self.image = ndimage.
    rotate(self.image, 270)
102: # cv2.imwrite("out_put.bmp",
    self.image)
```

99行目と101行目で自分の描いた画像を上下回転と時計回り回転をしています．PaintedWidgetクラスで扱う画像とNumPyで扱う画像はx軸とy軸が入れ替わっている関係にあるためです．ここではマウスで数字を描画したときに得た画像のピクセルをNumPyで扱うために並べ直しています．

```
103: # 膨張処理
104: image_dilation = cv2.
    dilate(self.image, kernel,
    iterations = 1)
105: cv2.imwrite("dilation.bmp",
    image_dilation)
106: # 縮小処理
107: self.mnist_image = cv2.
    resize(image_dilation, mnist_size)
108: cv2.imwrite("mnist.bmp", self.
    mnist_image)
109: # 2値化で強調，BINARY_INVで反転し，白
    背景で黒文字にする
110: ret,thre_image = cv2.
    threshold(self.mnist_image, 5,
    255, cv2.THRESH_BINARY_INV)
```

ペイントした画像をMNISTの画像のように縮小する前処理を行います．この処理ではモデルが認識しやすいように画像を加工することが求められます．今回は膨張処理，縮小処理，2値化による強調処理を行っています．この作業により，今回用いたMNISTデータセットと同じような数字の画像が得られます．少しボケてて，太い文字になります．

```
111: cv2.imwrite("thre_image.
    bmp",thre_image)
```

前処理が終わった後，111行目で画像を保存していま す．数字を認識するたびに保存しているので，どんな画像になっているか見てみてください．

```
162: form.pushButtonPaintImage.
    clicked.connect(lambda: form.
    paint_image())
163: form.pushButtonSaveImage.clicked.
    connect(lambda: form.saved())
164: form.pushButtonRecognizeNumber.
    clicked.connect(lambda: form.
    recognize_number())
165: form.pushButtonClear.clicked.
    connect(lambda: form.clear_
    points())
```

162行目から165行目の記述をすることにより，作成した画面ボタンとMainWindowクラス内の関数を結びつけています．これにより，ボタンが押されると対応した関数が呼び出され処理が行われます．分かりやすく書くと次のようになります．

```
form.[ボタン名].clicked.connect(lambda:
form.[MainWindow内の関数名]())
```

● ステップ8…実行して動作を確認する

ターミナルで以下のコマンドを実行し，動作を確認してください．

```
$ python main.py
```

　　　　　　＊　　　＊　　　＊

今回は簡単なGUIアプリケーションを作成しました．気軽に機械学習を試せるので周りの反応も上々です．みなさんもぜひ周りの方に試してもらってみてください．

チュートリアルのモデルだけではなく，自分でTensorFlowモデルを作成してGUIに実装したいとも思っています．顔認識の画像処理，音響処理など…機械学習，夢が広がります．

◆参考文献◆

(1) Deep MNIST for Experts.
https://www.tensorflow.org/versions/r0.11/tutorials/mnist/pros/index.html
(2) python + PyQt4 + Qt DesignerでGUIアプリケーション．
http://domnikki.hateblo.jp/entry/2016/04/07/005006
(3) PyQtでのグラフィックス その1（QWidgetに直接描画する）．
http://bravo.hatenablog.jp/entry/2016/02/07/084048
(4) 筆者提供のプログラム．
https://github.com/jintaka1989/DeepMnistGuiAppForMagazine/

たかぎ・さとし

第3部

第5章 ネットから入手できる画像データセットで試す
TensorFlowで
ちょっと本格的なAI顔認識

山本 大輝

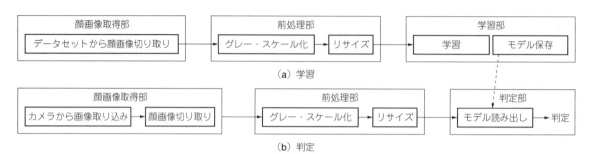

図1 AI画像(顔)認識処理のフロー

ディープ・ラーニングは，特に画像認識の場面で成果をあげています．今回はTensorFlow[1]を使った顔画像認識に挑戦します．顔認識を応用すると，画像に映っている人や物が，データベースに登録されている人や物かどうかを自動で判断できます．

応用は無限にありますが，例えば以下が挙げられます．

- これから会う人がタイプかどうか
  自分のタイプの人/そうでない人の画像を多数学習させます．
- 目の前の魚が新鮮かどうか
  新鮮な魚とそうでない魚の画像を学習させます．
- 見たことがない観光地を自動選別
  訪れたことがある場所の画像を学習させます．
- 自分には分からない双子の兄弟を判別
  兄の画像/弟の画像を学習させます．

今回は公開されているデータセットを利用し，ジョージ・W・ブッシュ氏に似ている人を探してみます．ブッシュ氏は2001年～2009年に米国の大統領に就任していた人です．

概要

● 処理のフロー

今回の顔認識プログラムで行う機能は5つに分かれます．処理フローを図1に示します．また，ハードウェア構成を図2に示します．

本稿のおおまかな流れは以下です．

ステップ1…顔画像取得：顔画像データを収集します．
ステップ2…画像の前処理：顔抽出を行います．
ステップ3…学習モデル構築：学習をどのようなアルゴリズムで行うか決めます．
ステップ4…学習の実行：学習済みモデルを生成します．
ステップ5…判定：学習済みモデルを取り込んで，新たに取得した画像が誰なのか推定します．

● 顔認識プログラムのディレクトリ構成

顔認識プログラムの構成を図3に示します．

- `extract_face.py`…顔領域の検出と切り取りを行うコード
- `model.py`…ニューラル・ネットワークのモデルを定義したコード
- `train.py`…学習のコード
- `detect_face.py`…顔認識のコード
- `util.py`…学習・評価部で使う共通的なコード
- `data`…データを保存するディレクトリ

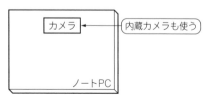

図2 カメラ内蔵PCで実験できる
MacBook Pro, Core i7, 2.8GHz, RAM：16Gバイト

第5章 TensorFlowでちょっと本格的なAI顔認識

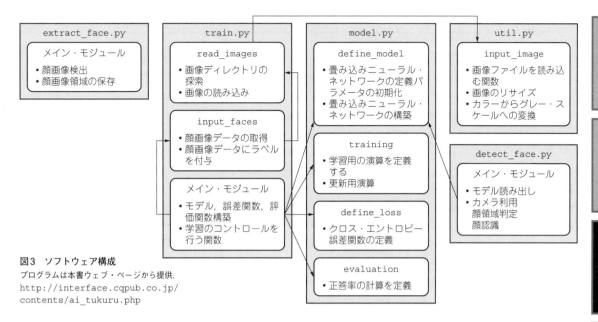

図3 ソフトウェア構成
プログラムは本書ウェブ・ページから提供．
http://interface.cqpub.co.jp/
contents/ai_tukuru.php

- data/lfw…「Labeled Faces in the Wild」にある顔写真データセット
- data/positive…ブッシュ氏の顔写真データのディレクトリ
- data/negative…ブッシュ氏ではない顔写真データのディレクトリ

ソースコード・ディレクトリにdataディレクトリを作ります．その下にpositive，negativeディレクトリを作成します．

ステップ1…顔画像取得

● 手順1…学習データの収集
▶データセットの入手先

初めに顔認識をするためのデータを作成します．顔認識のデータセットとして，「Labeled Faces in the Wild」（以下LFW）を使用しました．LFWのサイト[2]からデータセットをダウンロードできます．

このデータセットは1680名の人物の画像を集めたものです．LFWは顔認識領域のベンチマークとして使われているデータセットの1つです．

▶データセットの使い方

顔認識には，LFWの中からブッシュ氏の画像とその他の顔画像を使います．実際に利用した画像の例を図4，図5に掲載しています．図4はブッシュ氏の画像，図5はデータセットとして保存されている他の画像（Tony Blair氏）です．

LFWのディレクトリ構造を説明します．lfwディレクトリの中に人物名のディレクトリ（「George_W_Bush」など）があります．さらに人物名ディレク

トリ配下に顔写真の画像（.jpg）が配置されています．

今回のディープ・ラーニングはブッシュ氏を「ブッシュ氏である」と学習し，また，その他の画像は「ブッシュ氏ではない」と学習します．その他の画像には同データセットのTony Blair氏，Hugo Chaves氏を選択しました．これらのデータを使って，入力された画像がどの程度ジョージ・ブッシュ氏に近いのか，いわゆる「ブッシュ度」を計測します．

● 手順2…顔領域の検出と切り取り

画像の中から顔の部分だけを切り出します．その際にはOpenCVを利用します．OpenCV[4]は画像処理によく用いられるライブラリです．OpenCVのダウンロードは「http://opencv.org/downloads.html」から可能です．OpenCVのライブラリにはエッジ検出，特徴量検出，画像の変換を行うアフィン変換などがあります．

OpenCVを使った顔検出コードはリスト1です．こ

図4 今回使用した画像データセットには有名人も含まれている

図5 図4のブッシュ氏を学習させるときはブッシュ氏じゃない画像も要る

第3部 人工知能を作るためのソフトウェア

リスト1 顔画像の取り込みと切り抜き処理

```
# coding:utf-8
from __future__ import absolute_import
from __future__ import unicode_literals
import cv2
import os
import argparse

id = 0
# コマンドライン引数の定義
parser = argparse.ArgumentParser()
parser.add_argument("-t", "--type", type=str,
                    choices=["lfw_pos", "lfw_neg"])
args = parser.parse_args()

# 対象人物の画像ではない. python extract_face.py -t lfw_neg
if args.type == "lfw_neg":
    folder_list = ["Tony_Blair", "Hugo_Chavez"]
    suffix = "neg"
    SRC_DIR_PATH = "./data/lfw/"
    DST_DIR_PATH = "./data/faces/negative"
# 対象人物の画像 python extract_face.py -t lfw_pos
elif args.type == "lfw_pos":
    folder_list = ["George_W_Bush"]
    suffix = "pos"
    SRC_DIR_PATH = "./data/lfw/"
    DST_DIR_PATH = "./data/faces/positive"

# 顔画像検出器を初期化する
cascade_path = "INPUT YOUR FACE MODEL PATH"
cascade = cv2.CascadeClassifier(cascade_path)
# ファイルセットを作る
for folder in folder_list:
    src_file_list = os.listdir(SRC_DIR_PATH + folder)
    for file in src_file_list:
        # 不要なファイルに判定処理を行わない
        if file.startswith(".") or file.endswith(".txt"):
            continue

        try:
            # 画像の読み込み
            image = cv2.imread(os.path.join(SRC_DIR_PATH +
                                            folder, file))
            # 画像を読み込めなかった場合に処理を飛ばす
            if image is None:
                continue

            if (len(image.shape)) == 2:
                image_gray = image
                continue
            else:
                print ("グレー・スケールの変換を開始する. {}".format(os.
                              path.join(SRC_DIR_PATH, file)))
                image_gray = cv2.cvtColor(image, cv2.COLOR_
                                                      BGR2GRAY)
        except Exception as e:
            print (e, file)
            continue

        # 画像のスケール調整
        scale_height = 512.0 / image.shape[0]
        scale_width = 512.0 / image.shape[1]

        resize_image_gray = cv2.resize(image_gray, (512,
                                                         512))
        print ("グレー・スケールの変換を完了する. ")

        minsize = (int(resize_image_gray.shape[0] * 0.1),
                   int(resize_image_gray.shape[1] * 0.1))
        try:
            print ("顔画像検出を行う. ")
            # ②顔画像を検出する
            facerect = cascade.detectMultiScale(
                        resize_image_gray, scaleFactor=1.1,
                        minNeighbors=1, minSize=minsize)
            print ("顔画像検出を完了する. ")
            if len(facerect) == 0 or len(facerect) > 1:
                print ("顔領域検出の結果が0もしくは2カ所以上発見されました. ")
                continue
            for rect in facerect:
                min_height = int(rect[0] / scale_height)
                min_width = int(rect[1] / scale_width)
                max_height = int(rect[2] / scale_height) +
                                                      min_height
                max_width = int(rect[3] / scale_width) + min_
                                                             width

            # 画像を保存する
            cv2.imwrite(os.path.join(DST_DIR_PATH,
                "image_{}_{}.jpg".format(suffix, str(id))),
                image[min_height:max_height, min_width:max_
                                                            width])
            id += 1
        except Exception as e:
            print (e)
```

のコードのポイントは次の2つです.

▶①顔画像検出器の初期化

OpenCVには学習済みの顔検出用のモデルが含まれており、これを利用することで簡単に顔の部分を検出できます. 学習済みモデルはCascadeClassifierクラスのコンストラクタの引き数にモデル・ファイルのファイル・パスを指定すると使えます. 今回は顔検出モデルであるhaarcascade_frontalface_alt.xmlを使いました.

▶②顔画像の検出

顔画像の検出は, detectMultiScaleメソッドに引き数として判定したい画像を与えれば, 返り値として顔画像の矩形領域を取得できます(図6). 検出した顔画像を最後に保存します.

今回の顔認識プログラムでは, 1枚の画像に1人しか写っていないことを前提とします. そのため1枚の画像で2カ所以上顔領域を検知した場合はノイズ・データとし, 利用しません.

(a) 切り抜き前 (b) 切り抜き後

図6 画像中から顔の部分を切り抜く

ステップ2…画像の前処理

● 画像の読み込みと加工

画像をファイルから読み込み, 適切なラベル付けを

第5章 TensorFlowでちょっと本格的なAI顔認識

リスト2 train.py指定のディレクトリから画像を読み込むコード

```python
def read_images(directory_path):
    """
    ディレクトリから画像を読み込む

    :param directory_path: ディレクトリのパス
    :return: 画像のリスト
    """
    face_images = []
    # ディレクトリの中の画像を読み込む
    for file in os.listdir(directory_path):
        if file.startswith("."):
            continue
        file_path = os.path.join(directory_path, file)
        image = input_image(file_path, IMAGE_SIZE)
        if image is None:
            continue
        face_images.append(image)
    return face_images
def inputs_face():
    """
    顔画像を読み込む
    :return: 画像のパスとラベル一覧
    """
    positive_datapath = "./data/faces/positive"
    negative_datapath = "./data/faces/negative"
    # 教師画像(positive)を読み込む.
    face_images = read_images(positive_datapath)
    # ラベルを1とする.
    labels = [1 for _ in range(len(face_images))]
    # 教師画像(negative)を読み込む.
    negative_face_images = read_images(
                                      negative_datapath)
    face_images += negative_face_images
    # ラベルを0とする.
    labels += [0 for _ in range(len(
                               negative_face_images))]
    # 0-1へ画像をスケーリングする.
    face_images = np.array(face_images, dtype=
                                np.float32) / 255.0
    return face_images, np.array(labels)
```

リスト3 util.py画像の読み込みと加工を行うコード

```python
# coding:utf-8
from __future__ import absolute_import
from __future__ import unicode_literals
import cv2
import numpy as np
def input_image(file_path, size):
    """
    画像の入力を行う.
    :param file_path: ファイルパス
    :return: 画像
    """
    img = cv2.imread(file_path)
    if len(img.shape) == 2:
        return None
    # グレー画像に変換
    gray_image = cv2.cvtColor(img, cv2.COLOR_BGR2GRAY)
    # 画像をリサイズする.
    resize_image = cv2.resize(gray_image, (size, size))
    # 28 x 28 → 28 x 28 x 1
    expand_image = np.expand_dims(resize_image, 2)
    return expand_image
```

ステップ3…学習環境の構築

● TensorFlowのインストール

 学習環境を構築するためにTensorFlowをインストールします．インストールする対象がOSやハードウェアによって異なります．今回はCPUを使って顔認識を行いますが本来，ディープ・ラーニングは，GPU環境のほうが高速に計算できます．TensorFlowのGPU対応版はインストール媒体を利用する（https://www.tensorflow.org/versions/r0.12/get_started/os_setup.html）ことで構築できます．GPU環境で動作させるには，CUDAが必要です．CUDAはNVIDIA社のGPU向けの統合開発環境です．CUDAのインストール手順はNVIDIA社のウェブ・サイトを参照してください．

● 学習の全体像

 初めに，学習の全体像を紹介します．図7に学習のフローチャートを示します．学習は大きく分けて2つの処理に分かれます．1つ目は学習環境の構築（本ステップ3で説明），もう1つは実際に学習を行う処理（ステップ4で説明）です．
 まずは，学習の定義内容を説明します．ディープ・ラーニングのモデルを学習する場合に決めなければならないことは3つあります．
 1つ目はモデルです．ディープ・ラーニングの具体的なモデルを定義して，計算することが必要です．
 2つ目は誤差関数です．教師データとどれだけ差分があるかを定義することが必要です．
 3つ目はパラメータの更新方法です．ニューラル・ネットワークはパラメータを更新することで，学習し，精度を高めることができます．更新方法も幾つか

 行います．リスト2とリスト3にその部分のコードを示します．ニューラル・ネットワークへの入力は，画像サイズを等しくする必要があります．そのため，OpenCVを使って一定の値にリサイズ処理を行います．また，画像を畳み込み演算に対応させるために，多次元配列のサイズを[画像の高さ，画像の幅，チャネル]に変換します．画像の高さ，画像の幅はリサイズした値を設定します．本プログラムでは，処理の簡略化のためにグレー・スケール画像として処理をします．チャネルはグレー・スケールのため1に設定します．蛇足ではありますが，カラー（RGB）の場合は3を設定します．

● ラベルの付与

 次に画像とセットで学習するラベルを与えます．今回のラベルは，「ジョージ・ブッシュ」氏が含まれるフォルダにラベル「1」，「ジョージ・ブッシュ」氏が含まれないフォルダにラベル「0」を付与します．

第3部 人工知能を作るためのソフトウェア

> **コラム** 必須アイテムの紹介…ニューラル・ネットワークの学習状況可視化ソフト　山本 大輝
>
> 　学習部の紹介へ入る前に，TensorBoard[5]を紹介します．TensorBoardはTensorFlowの可視化ツールです．TensorFlowをインストールすると含まれます．TensorBoardは図9のような可視化が可能です．TensorBoardはTensorFlowで作成した複雑なモデルや学習の過程，入力したデータ（画像，オーディオなど）をウェブ・アプリケーションで可視化できます．**表A**に本プログラムで可視化する対象の説明を示します．
>
> 　学習時にニューラル・ネットワークの無数にあるパラメータの状態を把握するのは困難です．TensorBoardを使うことで学習途中の誤差関数や正答率，ニューラル・ネットワークの状況の可視化ができます．今回はTensorBoardの使い方を顔認識プログラムの作成とともに紹介します．TensorBoardは次のコマンドで起動します．
>
> `tensorboard --logdir=./logs`
>
> `--logdir`はTensorFlowのログの保存先です．
>
> 　TensorBoardを起動したら「http://localhost:6006」にブラウザでアクセスします．
>
> **表A　TensorBoardのヘッダ項目**
>
> | ヘッダ | 説明 |
> |---|---|
> | GRAPHS | 構成したニューラル・ネットワークのモデルを可視化できる |
> | EVENTS | 数値情報を可視化できる
例：学習係数，誤差，正答率など |
> | IMAGES | 画像の可視化 |

選択することができ，その更新方法を定義します．詳細は後述します．

　これらを使って学習します．TensorFlowでどのように学習を実現しているかを説明します．この箇所がフローチャートのループ部に該当します．また，学習結果をファイルに保存する方法も併せて紹介します．

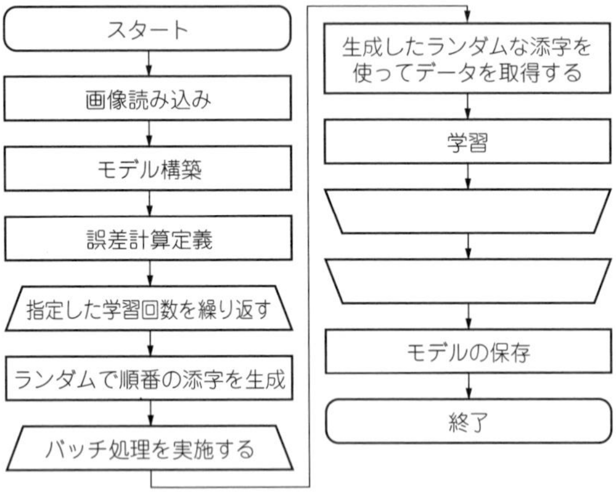

● ①モデルを定義する

　学習用ニューラル・ネットワークを定義します．プレースホルダ（Placeholder）と呼ばれるデータを格納する箱を用意します．そして，プレースホルダを使って，計算式を構築します．計算する際には具体的な値を投入します．

　顔認識のモデルは畳み込みニューラル・ネットワーク（Convolutional Neural Network）として定義します．畳み込みニューラル・ネットワークは主に画像認識の分野で使われています．畳み込みニューラル・ネットワークは「畳み込み」や「プーリング」と呼ばれる処理を交互に繰り返し行います．今回作成する畳み込みニューラル・ネットワークを**図8**に示します．

　各ニューロンの計算式を指定することで，モデルの定義を行います．**リスト4**の前半はパラメータの初期化を行っています．**リスト4**の後半はプレースホルダに対して，畳み込みの計算を行う処理，活性化関数，プーリングによる計算の適用を行っています．これらを何回か繰り返し，最後にソフトマックス関数を定義として，出力します．

　図9はTensorBoardで表示したモデルの概要を示しています．

図7　学習部分のフローチャート

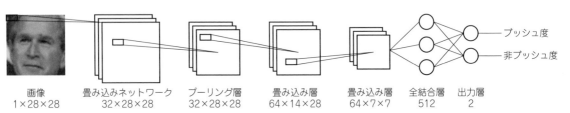

図8　畳み込みニューラル・ネットワークの構造（チャネル×高さ×幅の表示）

第5章 TensorFlowでちょっと本格的なAI顔認識

リスト4　model.pyモデルの定義を行うコード

```python
def define_model(images):
    """
    ニューラルネットワークのモデルを定義する.
    :return: 計算後の結果
    """
    # 畳み込みニューラルネットワークのパラメータの初期化を行う.
    conv1_weights = tf.Variable(
     tf.truncated_normal([5, 5, NUM_CHANNELS, 32],
         stddev=0.1,
         seed=SEED, dtype=tf.float32))
    conv1_biases = tf.Variable(tf.zeros([32], dtype=
                                            tf.float32))
    conv2_weights = tf.Variable(tf.truncated_normal(
     [5, 5, 32, 64], stddev=0.1,
     seed=SEED, dtype=tf.float32))
    conv2_biases = tf.Variable(tf.constant(0.1, shape=
                                 [64], dtype=tf.float32))
    fc1_weights = tf.Variable(
     tf.truncated_normal([IMAGE_SIZE // 4 * IMAGE_SIZE
                                        // 4 * 64, 512],
         stddev=0.1,
         seed=SEED,
         dtype=tf.float32))
    fc1_biases = tf.Variable(tf.constant(0.1, shape=
                               [512], dtype=tf.float32))
    fc2_weights = tf.Variable(tf.truncated_normal([512,
                                             NUM_LABELS],
            stddev=0.1,
            seed=SEED,
            dtype=tf.float32))
    fc2_biases = tf.Variable(tf.constant(
     0.1, shape=[NUM_LABELS], dtype=tf.float32))
    # プレースホルダに対して計算を行う.
    with tf.variable_scope("conv1"):
     conv = tf.nn.conv2d(images,
            conv1_weights,
            strides=[1, 1, 1, 1],
            padding='SAME')
     relu = tf.nn.relu(tf.nn.bias_add(conv,
                                        conv1_biases))
    pool = tf.nn.max_pool(relu,
            ksize=[1, 2, 2, 1],
            strides=[1, 2, 2, 1],
            padding='SAME')
    with tf.variable_scope("conv2"):
     conv = tf.nn.conv2d(pool,
            conv2_weights,
            strides=[1, 1, 1, 1],
            padding='SAME')
     relu = tf.nn.relu(tf.nn.bias_add(conv,
                                        conv2_biases))
    pool = tf.nn.max_pool(relu,
            ksize=[1, 2, 2, 1],
            strides=[1, 2, 2, 1],
            padding='SAME')
    pool_shape = pool.get_shape().as_list()
    with tf.variable_scope("fc1"):
     reshape = tf.reshape(
      pool,
      [pool_shape[0], pool_shape[1] * pool_shape[2] *
                                        pool_shape[3]])
     hidden = tf.nn.relu(tf.matmul(reshape,
                             fc1_weights) + fc1_biases)
    return tf.matmul(hidden, fc2_weights) + fc2_biases
```

● ②誤差関数を定義する

　誤差関数は教師となるデータとどの程度差分があるかを数値的に表現しています．誤差関数の値が小さくなるようにニューラル・ネットワークのパラメータを更新することで精度が上がります．

　誤差関数はニューラル・ネットワークで解きたい問題によって変わります．数値を求めるような問題（例：売上予測）は最小2乗誤差や平方最小2乗誤差が使われます．また，分類問題にはクロス・エントロピー誤差関数を使います．今回のような誰の顔画像かを識別するのは，分類問題です．顔認識アプリケーションはクロス・エントロピー誤差関数を利用しており，リスト5のコードに定義しました．

　TensorFlowにクロス・エントロピー誤差関数はsoftmax_cross_entropy_with_logitsとして実装されています．

● ③パラメータの更新方法を定義する

　パラメータの更新方法について紹介します．ニューラル・ネットワークは重みとバイアスと呼ばれるパラメータを持っています．学習はこのパラメータを更新し，教師との差分（誤差関数の数値）を減らします．

　ニューラル・ネットワークのパラメータ更新方法は多くの研究者が研究しています．例えば，最急降下法と呼ばれる手法で最適化を行います．更新方法として，確率的こう配降下法（SGD）やAdam，Adadeltaなど

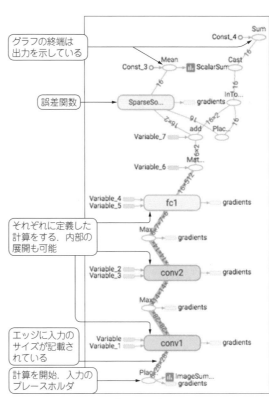

図9　顔認識プログラムの「GRAPHS」画面

第3部 人工知能を作るためのソフトウェア

リスト5 model.py 誤差関数の定義を行うコード

```
def define_loss(logits, labels):
    """
    クロス・エントロピー誤差の定義

    :param logits: 入力値
    :param labels: ラベル
    :return: 誤差平均
    """
    labels = tf.to_int64(labels)
    # クロス・エントロピー誤差の計算
    cross_entropy_loss = tf.nn.sparse_softmax_cross_
                    entropy_with_logits(logits, labels)
    # 計算したクロス・エントロピー誤差の平均
    cross_entropy_loss_mean = tf.reduce_mean(
                            cross_entropy_loss)
    return cross_entropy_loss_mean
```

リスト6 model.py 学習を行うためのコード

```
def training(loss, learning_rate):
    """
    パラメータ更新方法を定義する
    :param loss: 計算した誤差
    :param learning_rate: 学習係数
    :return:
    """
    batch = tf.Variable(0, dtype=tf.float32)
    optimizer = tf.train.GradientDescentOptimizer(
            learning_rate=learning_rate).minimize(
                    loss,global_step=batch)
    return optimizer

def evaluation(logits, labels):
    """
    評価
    :param logits: 計算結果
    :param labels: ラベル
    :return: 評価
    """
    # 正しければ1, 誤っていれば0
    correct = tf.nn.in_top_k(logits, labels, 1)
    # 正解した数を計算する
    return tf.reduce_sum(tf.cast(correct, tf.int32))
```

がTensorFlowには用意されています．

パラメータの更新を行う計算はリスト6のtraining関数を参照してください．学習係数（learning_rate）は更新方法の中で特に重要なハイパ・パラメータです．ハイパ・パラメータとは人間が設定するパラメータのことを指します．この学習係数の数値が低すぎる場合はゆっくり収束するため，学習がなかなか終了しません．また，学習係数の数値が高すぎる場合は更新幅が大きくなりすぎるため，学習がうまくいかないことがあります．そのため，適度な学習係数を設定することが必要です．一般的には，0.001〜0.01付近を設定するとうまく学習できるといわれています．今回は0.01としました．

ステップ4…学習の実行

ディープ・ラーニングでは，膨大なデータのうちの一部分のデータを利用して学習を行い，また次のデータを利用して学習する，ということを繰り返して，データ全体を利用します．リスト7を参考にしてください．

● ①演算を行う

ディープ・ラーニングの学習を行っているメソッドはsession.runです．このメソッドの引き数feed_dictにプレースホルダと実際に入力したい値の組み合わせを入力することで，モデルを定義した計算式を実行します．

● ②学習結果を保存する

学習後に学習済みディープ・ラーニングのパラメータをSaverのsaveメソッドでファイルに保存します．また，TensorBoardを使うことにより，学習の途中経過を確認できます．

「EVENTS」は数値情報のサマリを表示します．本顔認識プログラムは誤差情報をscalar_summaryに与えています．そのため，「EVENTS」は誤差の推移を可視化できます．図10が誤差の推移を表したもので，横軸がバッチ単位の学習回数［回］，縦軸が誤差の値です．図10から誤差が減っており，学習が進行していることが読み取れます．

ステップ5…判定

最後に学習済みのモデルを使って，顔認識プログラムを作成します．顔認識プログラムのソースコードをリスト8に示します．

● 学習済みモデルの読み込み

まずは，学習済みのモデルを取得します．このモデルの読み込みにはsession内部にあるSaverのrestoreメソッドを使います．このメソッドの引き数に学習時にモデルの保存をした先のファイル・パスを指定します．後は自動的に読み込まれます．

今回の出力は，入力の顔画像をどのクラスに分類すべきかの度合いを出力します．ソフトマックス関数を使い，全部のクラスを合計すると1になるように調整します．学習時に使ったdefine_model関数の出力に対して，softmaxを使います．ここから完成したモデルを使って顔認識アプリケーションを作成します．処理の流れは図11に記載します．

● 顔画像の取得

顔認識アプリケーションはカメラを利用して画像を取得します．今回は手持ちのMacBook Proに標準搭載されているカメラを使いました．そしてその画像を評価し，最後に判定した色を付与します．これを顔画

第5章　TensorFlowでちょっと本格的なAI顔認識

リスト7　学習用コード train.py

```
# coding:utf-8
import tensorflow as tf
import numpy as np
import time
import os
from model import define_model, define_loss,
                           training, evaluation
from util import input_image
BATCH_SIZE = 16
NUM_CHANNELS = 1
IMAGE_SIZE = 28
SEED = 82
NUM_LABELS = 2
EPOCHS = 100
def main():
 faces, label = input_faces()
 n_class = len(list(set(label)))
 N_faces = len(faces)
 print (n_class), N_faces
 with tf.Graph().as_default():
  # 入力画像のプレースホルダ
  images = tf.placeholder(tf.float32, [BATCH_SIZE,
                          IMAGE_SIZE, IMAGE_SIZE, 1])

  # ラベル 0: 1:
  labels = tf.placeholder(tf.int64, shape=(BATCH_
                                            SIZE,))
  # モデルの定義
  model = define_model(images=images)
  # 誤差関数
  loss = define_loss(model, labels=labels)
  # 誤差を保存. TensorBoardで可視化できる.
  tf.scalar_summary("loss", loss)
  # 学習の演算を定義する.
  train_op = training(loss, learning_rate=0.01)
  # 評価方法を定義. 正解数を計算する
  evaluation_op = evaluation(model, labels)
  # TensorBoardへの記載
  tf.image_summary('images', images, max_images=100)
  summary = tf.merge_all_summaries()
  saver = tf.train.Saver()
  # 変数初期化を行う.
  with tf.Session() as session:
   # 全ての変数を初期化する.
   tf.initialize_all_variables().run()
   # 計算グラフを定義
   summary_writer = tf.train.SummaryWriter("./log",
                                      session.graph)
   count = 0
   # 学習を行う.　何周学習を行うか
   for epoch in range(EPOCHS):
    perm = np.random.permutation(N_faces)
    loss_value = 0.0
    # バッチ学習を行う.
    for index, step in enumerate(range(0, N_faces -
                        BATCH_SIZE, BATCH_SIZE)):
     start_time = time.time()
     batch_start = step
     batch_end = step + BATCH_SIZE
     feed_dict = {
      images: faces[perm[batch_start:batch_end]],
      labels: label[perm[batch_start:batch_end]]
     }
     # ①演算を行う.
     _, loss_value, eval_value = session.run([train_
       op, loss, evaluation_op], feed_dict=feed_dict)

     duration = time.time() - start_time
     count += 1
     print('Step %d: loss = %.2f (%.3f sec)' % (
      step + epoch * N_faces // BATCH_SIZE,
                             loss_value, duration))
     summary_str = session.run(summary, feed_dict=
                                             feed_dict)
     summary_writer.add_summary(summary_str, index +
                      epoch * N_faces // BATCH_SIZE)
     summary_writer.flush()

    # 学習が一周完了した段階で出力する.
    print (epoch, loss_value)
   # ②学習結果を保存する.
   saver.save(session, "model.ckpt")
if __name__ == '__main__':
 main()
```

像取得と同様にOpenCVを使って実装しました．顔検出部分はリスト1と組み合わせて使います．顔画像の検出領域とその属性（ブッシュ度が高いか低いか）を色で示しています．ブッシュ度が高い画像は赤色，低い画像は青色になります．

今回はブッシュ氏の画像をスマートフォンに表示し，それをカメラに近づけて顔認識をしてみます．

図12に結果を示しています．スマートフォンの顔画から顔を検出できていることが分かります．実際の画像から顔画像の検出できそうです．

また，別の画像で同じ判定を行いました．結果を図13に示しています．こちらは，ブッシュ氏ではないと判定できています．ニューラル・ネットワークやハイパ・パラメータのチューニングを行うことで，更に精度の高い顔画像判定ができるでしょう．

◆参考文献◆

(1) TensorFlow公式.
   https://www.tensorflow.org/
(2) Labeled Faces in the Wild.
   http://vis-www.cs.umass.edu/lfw/

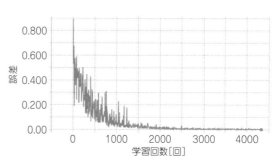

図10　学習の収束具合は学習回数と誤差との関係で確認できる

(3) RSオンライン.
   http://jp.rs-online.com/web/generalDisplay.html?id=raspberrypi
(4) OpenCV.
   http://opencv.jp/
(5) TensorBoard.
   https://github.com/tensorflow/tensorflow/tree/master/tensorflow/tensorboard

やまもと・ひろき

第3部 人工知能を作るためのソフトウェア

リスト8 detect_face.py 評価用コード

```python
# coding:utf-8
from __future__ import absolute_import
from __future__ import unicode_literals
import tensorflow as tf
import numpy as np
from model import define_model
import cv2

BATCH_SIZE = 1
NUM_CHANNELS = 1
IMAGE_SIZE = 28

cap = cv2.VideoCapture(0)
cascade_path = "INPUT YOUR FACE MODEL PATH"
cascade = cv2.CascadeClassifier(cascade_path)

with tf.Graph().as_default():
 # 入力画像のプレースホルダ
 images = tf.placeholder(tf.float32, [BATCH_SIZE,
                         IMAGE_SIZE, IMAGE_SIZE, 1])

 # モデル定義
 model = define_model(images=images)
 # 出力定義
 softmax_op = tf.nn.softmax(model)
 # セーバーの初期化
 saver = tf.train.Saver()
 # 変数初期化を行う
 with tf.Session() as session:
  # モデルの読み出し
  saver.restore(session, "./model.ckpt")

  while True:
   response, frame = cap.read()
   image_gray = cv2.cvtColor(frame, cv2.COLOR_
                                           BGR2GRAY)
   scale_height = 512.0 / image_gray.shape[0]
   scale_width = 512.0 / image_gray.shape[1]
   resize_image_gray = cv2.resize(image_gray, (512,
                                               512))

   minsize = (int(resize_image_gray.shape[0] * 0.1),
              int(resize_image_gray.shape[1] * 0.1))
   facerect = cascade.detectMultiScale(
              resize_image_gray, scaleFactor=1.1,
              minNeighbors=1, minSize=minsize)

   # 画像が1枚の時に実行する
   if len(facerect) == 1:
    for rect in facerect:
     min_height = int(rect[0] / scale_height)
     min_width = int(rect[1] / scale_width)
     max_height = int(rect[2] / scale_height) +
                                           min_height
     max_width = int(rect[3] / scale_width) +
                                           min_width

     print(min_height, max_height, min_width,
                                           max_width)

     face_img = image_gray[min_height:max_height,
                           min_width:max_width]
     resized_face_img = cv2.resize(face_img, (
                         IMAGE_SIZE, IMAGE_SIZE))

     feed_dict = {
      images: np.array([np.expand_dims(
         resized_face_img, 2)], dtype=np.float32)
     }
     # 結果
     value = session.run(softmax_op,
                         feed_dict=feed_dict)
     print (value)
     # 矩形の色指定を行う
     if value[0][0] > 0.5:
      color = (255, 0, 0)
     else:
      color = (0, 0, 255)
     cv2.rectangle(frame, (min_width, min_height),
              (max_width, max_height), color, 10)
     k = cv2.waitKey(1)

   cv2.imshow("face camera", frame)
```

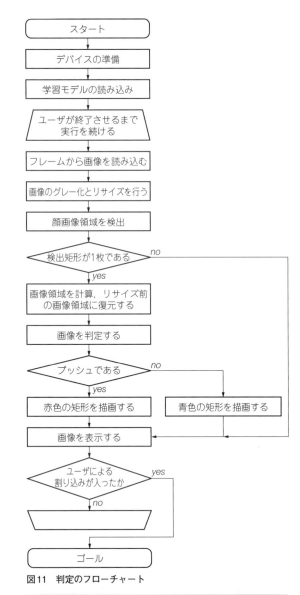

図11 判定のフローチャート

図12 ブッシュ氏を認識できた

図13 ブッシュ氏ではないと認識できた

第3部
Appendix 3　話題アルゴリズムの理屈を簡単にまとめておく
「ディープ・ラーニング」アルゴリズムあんちょこ

足立 悠

　TensorFlowにはディープ・ラーニング（深層学習）のAPIが含まれます．ここでは，そのディープ・ラーニングについて紹介します．

　ディープ・ラーニングはAI技術の1つです．AI技術はブームと冬の時代を繰り返しながら発展を続けてきました．

　文献(1)によると，1960年代の第1次AIブームでは「探索・推論」型の技術が中心でした．ハノイの塔アルゴリズムがこれに当たります．1980年代の第2次AIブームでは「知識表現」型の技術が中心でした．エキスパート・システムなどが生み出されました．2000年代以降の第3次AIブームでは「機械学習（特徴抽出）」型の技術が中心となりました．

　過去のブームでは，やがて冬の時代を迎えていたものの，第3次以降は現在に至るまで失速することなく，急速に普及しています．

　第3次のブーム以降，AIが冬の時代を迎えることなく急速に発展を遂げている理由として，大量の情報を処理できるインフラを入手できることが挙げられます．しかしそれ以上に技術的なブレークスルーは，ディープ・ラーニングを使えば自動的に特徴を抽出できることです．

予習…機械学習とは

● 人間が処理できない量のデータを扱える

　ディープ・ラーニングは機械学習のアルゴリズムの1つです．では，そもそも機械学習とは何なのでしょうか．機械学習とは，「機械にデータを解析させ，データに潜む規則性（ルール）やパターンを発見，アルゴリズムを発展させていく処理」を指します．データ量が少なければ，人手でルールやパターンを発見できるかもしれません（例えば100行のデータを1行ずつ目視する）．しかし，センサ・ログを始め現実のデータは，大規模かつ複雑になりつつあり，人間が処理できるレベルを超えています．そこで，機械に処理させることで，データから効率良く，効果的な知識を発見できます．

　現実には，センサ・ログのような数値形式のデータ（構造化データ），アンケートの自由記述のようなテキスト形式のデータ（非構造化データ）など，さまざま

図1　センサ・ログのサンプル

な形式のデータが存在します[注1]．

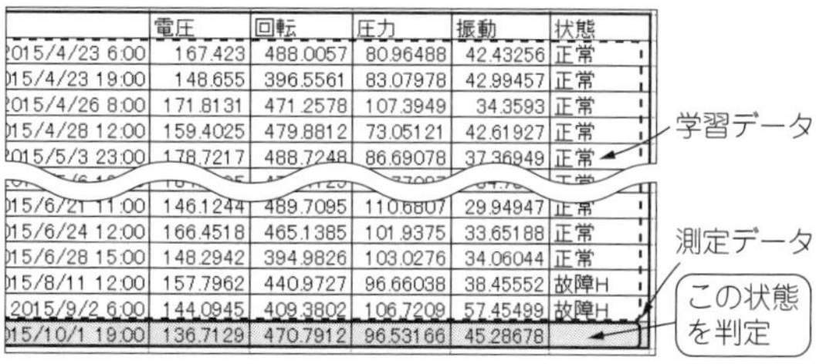

　そして目的と入力データ形式に応じた「機械学習の手法」を選択し，ルールやパターンを表現するモデルを作成し，さらにより精度を高めるために学習させます．

● アルゴリズムあれこれ

　機械学習には次の手法が一般によく使われます．

- 2つに分類
- 3つ以上に分類
- 回帰分析
- 時系列分析
- グループ分け
- パターン発見

　「分類(2つ)(3つ以上)」と「回帰分析」は教師あり学習と呼ばれ，予測分析に使われます．「グループ分け（クラスタリング）」と「パターン発見」は教師なし学習と呼ばれ，データの特徴を把握することに使われます．

▶予測に使われるアルゴリズム「分類」

　「分類」はデータのカテゴリを判別し予測します．例えばセンサ・ログから正常な機械/故障した機械を分類するパターンを作成し，将来故障しそうな機械を予測することに使われます．センサ・ログが図1の形式の場合の，機械の故障予測を考えてみましょう．

　機器には電圧や圧力などのセンサが取り付けられており，時々刻々とセンサ値，そして状態（正常/故障とそのレベル）がデータとして蓄積されています．破線で囲っているデータの最右列「状態」には値があり

注1：画像や音声は非構造化データです．従って特徴を抽出し，これを入力パラメータとするのが一般的です．特徴の抽出には2値化やヒストグラム，周波数帯への変換などが使われます．この特徴抽出を自動で行ってくれるのがディープ・ラーニングの良さです．

第3部 人工知能を作るためのソフトウェア

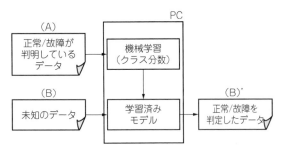

図2 機械学習のアルゴリズムを用いるとOK/NGデータを分類できるようになる

ますが,実線で囲っているデータの最右列「状態」には値がありません.

状態列の値は予測対象(正解となる値)です.正解を持っているデータ(破線で囲ったデータ)を使って学習し,学習モデルを作成します.この学習を「教師あり機械学習」と呼びます.作成したモデルを,正解となる値が分からないデータ(実線で囲ったデータ)に適用すれば,状態列の値を予測できます(**図2**).

一般に,分類に使えるアルゴリズムには以下のものがあります.

- 決定木(Decision Tree)
- k近傍法(k-NN)
- ランダム・フォレスト
- サポート・ベクタ・マシン(SVM)
- ニューラル・ネットワーク
- ディープ・ラーニング

▶「分類」以外のアルゴリズム

分類以外の各アルゴリズムの詳細は,**表1**をご覧ください.

表1 機械学習で用いられるアルゴリズムの一例

種類	分析アルゴリズム	事例
機械学習 (教師なし, 知識発見)	主成分分析(PCA)	顧客セグメンテーション 購買パターン抽出 インフルエンサーの特定 ポジネガ分析
	相関分析	
	アソシエーション分析	
	コレスポンデンス分析	
	階層型クラスタリング	
	k-meansクラスタリング	
	ネットワーク分析	
機械学習 (教師あり, 未来予測)	k近傍法	機械・設備の故障予測 顧客の解約防止 売上予測 不正検知 画像/音声認識
	決定木	
	ランダム・フォレスト	
	ナイーブ・ベイズ	
	線形回帰/重回帰	
	ロジスティック回帰	
	ニューラル・ネットワーク	
	サポート・ベクタ・マシン	
	ディープ・ラーニング ← ここ	

一般によく使われる教師あり/なし学習の手法と,具体的にどのように活用できるのか事例を掲載しています.教師あり・予測型の「ニューラル・ネットワーク」は,ディープ・ラーニングの基礎となるアルゴリズムです.

▶ディープ・ラーニングの位置付け

ディープ・ラーニングの日本語表記は「深層学習」であり,機械学習とは別の技術に思われるかもしれませんが,**表1**の教師あり・予測型「ニューラル・ネットワーク」を改良したアルゴリズムです.ディープ・ラーニングは,ディープ・ニューラル・ネットワークとも呼ばれます.従って以下のような主従関係になります.

```
機械学習
 └ニューラル・ネットワーク
   └ディープ・ラーニング
```

機械学習には「分類」,「回帰」,「グループ分け」,「パターン発見」に属する多くのアルゴリズムが存在します.ニューラル・ネットワークは「分類」,「回帰」のアルゴリズムの1つです.ディープ・ラーニングはニューラル・ネットワークを発展させたものであり,「分類」,「回帰」の学習が可能です.

誕生まで

● ニューラル・ネットワークの限界

ニューラル・ネットワークは,「回帰」,「分類」型の教師あり機械学習アルゴリズムです.正解を持つデータを用いてモデルを構築するため予測に使えます.ニューラル・ネットワークのモデルを可視化したものが図3です.

図1のセンサ・ログを例に説明します.図3の●表示の各ノードは「ニューロン」です.数値データを左端の「入力層」のニューロンに入力し,中央の「中間層(隠れ層)」のニューロンへデータを渡すと学習が始まります.学習を繰り返しモデルの精度が一定以上になれば,右端の「出力層」のニューロンへと結果を渡し

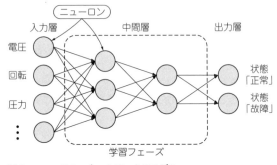

図3 ニューラル・ネットワークのモデル

Appendix 3 「ディープ・ラーニング」アルゴリズムあんちょこ

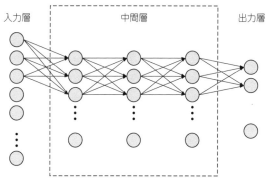

図4 ディープ・ラーニングのモデル

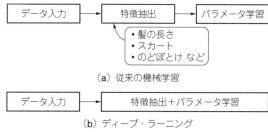

図5 人間の気付かないような特徴点を抽出してくれるのがディープ・ラーニングの強み

ます．画像データの場合も同じ処理です．

ニューラル・ネットワークは第2次AIブーム中に生み出されました．脳の最小単位の構造を数理モデル化すれば，コンピュータに脳と同じような処理ができるのではないか，といったコンセプトです．

中間層（隠れ層）を増やせばモデルの精度は向上し，分類や識別能力が高くなりますが，中間層において勾配消失問題（後述）が生じ，学習が適切に行われません．また，計算が複雑になるため当時のマシン性能では処理に多くの時間を要し，現実に使えるアルゴリズムではありませんでした．結果，第2次AIブームは去り，再度冬の時代を迎えることになったのです．

● ディープ・ラーニング革命

ニューラル・ネットワークは，中間層を増やせば精度は向上するが学習が適切に行われない欠点を持っていました．この欠点を解消したアルゴリズムがディープ・ラーニング（ディープ・ニューラル・ネットワーク）です．2006年にトロント大学のHinton博士によって考案されました（図4）．

▶ ニューラル・ネットワークの進化形

ニューラル・ネットワークとの違いは，中間層の層数を多く持っても学習が適切に行われる点にあります．国際的な画像認識コンペILSVRCで，2015年に優勝したMicrosoft社は152層のモデルを構築しました．

なぜニューラル・ネットワークからディープ・ラーニングへ進化を遂げることができたのか？その謎は「事前学習」にあります．詳細は後述します．

▶ 機械学習との違い

ディープ・ラーニングは機械学習アルゴリズムの1手法と記載しましたが，着眼点を変えるとディープ・ラーニングと機械学習は別個の手法と捕らえることができます（図5）．

例えば，前から歩いてくる人間が男性か女性かを見分ける（認識）ことを考えてみます．シルエットではなく，データ（年齢，出身地，身長，体重，髪の長さ，スカート着用，咽喉の凹凸，身長に対する腕の長さ）だけで判断する場合，何に着目すべきでしょうか．

見分けるために使える属性は「髪の長さ」，「スカート着用」，「咽喉の凹凸」です．従来の機械学習はこれら属性を「人」が抽出しますが，ディープ・ラーニングは「マシン」が「自動的に」抽出します．従って，人間が思い付かなかった属性から，ここでは性別を判断してくれるのです（例えば，「身長に対する腕の長さ」←そんな関連はどこにもないと人間は思っているのがポイント）．

ディープ・ラーニングは「データの特徴を自動で抽出」し学習します．ニューラル・ネットワークの発展型とはいえ，従来の機械学習と異なる点もあるため，別個のものとして捉えることもできます．

本格的に理解するのは大変だけど… 仕組みに迫る

TensorFlowのコア技術であるディープ・ラーニングの仕組みについて，重要な概念から順に説明します．

● パーセプトロンの順伝播

順伝播は入力データを左から右へ順に計算していく処理を指します．具体的に図6のようなパーセプトロンを使って，簡単に考えてみましょう．

まず，入力データの合計値を計算します．入力データと重みが以下で与えられたとき，

- 入力データ：$\vec{x} = (x_1, x_2, x_3)^T$
- 重み：$\vec{w} = (w_1, w_2, w_3)^T$

入力データの合計値は以下の通りです．

$u = x_1 w_1 + x_2 w_2 + x_3 w_3 + b$

ここで，bはバイアスと呼ばれる量です．次に入力データの合計値uに活性化関数fを適用し，出力データyとします．活性化関数については後ほど説明します．順伝播の出力は以下の通りです．

$y = f(u)$

第3部 人工知能を作るためのソフトウェア

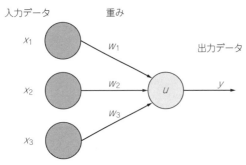

図6 パーセプトロンの順伝播
ディープ・ラーニングのベースとなるパーセプトロンを使って順伝播の処理を紹介する．左側から与えられた入力データに重みを掛け結合する．そして，活性化関数を使って変換し出力データとする

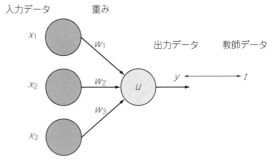

図7 パーセプトロンの逆伝播

● パーセプトロンの逆伝播

逆伝播は，出力データとあらかじめ与えられている教師（正解）データを使って，右から左へ順に計算していく処理を指します．先ほどの図6と同じく簡単のため図7のようなパーセプトロンを使って考えてみましょう．

教師データと出力データの誤差 $(t-y)$ を使って，重みを更新します．それぞれの新しい重みは以下の通りです．

- 重み1：$w'_1 = w_1 + \varepsilon\ (t-y)\ x_1$
- 重み2：$w'_2 = w_2 + \varepsilon\ (t-y)\ x_2$
- 重み3：$w'_3 = w_3 + \varepsilon\ (t-y)\ x_3$

ここで ε は学習係数と呼ばれる量です．重みを更新し，教師データと出力データの誤差が十分に小さくなれば学習を終了させます．

以上がパーセプトロンを使った順伝播/逆伝播の処理のイメージです．この段階では伝播のイメージと遠いかもしれません．次にご紹介するニューラル・ネットワークでは複雑に伝播します．ここでは順伝播/逆伝播の処理フローだけ押さえてください．

パーセプトロンは図8（a）のような線形分離可能な問題を解くことができますが，図8（b）のような線形分離不可能（非線形）な問題を解くことはできません．現実社会に存在する問題の多くは線形分離不可能なものです．この問題はパーセプトロンを組み合わせることで解くことができます．

● ニューラル・ネットワークの順伝播

パーセプトロンを複数個用い，全結合させたニューラル・ネットワークを考えます（図9）．

では順伝播を考えてみましょう．基本的な処理フローはパーセプトロンと同じです．

入力層 $(l=1)$ から中間層 $(l=2)$ のユニット u_1, u_2, u_3 へ値を渡す場合を考えてみましょう．入力データと重みが以下で与えられたとき，

- 入力層 $(l=1)$：$\vec{x} = (x_1,\ x_2,\ x_3,\ x_4)^T$
- 重み：$\vec{w} = (w_{11},\ w_{12},\ w_{13},\ w_{14})^T$

各ユニットへ渡す値は次の式で計算できます．

$$u_1 = x_1 w_{11} + x_2 w_{12} + x_3 w_{13} + x_4 w_{14} + b_1$$
$$u_2 = x_1 w_{21} + x_2 w_{22} + x_3 w_{23} + x_4 w_{24} + b_2$$
$$u_3 = x_1 w_{31} + x_2 w_{32} + x_3 w_{33} + x_4 w_{34} + b_3$$

次の中間層 $(l=3)$ へ渡す値は，活性化関数 f を用いて次の式で計算できます．

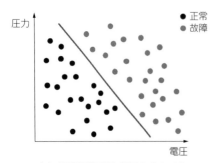

(a) 線形分離可能な問題のイメージ

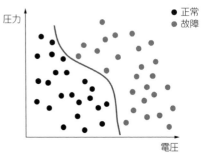

(b) 線形分離不可能な問題のイメージ

図8 パーセプトロンは(a)の線形分離可能な問題しか解けない

Appendix 3 「ディープ・ラーニング」アルゴリズムあんちょこ

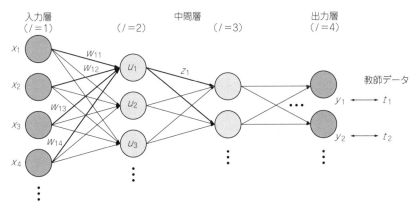

図9 4層のニューラル・ネットワーク(順伝播)
左列は入力層($l=1$),中央列は中間層(隠れ層)($l=2,3$),右列は出力層($l=4$)で構成される4層のニューラル・ネットワークです．図は入力層($l=1$)から中間層($l=2$)へ値を渡し，さらに次の中間層($l=3$)へ値を渡すイメージ

$z_1 = f(u_1), \ z_2 = f(u_2), \ z_3 = f(u_3)$

より一般化して考えてみましょう．入力層($l=1$)にI個のデータ，中間層($l=2$)にJ個のユニットがある場合，

- 入力層($l=1$)：$\vec{x} = (x_1, \ x_2, \ x_3, \ \cdots x_I)^T$
- 中間層($l=2$)：$\vec{u} = (u_1, \ u_2, \ u_3, \ \cdots u_J)^T$

重みとバイアスは次のように表現できます．

- 重み：$\vec{w} = \begin{pmatrix} w_{11} & w_{12} & \cdots & w_{1I} \\ w_{21} & w_{22} & \cdots & w_{2I} \\ \vdots & \vdots & \ddots & \vdots \\ w_{J1} & w_{J2} & \cdots & w_{JI} \end{pmatrix}$
- バイアス：$\vec{b} = (b_1, \ b_2, \ b_3, \ \cdots b_J)^T$

以上より，中間層($l=2$)へ渡す値は次のベクトル表記の式で計算できます．

$\vec{u} = \vec{w}\vec{x} + \vec{b}$

その次の中間層($l=3$)へ渡す値も同じように，
$\vec{z} = (z_1, \ z_2, \ z_3, \ \cdots z_J)^T$
$\vec{f}(\vec{u}) = (f(u_1), \ f(u_2), \ f(u_3), \ \cdots f(u_J))^T$
を使って，次のベクトル表記の式で計算できます．
$\vec{z} = \vec{f}(\vec{u})$

図9のようなニューラル・ネットワークを多層ニューラル・ネットワークと呼びます．先ほどは入力層($l=1$)から中間層($l=2$)へ渡す値の計算式を説明しましたが，中間層($l=3$)そして出力層($l=4$)へ値を渡す式を考えてみましょう．

入力層($l=1$)から中間層($l=2$)へ値を渡す式，その次の中間層($l=3$)へ値を渡す式に層の番号を付与します．
$\vec{u}^{(2)} = \vec{w}^{(2)}\vec{x} + \vec{b}^{(2)}$
$\vec{z}^{(2)} = \vec{f}(\vec{u}^{(2)})$

中間層($l=3$)から出力層($l=4$)へ値を渡す式も同じように記述できます．
$\vec{u}^{(3)} = \vec{w}^{(3)}\vec{z}^{(2)} + \vec{b}^{(3)}$
$\vec{z}^{(3)} = \vec{f}(\vec{u}^{(3)})$

層数Lのネットワークの場合，任意の層lに対して次の式が成り立ちます．
$\vec{u}^{(l+1)} = \vec{w}^{(l+1)}\vec{z}^{(l)} + \vec{b}^{(l+1)}$
$\vec{z}^{(l+1)} = \vec{f}(\vec{u}^{(l+1)})$
$\vec{z}^{(1)}(=\vec{x}), \ \vec{z}^{(2)}, \ \cdots, \ \vec{z}^{(l+1)}, \ \cdots, \ \vec{z}^{(L)}(\equiv \vec{y})$
まで順に伝播させていき，出力を計算します．

中間層の活性化関数にはヘビサイド関数，シグモイド関数(ロジスティック関数)などがよく使われてきましたが，近年は正規化線形関数(ReLU関数，Rectified Linear Unit)がよく使われています．

出力層の活性化関数(**図10**)は，解く問題によって選択する関数が異なります．回帰問題の場合は恒等写像，多クラス分類問題の場合はソフトマックス関数を用います．

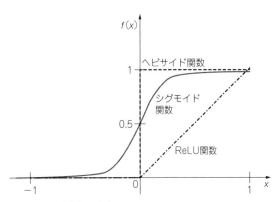

図10 活性化関数の波形
ヘビサイド関数は入力xの値に対して出力$f(x)$の値を0か1を返す階段状の関数．シグモイド関数は入力xの値が大きくなるにつれ出力$f(x)$の値は1に近付く．ReLU関数は入力の値が0より小さければ出力$f(x)$の値は0，入力xの値が0より大きければ出力$f(x)$の値は入力値に比例する

第3部 人工知能を作るためのソフトウェア

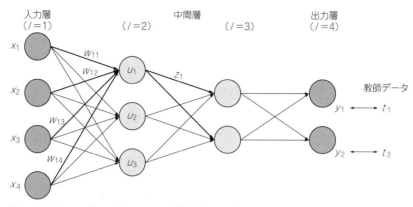

図11 4層のニューラル・ネットワーク（逆伝播）
図9と同じく4層のニューラル・ネットワークの学習を考える．出力データを正解の値を持つ教師データに近付けるよう重みを更新して学習する．出力層から入力層に向かって，右から左へ伝播させて重みを更新していくため，逆伝播と呼ぶ

● **ニューラル・ネットワークの逆伝播**

出力層で計算された出力データと，あらかじめ与えられている教師（正解）データを使って，右から左へ順に計算して重みの値を更新します．基本的な処理フローはパーセプトロンと同じです（**図11**）．

出力層のデータと教師データがK個に与えられているとします．

- 出力データ：$\vec{y} = (y_1, y_2, \cdots y_K)^\mathrm{T}$
- 教師データ：$\vec{t} = (t_1, t_2, \cdots t_K)^\mathrm{T}$

両者の誤差を計算するときに用いる関数（誤差関数）は，出力層の活性化関数と同じく解く問題によって異なります．回帰問題の場合は2乗誤差，多クラス分類問題の場合は交差エントロピーを用います．

ここで，入出力の値を左右するパラメータを次のようにまとめて定義します．

$$\vec{p} = (\vec{w}^{(2)}, \cdots, \vec{w}^{(L)}, \vec{b}^{(2)}, \cdots, \vec{b}^{(L)})$$

また，$\vec{y}$の値は入力データ$\vec{x}$とパラメータ$\vec{p}$によって決まるので，$\vec{y}(\vec{x}; \vec{w})$と記載することにします．

学習データがNセットある場合，誤差関数は次のように記述できます．

- 2乗誤差：$E(\vec{p}) = \dfrac{1}{2} \sum_{n=1}^{N} \|\vec{t}_n - \vec{y}(\vec{x}_n; \vec{p})\|^2$
- 交差エントロピー：$E(\vec{p}) = -\sum_{n=1}^{N} \sum_{k=1}^{K} t_{nk} \log y_k(\vec{x}_n; \vec{p})$

誤差関数を用いて，誤差を最小にするように重みを更新していきます．ここでは勾配降下法を用います．勾配とは傾きを意味しますので，誤差関数を微分して傾き，

$$\dfrac{\partial E(\vec{p})}{\partial \vec{p}}$$

を求めます．

この傾きを使って重みを更新します．パーセプトロンでの重みの更新式と同じように考えます．

$$\vec{w}' = \vec{w} + \varepsilon \dfrac{\partial E(\vec{p})}{\partial \vec{p}}$$

傾きは重みの更新に使うため，パラメータ$\vec{p}$にバイアス$\vec{b}$が含まれていることを疑問に思われるかもしれません．しかし，バイアス$\vec{b}$を入力データの値が1，重みが$\vec{b}$と考えることで解決できます．

パーセプトロンと同じように，重みの更新式までを紹介しました．逆伝播で重みを更新していき（誤差逆伝播法），教師データと出力データの誤差が十分に小さくなれば学習を終了させます．

中間層を増やせばモデルの精度が向上しますが，勾配の消失や過学習といった問題が生じます．

勾配降下法は全ての学習データを使って学習する（バッチ学習）ため局所解に陥る可能性があり，結果として勾配の消失につながります．これを避け，かつ計算の効率化を図るため，学習データを小分けにして学習する（ミニバッチ学習）方法を用います．

$$E(\vec{p}) = \sum_{n=1}^{N_t} E_n(\vec{p})$$

ミニバッチの数N_t個分の異なるE_nを計算するため，局所解に陥る可能性は減少します．このように，学習データの一部を使ってパラメータ（重み）を更新する方法を確率的勾配降下法と呼びます．

過学習とは，学習の結果作成したモデルに対し，学習データへの当てはまり（精度）は良いものの新規データへの当てはまりが悪い状態を指します．過学習が生じてしまうとモデルを汎用的に用いることができません．これを防ぐ方法はさまざまありますが，1つは学習データ量を増やすことです．

Appendix 3 「ディープ・ラーニング」アルゴリズムあんちょこ

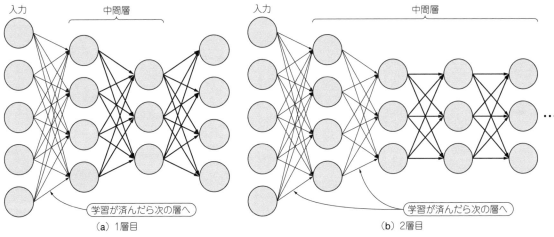

図13　自己符号化器を使った事前学習
先の層で学習したモデルおよび重みを使って，次の層の重みを更新しながら学習する．1層ずつ学習し層を追加していきネットワークを完成さる

● ディープ・ラーニングの学習

2006年にトロント大学のHinton博士が勾配消失問題を解消する新たなアルゴリズムを提唱しました．これがディープ・ラーニングの始まりです．Hinton博士の手法では，ネットワークの層を深くしても学習できるようになりました．

勾配消失問題解消のカギは事前学習にあります．事前学習で使うアルゴリズムとして，自己符号化器（Autoencoder）の仕組みを紹介します．

自己符号化器は，入力データだけで学習する教師なし学習を行います（**図12**）．

重みを更新し，出力データの値が入力データの値に近くなるよう（自分自身を再現できるよう）に学習します．中間層1層目の学習が完了すれば，次の層を学習します（**図13**）．

このようにして，1層ずつ学習し層を追加していく事前学習を行います．Hinton博士のこの手法は，第1章で紹介した猫認識に使われました．

そして，最終的に完成したネットワークに対し，ニューラル・ネットワークと同じように，確率的勾配降下法を用いた誤差逆伝播法による学習を行います．

今回はディープ・ラーニングのベースとなるパーセプトロン，ニューラル・ネットワークの学習，そして発展させたディープ・ラーニングの学習について，図と数式を入れて紹介しました．

TensorFlowを使えば，このあたりの難しい理論を意識せずにネットワークを構築・学習できますが，内部でどのような処理が走っているのか，概要を理解いただくことも大切です．理論をより詳しく知りたい方は，文献(3)，(4)を参考にしてください．本稿は文献(3)を元に執筆しました．

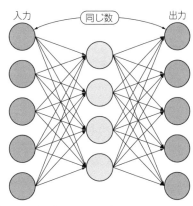

図12　自己符号化器（Autoencoder）
自己符号化器では入力層と出力層を同じユニット数に設定し学習を行う．出力値を入力値に近付けるよう重みを更新しながら学習する．教師なし機械学習アルゴリズムの一種

◆参考文献◆
(1) 松尾 豊；人工知能は人間を超えるか ディープ・ラーニングの先にあるもの，KADOKAWA/中経出版，2015年.
(2) 工藤 卓哉，保科 学世；データサイエンス超入門 ビジネスで役立つ「統計学」の本当の生かし方（付録B 構造化データサイエンスモデル［SDSM］），日経BP社，2013年.
(3) 岡谷 貴之；深層学習，機械学習プロフェッショナルシリーズ，講談社，2015年.
(4) 麻生 英樹，安田 宗樹，前田 新一；深層学習—Deep Learning，近代科学社，2015年.

あだち・はるか

第4部

ラズパイ×クラウドで人工知能を作る

※記事は執筆時の情報なので，実際に使用するときの最新情報等は，ウェブ・サイト等をご確認ください．

第4部 ラズパイ×クラウドで人工知能を作る

> 第1章 無償や100円レベルで始められるクラウド大集合

グーグル/アマゾン/マイクロソフト/IBMのクラウド&人工知能

金田 卓士

(a) 手元のPCでフルスクラッチ
…知識がないと大変

(b) クラウドAIサーバのAPIを利用
…ビギナでも一流のエンジニアが作ったAIを試せる

図1 人工知能はクラウドから始めるとよい
基本アルゴリズム用APIや学習済みサンプル・データが用意されていてビギナ向き．処理が重い学習やディープ・ラーニングにも向く

近年の人工知能やビッグデータに対する関心の高まりを受け，Amazon AWS，Microsoft Azure，Google Cloud Platform，IBM Bluemixといったクラウド・プラットフォーム（**図1**）でも，機械学習に関連するサービスが次々と登場しています（**表1**）．なお，ここで「サービス」とは，「コンピュータ，データ，ソフトウェアなどをインターネット経由で利用すること」を指します．

人工知能が動かせるコンピュータ

● その1：ローカルPC…学習に時間が掛かりがち

人工知能アルゴリズムを扱うにはこれまで，フルスクラッチでプログラムを書くか，TensorFlowやChainer，Caffeといったフレームワークを使って，PCに実装していました．

第1部のようにキュウリの学習データから学習済みモデルを生成しようとすると（いわゆるディープ・ラーニングのアルゴリズムを実行しようとすると），学習だけで数時間を要します．そこで高速計算処理が得意なGPUが欲しくなるのですが，価格が数万～数十万円するので，簡単には用意できません．

● その2：クラウド・サーバ

▶2-1：ディープ・ラーニングしたい場合…サーバ上のGPUを拝借する

この2～3年前からAmazon AWSやGoogle Cloud Platform上のGPUを，従量課金制で借りることができるようになりました．そのため計算処理を，例えば10倍などと高速に行えるようになりました[注1]．

第1章　グーグル/アマゾン/マイクロソフト/IBMのクラウド&人工知能

表1　クラウド・サーバ運営会社が提供する機械学習プラットフォーム

名称	Amazon Web Services	Microsoft Azure	Google Cloud Platform	IBM Bluemix
提供者	アマゾン	マイクロソフト	グーグル	IBM
特徴	画像認識のサービスを提供しているほか，Amazon Echoを開発していることもあり，音声合成や自然言語理解といったボット関連の分野に力を入れている	Cognitive Serviesと称して機械学習関連のサービスに力を入れており，画像認識や自然言語処理，音声とテキストの相互変換，自動翻訳，レコメンデーションなどのサービスを提供	画像認識のサービスのほか，音声認識や自然言語処理，機械翻訳といったサービスを提供．Androidを開発していることもあり，多言語に対応しているサービスが多い	人工知能関連の各種のサービスはWatsonブランドで提供されている．画像処理や音声認識はもちろんのこと，顧客の特性分析や意思決定支援など，ほかにはないサービスが提供されている
主なサービス	Rekognition API, Lex API	Computer Vision API, Text Analytics API, Language Understanding Intelligent Service	Vision API, Speech API, Natural Language API	Visual Recognition, Tradeoff Analysis, Personality Insights
無料枠	登録から12カ月はサービスごとの使用制限の範囲内で無料で利用可能	20,500円分の無料クレジットが利用可能	300ドル分の無料クレジットが利用可能	登録から30日間は，使用制限の範囲内でほぼ全てのサービスを無料で利用可能

表2　自分で作った人工知能プログラムを実行できる環境

名称	Amazon Machine Learning	Azure Machine Learning	Google Cloud Machine Learning
提供者	アマゾン	マイクロソフト	グーグル
特徴	2値分類，多クラス分類，回帰モデルを作成し，予測値をAPIから取得可能．操作は簡単でハードルは低いが，アルゴリズムの種類を選ぶことはできないなど柔軟性は高くない	2値分類，多クラス分類，回帰，異常検出モデルを作成可能．複数のアルゴリズムを利用できるほか，GUIで全て操作できるため簡単に操作ができる	TensorFlowを使ってクラウド上で機械学習モデルのトレーニングや予測の取得ができる．TensorFlowを使える必要があるためハードルは高い
無料枠	なし	20,500円分の無料クレジットで利用可能	300ドル分の無料クレジットで利用可能

▶2-2：基本アルゴリズムを試したい場合…サーバ上の実行環境を拝借する

　ユーザの用意した学習用データ（教師データ）を使って，ユーザ自身が「学習済みモデル」を生成できるように，クラウド・サービス提供会社が，2値分類，多クラス分類，回帰，異常検出などといったアルゴリズムを実行できるモデルを整えています．例えばAzure Machine Learning（Azure ML），Amazon Machine Learning, Google Cloud Machine Learningがあります（**表2**）．

　こちらについては，本稿では深く取り上げませんが，筆者の個人的な意見としては，Azure MLは直感的なGUIで使えるのに加え，モデルの選択やパラメータのチューニングなども行えるため，まず使ってみたいという用途であれば一番お勧めです．

▶2-3：ホントに初めての場合…クラウド側で用意した「学習済みモデル」を利用する

　表1に示したクラウド・プラットフォーム提供会社からは，ディープ・ラーニングなどで学習済みのモデルを，APIという形で提供しています．通常，人工知能で何かのデータを判定しようとすると，少なくとも以下のプログラムを書かなければなりません．

1．学習するためのデータ収集
2．データから学習済みモデルを生成
3．学習済みモデルを元に判定

　学習済みモデルがAPIという形で提供されていれば，ユーザは自分の装置で取得したデータ（画像/文字/音声）をこのAPIに渡すだけで，何らかの判定結果を得られるわけです．従って，まずは人工知能を経験してみたい初心者にピッタリといえます．次ページでは各社が用意するAPIを紹介します．

注1：第4部　第3章の記事はアマゾンのGPUを利用しています．また，第1部で紹介したキュウリの等級/階級判別コンピュータでも，判定をグーグルのGPUで試しています．

第4部 ラズパイ×クラウドで人工知能を作る

画像認識に優れるMicrosoft Azure

　Microsoft Azureは，Cognitive Serviesと称して，機械学習関連のサービスに力を入れており，画像認識，自然言語処理，音声とテキストの相互変換，自動翻訳，レコメンデーションなどのサービスを提供しています（表3）．

　特にマイクロソフトの研究チームは，多くの画像認識のコンペティションで優勝していることもあって，画像認識関連のサービスには眼を見張るものがあり，一般物体認識や顔認識はもちろんのこと，画像からの説明文を自動生成するといった機能も使えるようになっています．また，映像関連のAPIも提供しており，動画に対して，手ぶれ補正，顔認識，動体検知といった機能も使えるようになっています．

表3　画像認識が得意なMicrosoft Azureの機械学習API（有償でも1000画像で約150円）

名称	大分類	機能	日本語	無料範囲
Computer Vision API	画像認識	キャプション自動生成，一般物体認識，有名人識別，OCR，サムネイル自動生成，画像特性の取得	−	月当たり5,000枚まで無料，以降は153円/1,000枚
Content Moderator API	画像認識，自然言語処理	アダルト・コンテンツや暴力コンテンツなどの不適切な画像や文章を検出	−	なし
Emotion API	画像認識	顔写真から喜怒哀楽などの感情を判定	−	月当たり30,000枚まで無料
Face API		顔認証，顔検出，似た顔の検索，顔のグルーピング	−	
Video API		映像のブレ補正，顔検出，動きのあるフレームの検出，プレビュー動画の自動作成	−	機能ごとに月当たり300枚まで無料
Bing Speech API	音声認識，音声合成	音声とテキストの相互変換	○	月当たり30,000枚まで無料
Speaker Recognition API	音声認識	音声からの話者認証・識別	未対応	なし
Bing Spell Check API	自然言語処理	スペル・チェック	未対応	なし
Language Understanding Intelligent Service		自然言語からの文意やキーワードの抽出	○	月当たり10,000枚まで無料
Linguistic Analysis API		文章の構造解析	未対応	月当たり5,000枚まで無料
Text Analysis API		評判分析，重要フレーズ抽出，トピック検出，言語検出	○	
Translator API	機械翻訳	自動翻訳	○	200万文字まで無料
Web Language Model API	自然言語処理	単語の組み合わせの確率，単語のつながりの確率，ある単語に続く単語の推測，単語分割	未対応	月当たり100,000枚まで無料

音声/テキスト/言語処理が得意なAmazon AWS

　アマゾンは画像認識，音声とテキストの相互変換，自然言語処理といった機能を提供しています（表4）．Amazon Echoで使われているAlexaを開発していることもあり，まだ日本語対応はされていませんが，音声とテキストの相互変換，自然言語処理などに力を入れています．また，画像認識においては，大量にストックされた顔画像から似た顔を見つけるといったタスクを実行できることが，他のサービスにはない特徴です．

表4　音声/テキスト/言語が得意なAmazon AWSの機械学習API（有償でも1000画像で約100円）

名称	大分類	機能	日本語	無料範囲
Amazon Lex	音声認識，自然言語処理	・音声のテキスト変換 ・テキストから文意とキーワードを抽出	未対応	なし
Amazon Rekognition	画像処理	・写真に写っている物体を検出 ・画像内の顔を検出し，性別，目が開いているか，表情などを分析 ・2つの顔写真が同一人物かどうか判定 ・多くの顔画像から一致もしくは似た顔を検索	−	なし，1ドル/1,000枚
Amazon Polly	音声合成	テキストを音声に変換	○	なし

第1章　グーグル/アマゾン/マイクロソフト/IBMのクラウド＆人工知能

音声認識＋自然言語処理が得意なGoogle Cloud Platform

　グーグルは画像認識，音声認識，自然言語処理，自動翻訳といったサービスをAPIで提供しています（**表5**）．Androidを開発してることもあり，音声認識や自然言語処理については多言語対応が進んでおり，日本語でも問題無く利用できます．また，翻訳に関しても，Google Neural Machine Translation System（GNMT）と呼ばれるディープ・ラーニングを活用したシステムを採用しており，他のサービスと比べて自然で意味の通った訳を返してくれることが特徴です．

表5　音声認識＋自然言語処理が得意なGoogle Cloud Platformの機械学習API（有償でも1000画像で約150円）

名　称	大分類	機　能	日本語	無料範囲
Vision API	画像認識	・写真に写っている物体を検出　・商品ロゴやランドマークの検出 ・アダルト・コンテンツや暴力コンテンツを検出 ・顔写真から喜怒哀楽などの感情を判定 ・OCRで画像内のテキストを検出　・画像の特性を取得	−	各機能ごとに月当たり1,000枚まで無料．以降は1.5ドル/1,000枚
Natural Language API	自然言語処理	・文章から執筆者の感情的態度を判定（英語のみ） ・著名人，ランドマークなどの固有名詞が含まれているか判定・構文解析をして一連の文とトークンに分解	○	なし
Speech API	音声認識	音声からテキストへの変換	○	60分まで無料
Translate API	機械翻訳	自動翻訳	○	なし

独自の高度な技術を持つIBM Watson

　IBMはWatsonブランドで人工知能に関連するサービスを数多く提供しており，IBMのクラウド・サービスであるBluemixでも多くのサービスを利用できます．複数の選択肢がある場合の意思決定支援やテキストからの性格診断など，他のクラウド・サービスにはないサービスがAPIとして提供されている点が特徴です（**表6**）．ただし，日本語化はされておらず，一部の日本語化されたサービスはIBMとソフトバンクが提供しているため，利用するためには別途契約が必要です．

〈かねだ・たかし〉

表6　独自の高度な技術！ IBM Bluemixの機械学習API（有償でも1000画像で約200円）

名　称	大分類	機　能	日本語	無料範囲
AlchemyLanguage	自然言語処理	AlchemyLanguage テキストからのキーワード抽出，エンティティ抽出，心情分析，感情分析，概念タグ付け，関係抽出，分類法種別，作成者抽出 AlchemyData ニュースとブログに索引を付与し，検索や傾向分析を実現	未対応	1日につき1,000件のAPIイベント
Conversation		ユーザとの対話を自動化		1カ月当たり1,000件のAPIクエリ
Discovery		認知検索，コンテンツ分析	対応	30日トライアルで利用可能
Language Translator	機械翻訳	言語識別と自動翻訳	言語識別のみ対応	最初の250,000文字は無料
Natural Language Classifier	自然言語処理	質問に対する回答を確信度と共に返す	未対応	1インスタンスが毎月無料
Personality Insights		テキスト・データから個人の性格を推定	対応	毎月100回までのAPI呼び出しは無料
Regrieve and Rank		問い合わせから関連性の高い情報を検索	未対応	1カ月に1つの共有Solrクラスタ（最大50Mバイト）が無料
Speech To Text	音声認識	音声とテキストへの変換		毎月最初の1,000分は無料
Text To Speech	音声合成	テキストから音声を合成		毎月最初の100万文字まで無料
Tone Analyzer	自然言語処理	テキストから感情，社交性，文体といったトーンを解析		毎月最初の1,000回までのAPI呼び出しは無料
Tradeoff Analytics	意思決定支援	複数の選択肢がある場合の意思決定の支援	−	毎月，最初の1,000回のAPI呼び出しは無料
Visual Recognition	画像認識	一般物体認識，顔検出，類似イメージ検索		1日当たり250個のイベント，以降は0.002ドル/1枚

注：利用料金について．API提供会社ごとに153円/1000トランザクションや，1.50ドル/1000ユニットなどと表現が異なる．ここでは153円/1,000枚や1.5ドル/1,000枚と，「枚」で統一している．

第4部
第2章 手ぶらで俺的AIライフ・ロガーを作る
ラズパイ×カメラで クラウドAI初体験

金田 卓士

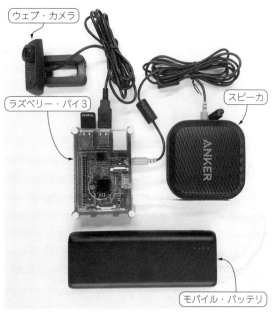

写真1 ラズベリー・パイ3とカメラを使って行動を人工知能解析してテキストに残す「俺的AI日記コンピュータ」

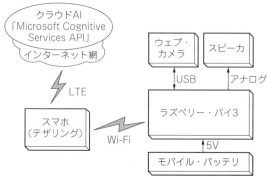

図1 俺的AI日記コンピュータの人工知能はマイクロソフトのクラウドAPI&サンプルで実現する

本稿では，カメラ画像を10秒ごとに記録して，画像から自動生成したキャプション（説明文）を音声で発話するという「俺的AI日記コンピュータ」を作成します（写真1）．ラズベリー・パイ3とクラウドAI「Microsoft Cognitive Services（以下MCS）」を使っています．

ラズパイ×カメラ×クラウドAPIで作る「俺的AI日記コンピュータ」

● ハードは5000円/ソフトは無料で試せる

俺日記を生成するには，記録装置を常に携帯する必要があります．スマホを使ってもよかったのですが，乱暴に扱って壊したくありません．そこで5000円で購入できるLinuxコンピュータであるラズベリー・パイを利用します．

マイクロソフトのAPIを利用した理由は，第4部第1章でも述べましたが，同社が数々の画像認識コンテストで優勝しており，画像認識では他社よりも優れていると判断したからです．また，今回の「画像から文章を自動生成」してくれるAPIを持っているのも同社だけです．このAPIは5000トランザクション/月まで無料で使えるので，およそ5000回，画像から文章を生成できます．

● システム構成

システム構成は図1の通りです．ラズベリー・パイ3にUSB接続のウェブ・カメラとスピーカが接続されており，Wi-Fiを経由してインターネットに接続できるようになっています．そして，ウェブ・カメラから取得した画像を，インターネットを経由して，クラウドAIの各種APIに接続できるようになっています．Wi-Fiについてはスマートフォンのテザリングを利用しました．

● 鍵となる「日記」の自動生成にはクラウドのAPIを利用

この装置を作成するにあたり，肝になってくるのが画像からのキャプションの自動生成です．本装置ではMCSのComputer Vision API（以下CV API）を利用し，これを実現しています．CV APIは，RESTで画像を送信すると，JSON形式で画像の解析結果を返してくれるサービスです．表1に解析結果としてどのよ

第2章　ラズパイ×カメラでクラウドAI初体験

表1　Computer Vision API で取得できるデータ

項目	値
Description	{ "type": 0, "captions": [{ "text": "person waiting at a train station", "confidence": 0.34189073189542385 }] }
Tags	[{ "name": "platform", "confidence": 0.9675886034965515 }, { "name": "station", "confidence": 0.8549894690513611 }, { "name": "subway", "confidence": 0.4390718936920166 }]
Image Format	Jpeg
Image Dimensions	1500 x 1155
Clip Art Type	0 Non-clipart
Line Drawing Type	0 Non-LineDrawing
Black & White Image	FALSE
Is Adult Content	FALSE
Adult Score	0.01301406
Is Racy Content	FALSE
Racy Score	0.014061362
Categories	[{ "name": "trans_trainstation", "score": 0.98828125 }]
Faces	[]
Dominant Color Background	black
Dominant Color Foreground	black
Dominant Colors	black
Accent Color	#484B83

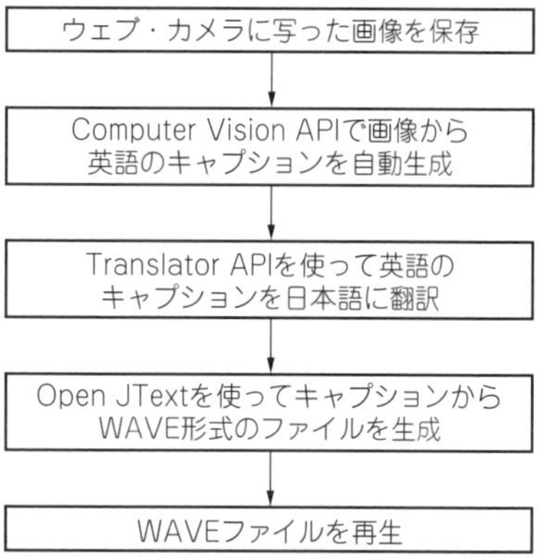

図2　カメラで取得した画像を音声で再生するまで

写真2[1]　この画像から人工知能は「person waiting at a trainstation」というテキストを生成してくれる

うなレスポンスが返ってくるかまとめました．図2に画像を音声として再生するまでの流れを示します．

▶特徴

　CV API以外にも，画像に何が写っているか認識をして結果を返してくれるAPIサービスは他にも幾つかあります．例えばグーグルはVision APIという物体認識のAPIを提供しています．CV APIは，物体の認識以外にも，状態や状況を動詞や形容詞としてタグ付けしてくれ，さらにそれらの情報を元に画像の説明文まで自動で生成してくれるところが特徴的です．

▶研究も盛ん

　この画像からのキャプションの自動生成は，近年盛んに研究がされている領域であり，マイクロソフトの研究機関であるマイクロソフト・リサーチからも多くの研究論文が出ています．こういった最新の研究成果を用いて，かつ個人では到底用意できない大量の学習データを使ってトレーニングされたモデルを数十行程度のコードで使えるというのは大変魅力的です．

▶試してみた

　実際にどのような結果が返ってくるか試してみます．写真2はCV APIのページにあったサンプル画像ですが，この画像をAPIに送ると，「person waiting at a train station」といった具合に画像の説明文が返ってきます．

　CV APIのページ[1]では，好きな画像を送信して，どのような結果が得られるかを試すことができます．ただし，執筆時点（2017年1月）では，英語と中国語にしか対応していないため，本稿ではさらに翻訳サービスを利用することで，英語のキャプションを日本語に変換しています．

環境構築

● 必要な機材

　装置を製作するために必要な機材は下記の通りです．

- PC
- ラズベリー・パイ3
- microSDカード
- ウェブ・カメラ（USB接続）
- スピーカ（電源不要の品が望ましい）
- モバイル・バッテリ
- iPhoneまたはiPad（iOS 9.0以上，テザリングとUI

第4部 ラズパイ×クラウドで人工知能を作る

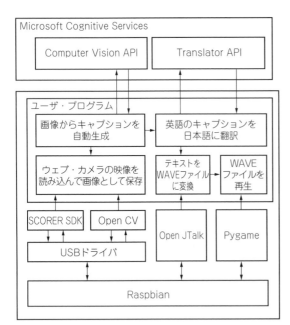

図3 装置を動かすために用意したAPIやSDKの関係

図4 SCORER StarterアプリへのQRコード

便利です.
https://etcher.io
　装置を動かすために必要なアプリケーションを図3に示します.

● 映像解析プラットフォームのセットアップ
　次にセットアップを行います．図4のQRコードまたはURLからSCORER StarterというiOSアプリをダウンロードし，SCORER導入の手引きを元にしてセットアップを行ってください．

▶ SCORER Starterアプリ
https://itunes.apple.com/us/app/scorer-starter/id1144830439
▶ SCORER導入の手引き
http://downloads.scorer.jp/sdk.html
　セットアップができたら，下記のSDK簡易マニュアルを元に，Cloud 9というブラウザ・ベースの統合開発環境を起動させてください．
▶ SCORER SDK簡易マニュアル
https://goo.gl/L2tDDC
　セットアップにあたり不明な点などありましたら，ユーザ・フォーラムで質問すれば回答します．
▶ SCORERユーザ・フォーラム
http://scorer.freeforums.net

● カメラ画像解析プラットフォームのダウンロードと書き込み
　本稿では，ウェブ・カメラからの画像の取得に，筆者の所属している会社で開発をしている統合映像解析プラットフォーム SCORERを利用しますので，まずはこのISOイメージの書き込みを行います．このSDKを利用することで，ウェブ・カメラからの画像の取得をPythonで簡単に記述できます．ISOイメージのダウンロードは下記のURLから行ってください．
http://downloads.scorer.jp/sdk.html
　イメージのダウンロードができたら，microSDカードへの書き込みを行います．DDコマンドなどでもできますが，Etcherというソフトウェアを利用すると

● マイクロソフトからAPIキーを取得
▶ Microsoft Cognitive Services APIキーの取得
　Computer Vision APIの利用にあたっては，APIキーの取得が必要になります．下記のページにアクセスをしてログインを行ってください．
https://www.microsoft.com/cognitive-services/en-us/subscriptions
　次に，ページへログインをしたら「Requerst new trials」というボタンがあります．クリックするとサービスの選択画面に移ります．ここで「Computer Vision - Preview」を選択し（図5），ページ下のチェック・ボックスにマークをして，「Subscribe」ボタンを押します．すると，ページが表示されますので，「show」という箇所を押して表示されたAPIキーをメモしておきます．

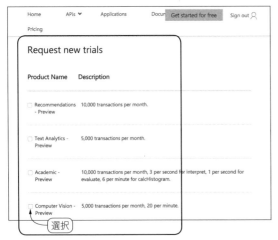

図5 APIサービスの選択画面

第2章 ラズパイ×カメラでクラウドAI初体験

リスト1 筆者の用意したGitHubのレポジトリからプログラムをダウンロード

```
shell-session
cd ~/
git clone git@github.com:kndt84/interface-ai-
                                    tutorial.git
cd interface-ai-tutorial
```

▶ Microsoft Azure APIキーの取得

今回はComputer Vision APIから取得した英語のキャプションを日本語へ翻訳を行うため，Translator APIも利用します．Translator APIについては，Azureポータルから取得する必要があります．手順については下記のページが詳しいので，ページを参考に「テキスト」のAPIキーを取得してください．

`https://www.microsoft.com/ja-jp/translator/getstarted.aspx`

プログラムの実行

● 筆者提供のプログラムを入手

SCORERのセットアップが完了し，SDKの起動ができたら，下記のアドレスをPCのブラウザに入力して，Cloud 9に接続します．

`http://[端末のIPアドレス]:20003/`

無事にCloud 9に接続ができたら，シェルからリスト1のコマンドを打ち込んで，筆者の用意したGitHubのレポジトリからプログラムをダウンロードします．

● APIキーの設定

プログラムのダウンロードができたら，speak_img_caption.pyファイルを開いて，先ほどマイクロソフトから取得したAPIキーを設定します．

```
py3:speak_img_caption.py
CV_KEY = '' # Computer Vision API のキー
TRANSLATOR_KEY = '' # Translator API のキー
```

● プログラムの実行

APIキーの設定ができたら，下記のコマンドを実行すると，カメラで映った画像を10秒ごとに取得して，自動で何が映っていたのかを日本語で話してくれます．

```
shell-session
python3 speak_img_caption.py
```

図6 `speak_img_caption.py`中の関数の関係

プログラム解説

● フロー

ウェブ・カメラに映った画像を保存し，その画像をComputer Vision APIに渡すことで，画像のキャプションを生成します．返ってきたキャプションは英語になりますので，Translator APIを使って英語から日本語に翻訳を行い，最後にOpen JTextを使って日本語のテキストからWAVファイルを生成し，再生をするという流れになります（図2）．

プログラム`speak_img_caption.py`中の関数の関係を図6に示します．

● ウェブ・カメラから画像取得

SCORER SDKを利用することで簡単に実現が可能です（リスト2）．

● キャプションの生成

CV APIを利用するためには，上記で取得した画像をバイナリ形式で開き，dataとしてAPIにPOST送信します（リスト3）．

リスト2 ウェブ・カメラから画像取得

```python
# Create SCORER SDK object
cap = scorer.VideoCapture(0)

def save_camera_image(img_file_path):
    while True:
        frame = cap.read()
        if frame != None:
            bgr = frame.get_bgr()
            cv2.imwrite(img_file_path, bgr)
        else:
            continue
```

第4部 ラズパイ×クラウドで人工知能を作る

リスト3　キャプションの生成

```
def caption_stored_image(img_file_path):
    _url = "https://api.projectoxford.ai/vision/
                                      v1.0/analyze/"
    json = None
    data = open(img_file_path, "rb").read()
    headers = dict()
    headers["Ocp-Apim-Subscription-Key"] = CV_KEY
    headers["Content-Type"] =
                        "application/octet-stream"
    params = { "visualFeatures" : "Description"}

    try:
        response = requests.request("POST", _url,
                json=json, data=data, headers=headers,
                                        params=params)
        result = response.json()
        return result["description"]["captions"][0]
                                              ["text"]
    except Exception as e:
        print("[Errno {0}] {1}".format(e.errno,
                                            e.strerror))
```

リスト4　キャプションの英日翻訳

```
def get_access_token(access_key):
    access_token_url = "https://api.cognitive.
                       microsoft.com/sts/v1.0/issueToken"
    headers = {"Ocp-Apim-Subscription-Key":
                                         access_key}
    res = requests.request("POST",
                access_token_url, headers=headers)
    return res.text

def get_translation(caption, access_token):
    headers = {"Accept": "application/xml",
               "Authorization": "Bearer " +
                                       access_token}
    params = {"from": "en-us", "to": "ja-jp",
              "maxTranslations":1000,
              "text": caption}
    translator_url = "https://api.
              microsofttranslator.com/v2/http.svc/
                                      GetTranslations"
    res = requests.request("POST", translator_url,
                    headers=headers, params=params)
    return extract_transleted_text(res.text)
```

● キャプションの英日翻訳

　生成されたキャプションは英語で返ってくるため，Translator APIを使って日本語に翻訳を行います．まず，アクセス・キーをもとにアクセス・トークンを取得し，そのトークンを認証情報として設定して，翻訳された日本語のテキストを取得します（**リスト4**）．

● 音声ファイルの生成

　翻訳した日本語からの音声の生成は，Open JTalkを使っています．SCORER SDKを利用する場合は，Open JTalkの初期設定は既にできてますので，Pythonから外部コマンドを実行することでWAV形式の音声ファイルを作成しています（**リスト5**）．

● 音声ファイルの再生

　音声ファルの作成については，PythonのPygame

リスト5　音声ファイルの生成

```
def create_audio_file(caption, voice_file,
                                  dic_file, wav_file):
    os.system("echo '%s' | open_jtalk -m %s -x %s
              -ow %s" % (caption, voice_file, dic_file,
                                             wav_file))
```

リスト6　音声ファイルの再生

```
def play_audio(wav_file_path):
    audio_info = get_audio_info(wav_file_path)
    pygame.mixer.init(frequency=audio_info["frame_
                                               rate"])
    pygame.mixer.music.load(wav_file_path)
    pygame.mixer.music.play(1)
    time.sleep(audio_info["time"])
    pygame.mixer.music.stop()

def get_audio_info(wav_file_path):
    wf = wave.open(wav_file_path , "r")
    audio_info = dict()
    audio_info["frame_rate"] = wf.getframerate()
    audio_info["frame_num"] = wf.getframerate()
    audio_info["time"] = float(wf.getnframes()) /
                                     wf.getframerate()
    return audio_info
```

というパッケージを用いて実現しています．pygame.mixer.initでインスタンスを生成する際に，サンプリング周波数を指定する必要があるため，別途，get_audio_infoという関数を作成して，周波数の情報を取得できるようにしています（**リスト6**）．

◆参考・引用*文献◆

(1) Analyze an image，マイクロソフト．
　　https://www.microsft.com/cognitive-services/en-us/computer-vision-api
(2) Image2Text: A Multimodal Caption Generator，マイクロソフト．
　　https://www.microsft.com/en-us/research/publication/image2text-a-multimodal-caption-generator/
(3) Show and tell: A neural image caption generator，グーグル．
　　https://research.google.com/pubs/pub43274.html
(4) 画像キャプションの自動生成．
　　http://www.slideshare.net/YoshitakaUshiku/ss-57148161
(5) Deep learningを用いた画像から説明文の自動生成に関する研究の紹介．
　　http://www.slideshare.net/metaps_JP/deep-learning-50383383

かねだ・たかし

第4部
第3章 画像ディープ・ラーニングの学習はクラウドが良し

顔写真から血液型を当てる ラズパイ人工知能に挑戦

中村 仁昭, 岩貞 智

（a）カメラの前に立つと

（b）結果表示

図1　今回の実験…顔写真から血液型の判定を行うラズパイ人工知能コンピュータに挑戦してみた

装置の全体像

● 学習はクラウド，判定はラズパイ

　ラズベリー・パイとPiCameraで顔を撮影し，その場で学習モデルを使用して，顔写真から血液型の判定を行う装置を製作しました（**図1**）．学習はPCとAWS（Amazon Web Services）上に搭載したディープ・ラーニング・フレームワーク Chainerで行いました．

　顔画像をもとに血液型の判定をラズベリー・パイで行っています（**写真1**）．また，Chainerを使用した学習には，既存の学習済みモデルを使用せず，素材集めを含めてゼロから行っています．

　本稿では，ディープ・ラーニングの学習データ作成方法，学習の実行，実機デバイス上での学習モデルを使用した判定処理までを解説します．

● 動機…ラズパイでどれくらいのことができるのか

　開発の動機は，比較的高性能の処理が要求されるディープ・ラーニング技術において，ネットワーク越しのサーバでの推定ではなく，ローカル上のエッジデバイス上での判定処理の有用性を検証したかったからです．

　製作物のテーマとしては，人間の目では判断できない血液型が，ディープ・ラーニングの技術を使用すれば可能ではないのかという好奇心を満たすことにあります．

装置構成

● ハードウェア
▶データ学習時
　PC（CPU：インテル Core i7-4770 3.4GHz，RAM：DDR3 16Gバイト）と，AmazonクラウドのGPU（AWS EC2 p2.xlarge，Appendix2で紹介）を利用しました．

▶判定時
　ラズベリー・パイ3とPiCamera，キーボード，マウス，HDMIモニタを利用しています（**図2**）．

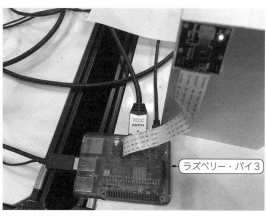

写真1　血液型の「判定」はラズベリー・パイで行う

第4部 ラズパイ×クラウドで人工知能を作る

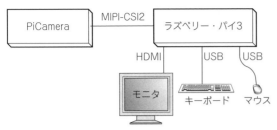

図2 血液型判定時のハードウェア

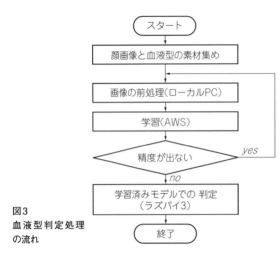

図3 血液型判定処理の流れ

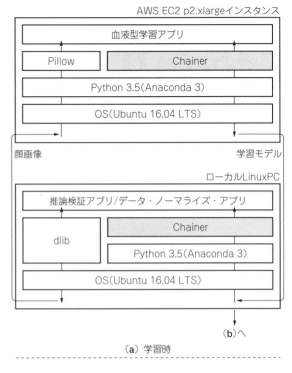

(a) 学習時

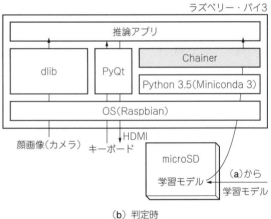

(b) 判定時

図4 学習/判定実行環境

● ソフトウェア

▶データの前処理はPCで

処理の流れを図3に示します．まず画像の収集から始まります．画像から学習に使用するデータへ加工するためローカルPCで前処理を行います．前処理はそれほど重い処理でないのと，処理の手直しと効果の確認の繰り返しが発生するため，手元で行った方が効率的でした．

「人の顔写真から血液型の分類が可能か」をテーマとしたため，血液型情報ありの写真から顔を検出し矩形で切り抜き，学習データとしました（約6000枚ウェブから収集）．

▶学習はクラウド上のGPUで

前処理後のデータをAWSへ移し，構築したモデルで学習します．学習結果が思わしくない場合は画像の前処理の見直しから行います．

▶判定はラズベリー・パイで

納得できる結果が得られる「学習済みモデル」をラズベリー・パイ3に移し，判定デモを実行します．

学習処理を加速するクラウド・サービスを利用

AWSのGPUコンピューティング・インスタンス（p2.xlarge）でニューラル・ネットワークを構築し学習させました．

● ディープ・ラーニングの動作環境

GPUコンピューティング・インスタンス（＝実体）には，使い慣れているUbuntu 16.04 LTSをベースに，pyenvでAnaconda 3環境を，システムのPythonからは隔離して構築し，その上にディープ・ラーニング・フレームワークのChainerをインストールしました（図4）．

● AWSにChainerを導入した理由

国内のPreferred Networks社が公開しているChainerはPythonをベースとしていて，ニューラル・ネットワークの構造も含めPythonのコードだけで簡潔

第3章 顔写真から血液型を当てるラズパイ人工知能に挑戦

で柔軟に記述できるため，実際にニューラル・ネットワークの構築にかかるコストが低い点が選んだ理由です．また，国内企業が公開していることから日本語の資料や国内での実装例が豊富な点も選んだ理由です．

ステップ1…学習データを準備

今回は顔写真と血液型の相関が人間では判別できないが，ディープ・ラーニングならば判別可能かもしれないとの思いから，ImageNet[注1]などで実績のある既存モデルを使ってのファイン・チューニング[注2]は避け，一から学習させようと考えました．

● 顔の位置検出には機械学習ライブラリdlibを利用する

最初はPythonからOpenCVの顔検出器を使って顔の位置を検出させ，グレー・スケールの128×128にリサイズさせて試してみました．しかし検出率が悪く，さらに誤検出も多く，scaleFactorやminNeighborsなどのパラメータをいろいろと変更して試しましたが（リスト1），誤検出を少なくするように調整すると検出率が悪化し，検出率を改善しようとすると誤検出が増える状態になり，別の方法を探さざるを得なくなりました．

あれこれ調査するうちにdlib[注3]というツールの検出率が良いこと，Google Cloud Visionがさらに検出率が良く，さまざまな情報が取得できることが分かりました．Google Cloud Visionは有料ですが初期登録時のポイントで今回の使用分であれば無料で使えそうでした．ただ，今回はラズベリー・パイ3でのデモが前提であり，ローカルで実行させようと考えていましたのでdlibを試すことにしました．

しかし，Pythonからdlibが使えるようにpyenv上のAnaconda 3にインストールさせるとdlibのPythonバインドが使っているboost-pythonがpyenvと相性が悪いらしく幾つかエラーが発生し，うまくいきませんでした．dlib自身のビルドは問題ないためdlibのC++実装で顔検出させ矩形の切り抜き，リサイズまで実行させることにしました．

ステップ2…学習データの学習

dlibを使用した128×128の顔写真6000枚を9：1に分割し，訓練データとテスト・データとして簡単なAlexNet[注4]で動作を確認しました．予想はしていましたがCPUでは10エポック（データを回す単位）学習させるのに2時間かかるため，早々にAWSのGPUコンピューティング・インスタンスに切り替えて100エポック，15000イテレーション学習させると学習デー

リスト1 1枚の画像の中から顔の位置を検出する

```python
import os
import re
import numpy as np
import cv2

OUT_SIZE = 128

def normalize(i, cnt):

    img = cv2.imread(i)
    gray = cv2.cvtColor(img, cv2.COLOR_BGR2GRAY)
    min_size = int(img.shape[0] / 10)

    face_cascade = cv2.CascadeClassifier('/home/
nakamura/.pyenv/versions/Anaconda 3-4.1.1/pkgs/
opencv3-3.1.0-py35_0/share/OpenCV/haarcascades/
haarcascade_frontalface_default.xml')

    face = face_cascade.detectMultiScale(gray,
        scaleFactor=1.1,
        minNeighbors=1,
        minSize=(min_size, min_size))
    print("{0:s},{1:d}".format(i, len(face)))

    for x,y,w,h in face:
        out = "cnv/{0:05d}.jpg".format(cnt)
        cv2.imwrite(out,
        cv2.resize(gray[y:y+h, x:x+w], (OUT_SIZE,
OUT_SIZE), interpolation = cv2.INTER_AREA if w >
OUT_SIZE else cv2.INTER_CUBIC))
        cnt += 1

    return cnt

cnt = 0
for i in os.listdir('.'):
    if re.match(r"^.+\.(?:jpg|jpeg|JPG|png)$", i):
        cnt = normalize(i, cnt)
```

- 顔画検出器のロード
- 顔画像読み込みとグレー・スケール化
- 顔検出の実行
- 検出した顔の領域（複数の場合あり）をリサイズし保存
- カレント・ディレクトリに存在する顔画像を前処理関数（normalize）に渡す

注1：ImageNetは一般物体認識のデータ・セットです（http://www.image-net.org/）．分類語に対応する画像が大量（現在1400万枚あるそうです）に収集されていて，ディープ・ラーニングの画像認識の競技会のILSVRC（Large Scale Visual Recognition Challenge）に使われています．

注2：ファイン・チューニングは，ImageNetで学習したILSVRCで優勝したモデル（パラメータ）を別の問題に使用するために転用し追加で学習させることです．学習にかかる時間を短縮し，手軽に性能が出ます．特にCaffeは学習済みモデルがModelZooで公開されているため，CaffeモデルをChainerで読み込んでファイン・チューニングします．ただし，今回はそもそも人で分類できない問題を扱うため既存の特徴量抽出に最適化されたモデルを使うのではなく，最初から学習させた方が面白い結果が出ると予想して，ファイン・チューニングは使っていません．

注3：dlib：OpenCVに似たC++/Pythonで使用できる機械学習ライブラリです．顔認識などの学習済みの検出器が付属していてOpenCVより検出精度が良いのですが，顔検出以外の画像操作を実行させようとすると，OpenCVに比べドキュメントや例が少なく少し苦労します．

注4：AlexNet：先に出て来たILSVRCの2012年の大会（ILSVRC 2012）で優勝したトロント大学のHintonグループによるDeep CNNです．この大会の結果からディープ・ラーニングに火がついた立役者でもあります．

第4部 ラズパイ×クラウドで人工知能を作る

リスト2 血液型と顔写真で学習させたあとテスト・データを入力してみた

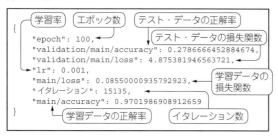

タの正解率（main/accuracy）は97%，損失関数（main/loss）は0.085と学習が進みました．

● 課題発生…なぜか正解率が低い

ところが，テスト・データの正解率（validation/main/accuracy）は27.8%，損失関数（validation/main/loss）は4.875と，明らかに過学習になっています（リスト2）．

過学習になる場合，幾つかの原因が考えられます．

▶学習データが少ない

総データ数が6000枚しかないため一番に疑われます．データ・オーギュメンテーション（データ増大）で学習データを増加させる手法がよく使われます．

▶入力データが正しくない

正規化処理不足の可能性を疑いました．

▶モデル構築誤り

ImageNet用のAlexNetモデルをベースにしましたが，解像度がImageNet：227×227ピクセル，血液型：128×128ピクセル，色がImageNet：フルカラー，血液型：グレー・スケールと異なることに起因する不具合の可能性があるかを疑いました．

▶血液型と顔との相関がない（＝画像とラベルに相関がない）

相関性があるか否かの検証が目的ですので，このタイミングでの判断は保留にしています．

なお，AWSのGPUを使ったときの処理時間，料金ですが，AlexNetで最初に試したときは15000イタレーションで約50分，0.74ドル（86円）でした．リアルタイムでデータ増大していろいろ試していたときは4万イタレーションで約90分，1.35ドル（155円）でした．円換算は115円で計算しています．

ステップ3…正解率を高める工夫

● 工夫1…学習データを増やす

ローカルPCでの前処理でのデータ増大と，学習時の画像読み込みでリアルタイムでランダムにデータ増大を試しました．

前処理でのデータ増大は，指定した数になるまで「左右反転，輝度の変更，コントラストの変更」を，切り抜きを集めた6000枚からランダムに適用させて，10倍の6万枚にして試しました．

▶全データを一括で処理

最初に試したときは全データにデータ増大した後，訓練データとテスト・データに分割してしまったため，同じ元データが両方に含まれてしまい一見良好な学習結果（40000イタレーション後の正解率がメイン/テストとも99%）が出てしまいました．しかし，追加で集めた検証用データで判定させてみると，正解率はデータ増大せずに学習させたモデルと大差ない30%程度でした．

▶データを分割してから処理

この方法では汎化性能を計測できていないとし，やり方を見直すことになりました．まず訓練データとテスト・データを9：1に分割し，それぞれに対し10倍のデータ増大を施してから学習させました．データ数が多いため収束が遅いですが36000イタレーション後の結果は，学習データの正解率99.7%，学習データの損失関数0.007，テスト・データの正解率25.3%，テスト・データの損失関数8.822と，データ増大前と傾向が変わりませんでした．つまり，前処理でのデータ増大では過学習は改善されませんでした．

▶クラウドに送る際にも処理

画像を読み込みChainerに渡す形式に変換する際には，リアルタイム・データの増大も行っています．これは入力データの形式を，サイズや色ありなどいろいろと試すため，JIT注5でデータ数を増加させて，少しでもモデルのロバスト性を高めるために導入しました．

まずは学習データを顔検出範囲から拡張し，140×140ピクセルのグレー・スケールで作成したものを，画像読み込み時にランダムにx/y座標をずらして128×128ピクセルにクロップし，ランダムに左右反転することで行っています．なお，単独での評価は行っていません．

● 工夫2…正規化処理→画像の輝度を均一にする

最初のお試しでは輝度を一定の値域に収める正規化処理を省いていたため，これによる副作用がないかを調査しました．AlexNetはパラメータ更新をMomentum SGD（最適化手法の1つ）で学習させていたのですが，学習率をよく使われる0.01で学習させると正解率/損失関数がNaN（Not a Number；非数）になる現象が出るため，収束性が下がるのを覚悟で学習率を0.001にして学習させていました．

いろいろと試す中で前処理で学習データの平均画像

注5：JIT：Just In Time，必要なものを必要なときにといった意味です．カンバン方式ですね．

第3章　顔写真から血液型を当てるラズパイ人工知能に挑戦

を算出し，学習時の画像読み込みで引き算する．お手軽な正規化を導入すると学習率が0.01でもNaNにならず問題なく学習するようになりました．ただし，過学習の傾向は変化ありませんでした．

● 工夫3…モデルの色合いや画像サイズを統一

解像度，色が元になるImageNetと異なるため，モデルのパラメータを変更していましたが，この影響があるのかを調査しました．ImageNetのモデルそのものを使用し入力データを227×227ピクセルのフルカラーに変更し，そのまま学習させましたが過学習傾向は変化ありませんでした．

● 工夫4…斜めに写っている顔を正面に変換

集めたデータはポーズを取るため斜めを向いている写真が含まれています．これを正面のデータに絞って学習させると傾向は変化するのかが知りたかったため，dlibの顔パーツを検出する機能を使って両耳から鼻のつけ根までの距離比で正面化度合いを出して8割程度のデータに絞り込んで試しました．ですが傾向に変化はありません．

● 工夫5…鼻だけで試す

dlibで顔パーツの座標が取れたため，部分で学習したらどうだろうと考えました．そこで「鼻だけのパーツ」で学習データを作成し，学習してみましたが，傾向に変化はありませんでした．学習データ・フォルダが不気味になっただけです．

そもそも汎化性能が出ないため，より性能を上げるための方法を今回試せませんでしたが，他にも以下のような「工夫」が考えられます．

- ZCA whitening（白化）やコントラスト正規化などの前処理
- 回転，ズームイン/ズームアウトやアフィン変換などの強い変形を行うData Augmentation

いろいろ試してみましたが性能が上がらず，「顔写真と血液型には相関性がない」と結論せざるをえませんでした．

学習のためのプログラム

● 時間短縮のために軽い学習アルゴリズムを検討

プログラミングの前に，モデルをAlexNetと変わらない計算量のNetwork In Network（NIN）に変更する検討を行いました．

NINは畳み込みニューラル・ネットワーク（CNN）の畳み込み層をMLPにしたモデルで最終層の平均プーリングをそのままsoftmaxへ入力できるため，終段の全結合層が不要になっています．

AlexNetはニューラル・ネットワークの終段に2段の全結合層があるのですが，このため重みパラメータ数が約6000万にもなり，モデル自体のデータ・サイズも200Mバイトを越えていました．対してNINの重みパラメータは約750万と少なく，モデル・サイズも22Mバイト程度でした．

学習後のモデルはラズベリー・パイ3で使用するため，可能であれば小さいモデルが望ましいためNINを試すことにしました．NINはモデルのサイズが大幅に小さくAlexNetと同性能であるため，特に組み込みなどエッジ・デバイスで有効です．性能をさらに向上させるには，派生のGoogLeNetなど最近のCNNを使うのがよいと思いますが，ものすごく学習時間がかかるそうです….

学習データはリアルタイムData Augmentation用の「140×140ピクセル，グレー・スケール」を使用し，リアルタイムData Augmentationあり，正規化ありのNINで学習させてみました．ちなみに過学習の傾向には変化はありません．

● 画像とラベル・データの取り込み

リスト3が最終的に使用したNINモデルの実装です．学習データを事前に読むモデルが多いですが，DatasetMixinを使った拡張で逐次読むようにしています（class DatasetBloodType）．

初期化時（__init__メソッド）に，

- 平均画像（mean）
- モデルに与えるデータ・サイズ（crop_size）
- 血液型A/B/O/ABのフォルダのパス（root）
- 学習時のランダム化か否か（random）

を引き数で渡され，A/B/O/ABの各フォルダに存在するJPEGのファイル・パスと血液型をペアにしたリストを生成します．

データを取得する場合に呼ばれるget_exampleメソッドで，何番目のデータ（i）かの引き数から，初期化時に生成したリストの要素にアクセスし，ファイル・パスからPillowを使ってNumPy形式の配列として読み出し，リアルタイムData Augmentationと平均画像を引く正規化も実行しています．

NINモデル（class NIN）は一般的なもののままです．Chainを使った比較的新しめのモデル記述方法です．最適化はMomentum SGDで学習率は0.01です．

main関数では図5のような処理を行っています．

ステップ4…ラズベリー・パイによる血液型判定

Chainer側で作った学習済みモデルをもとに，ラズベリー・パイとPiCameraを使って，血液型判定を行いました．通常，ディープ・ラーニングの学習および

第4部 ラズパイ×クラウドで人工知能を作る

リスト3 学習プログラム

```python
#
# 顔画像逐次読み込みクラス
#
class DatasetBloodType(chainer.dataset.DatasetMixin):

  def __init__(self, mean, crop_size, root='.',
random=True, dtype=np.float32, label_dtype=np.int32):
    directories = ['A', 'B', 'O', 'AB']
    pairs = []  # tuple (filepath, label) list
    for dir_index, dir_name in enumerate(directories):
      file_paths = glob.glob(os.path.join(root,
                                dir_name, '*.jpg'))
      for file_path in file_paths:
        pairs.append((file_path, dir_index))
    self._pairs = pairs
    self._root = root
    self._dtype = dtype
    self._label_dtype = label_dtype
    self.mean = mean
    self.crop_size = crop_size
    self.random = random

  def __len__(self):
    return len(self._pairs)

  def get_example(self, i):
    path, int_label = self._pairs[i]
    with Image.open(path) as f:
      image = np.asarray(f, dtype=self._dtype)
    crop_size = self.crop_size
    h, w = image.shape

    if self.random:
      # Randomly crop a region and flip the image
      top = random.randint(0, h - crop_size - 1)
      left = random.randint(0, w - crop_size - 1)
      if random.randint(0, 1):
        image = image[:, ::-1]
    else:
      # Crop the center
      top = (h - crop_size) // 2
      left = (w - crop_size) // 2
    bottom = top + crop_size
    right = left + crop_size

    image = image[top:bottom, left:right]
    image -= self.mean[top:bottom, left:right]
    image /= 255
    image = image.reshape(1, image.shape[0],
                             image.shape[1])
    label = np.array(int_label, dtype=self._label_dtype)
    return image, label

#
# 学習モデル (NIN) クラス
#
class NIN(chainer.Chain):

  insize = 128

  def __init__(self, n_classes):
    w = math.sqrt(2)  # MSRA scaling
    super(NIN, self).__init__(
      mlpconv1=L.MLPConvolution2D(
        None, (96, 96, 96), 8, stride=2, wscale=w),
      norm1=L.BatchNormalization(96),
      mlpconv2=L.MLPConvolution2D(
        None, (256, 256, 256), 5, pad=2, wscale=w),
      norm2=L.BatchNormalization(256),
      mlpconv3=L.MLPConvolution2D(
        None, (384, 384, 384), 3, pad=1, wscale=w),
      norm3=L.BatchNormalization(384),
      mlpconv4=L.MLPConvolution2D(
        None, (1024, 1024, n_classes), 3, pad=1, wscale=w),
    )
    self.train = True
    self.n_classes = n_classes

  def __call__(self, x, t):
    h = F.max_pooling_2d(F.relu(self.norm1(
                    self.mlpconv1(x))), 3, stride=2)
    h = F.max_pooling_2d(F.relu(self.norm2(
                    self.mlpconv2(h))), 2, stride=2)
    h = F.max_pooling_2d(F.relu(self.norm3(
                    self.mlpconv3(h))), 3, stride=2)
    h = self.mlpconv4(F.dropout(h, train=self.train))
    h = F.reshape(F.average_pooling_2d(h, 6),
                  (x.data.shape[0], self.n_classes))

    loss = F.softmax_cross_entropy(h, t)
    chainer.report({'loss': loss, 'accuracy':
                    F.accuracy(h, t)}, self)
    return loss
```

- A/B/O/ABフォルダからjpegファイルを探索しリスト化
- Data Set読み込みclass初期化
- jpegをNumPy配列としてRead
- 学習時のリアルタイム・データ増大
- テスト時の中央crop
- 平均画像を引く正規化
- 初期化処理でNINのMLP畳み込み層とバッチ・ノーマライゼーションを定義. MLPConvolution2Dの第2引数は出力サイズ, 第3引数はフィルタ・サイズを指定
- 学習時に実行される処理. 初期化で定義した各層の出力をMaxプーリングし最後にsoftmaxで損失関数を計算し返却する

判定は，マシン・パワーのあるサーバやクラウド上などで行うのが主流ですが，判定だけであればラズベリー・パイなどの小型ボード上でも可能です．

● なぜラズベリー・パイなのか

実機上で判定を行うメリットとして，

- 別途サーバに判定用のアプリケーションを構築する必要がない
- 実機自体がネットワークに接続する必要がない

などがあります．特に実機がネットワークに接続する必要がないというのは，セキュリティへのリスクが減り，ネットワーク環境への接続負荷の低減も可能です．IoTでのセキュリティ問題が危惧され始めている中，ディープ・ラーニング技術，IoTの発展とともに判定をエッジ側だけで行うというモデルは今後増えていきます．現在も爆発的に増加しているIoT機器によるトラフィックの増加は今後，中央集権型の制御ではセキュリティや通信コストなど多くの課題を抱えることになります．これらの課題，IoTのさらなる進化を見据え，今後はデバイス間のP2Pを前提とするエッジ側での処理と管理が重要視されていきます．今回の端末側での判定処理は，これからのIoT機器の制御を見据える上でも，重要な実験と位置づけています．

一方でデメリットとして，

- マシン・パワーがないため判定結果が出るまでに時間がかかる
- 実行時に学習モデル相応のメモリが必要のため学習結果のモデル・サイズを小さくする工夫が必要

第3章 顔写真から血液型を当てるラズパイ人工知能に挑戦

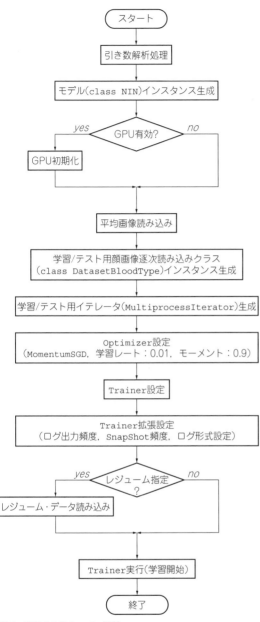

図5 学習のためのmain関数

などがあります．ですがこれらデメリットは，GPUの効率的な使用，採用するアーキテクチャの工夫などによって改善できます．

● OSやライブラリなど実行環境の構成

使用する環境はPythonを使って構築するため，開発環境はPythonを中心とした動作環境を整えます．基本的には学習時にローカルPCで判定を行っていたソフト構成モデルを導入しますが，一部，ラズベリー・パイでのアプリケーション動作用に入れているライブラリがあります．

▶ Miniconda

ローカルPCでの学習結果の確認用ではAnacondaを使用しましたが，ラズベリー・パイ3向けにはAnacondaは提供されていないため，最小構成となっているMinicondaをインストールします．

Anacondaをインストールするときと手順的にはほぼ変わりはなく，pyenvを使用したディストリビューションのインストール時にMinicondaのパッケージを指定することでインストール可能です．

- Anacondaのインストール方法

```
$ pyenv install Anaconda 3-4.1.1
```

- Minicondaのインストール方法

```
$ pyenv install miniconda3-4.1.11
```

▶ カメラ PiCamera

判定に使用する顔写真を撮影するためカメラ・モジュールを使用します．カメラ・モジュールはPython用に提供されているpicameraライブラリを使用します．

- インストール方法

```
$ sudo pip install picamera
```

ラズベリー・パイの環境設定でcameraはデフォルトではDisableとなっているため，使用するためにEnableに変更しておいてください．

▶ 顔認識ライブラリ dlib

学習時にも使用した顔認識用のライブラリとして，dlibを使用します．学習環境と同一の正規化写真を判定で使用したいため，撮影した写真から，顔部分だけを抜き出して正規化するのに使用します．

Python用のライブラリも提供されていますが，今回はdlib内にある顔検出サンプルface_detection_exをビルドしバイナリのまま使用します．

▶ GUI 用 PyQt

GUI作成用に，GUIフレームワークのQtのPythonバインディングであるPyQtを使っています．

▶ ディープ・ラーニング・フレームワーク Chainer

Chainerも導入しました．学習時のモデルをそのまま使用できるため導入が楽な点が挙げられます．また，Caffeの学習済みモデルと違い，Chainerの学習モデルは，ほかのディープ・ラーニング・フレームワークでは使用できないため，他のフレームワークは検討しませんでした．

なお，学習モデルは重みパラメータの集まりのため，重みパラメータを直接読み出して使用し，行列計算により判定を行うことは可能です．Chainerが動作しないような環境であっても，判定であれば学習モデルを使って，C/C++で判定処理を自力で作成できます．もちろん，それぞれの重みパラメータを適切に読み出して行列計算を行う必要があるため，実装にはある程度時間を要すると思われます．

第4部 ラズパイ×クラウドで人工知能を作る

● 処理のフロー

ラズベリー・パイにおける処理を整理します．アプリケーションは以下の流れで作成します．

1. アプリケーション起動
2. カメラを起動し撮影モード
3. 顔写真を撮影
4. 撮影した写真から顔写真を抽出し正規化
5. 正規化した写真から学習モデルを使って判定
6. 結果を表示

判定のためのプログラム

それでは実際のアプリケーションを解説します．

● ソースコード

以下のソースコードで構成します．

- main.py…アプリケーション起動用．ウィジェット起動とイベント・ループ
- main_widget.py…メイン・ウィジェット用のGUI制御
- text_widget.py…テキスト・ウィジェット用のGUI制御
- control.py…アプリケーション全体の制御
- camera.py…カメラ制御
- analyze.py…顔写真の判定制御

機能単位でファイルを分けており（**図6**），それぞれのファイルに専用のクラスを定義しています．顔写真取得用のcamera.py以外は汎用的な処理となっており，Pythonが動作する環境であれば，ラズベリー・パイ以外でも動作できます．

● GUI構成

1920×1080ピクセルの画面を使用する前提で作成し，画面上部のmain領域と，text領域で描画領域を分けた構成としています．main領域に主に，中心となる画像ファイル，顔写真や結果を表示し，text領域に補助的なテキストを表示する構成としています．

● アプリケーション起動用制御

main.pyのmain関数内で，main_windowの生成，main_widget.py内のmain_widgetクラス，text_widget.py内のtext_widgetクラスの生成を行い初期画面を表示します．

また，今回入力デバイスとしてはキーボードを使っているためMainWindowクラス内の，keyPressEvent関数にて［Enter］ボタンをキーとしてアプリケーションのシーケンスが進むようにしています．

入力デバイスとしては今回汎用的な通常のキーボードのキーを採用しましたが，ラズベリー・パイにはGPIOもありますので，専用のスイッチや，センサに反応させて入力させてみるのもアプリケーションとしては面白いと思います．

● 顔写真撮影と正規化

写真撮影用のカメラ制御はcamera.py内のCameraWidgetクラスで行っています．カメラの設定はsetup_ui関数内で行っており，カメラの解像度は960×540ピクセルとしてます．カメラの解像度はある程度の大きさにした方がdlibの検出率が高いため，比較的高い解像度としています．

起動画面から［Enter］ボタンを押すことで本クラスのstart_streaming関数にて画面全体を使ってカメラのストリーミングを開始させ，カメラで撮影している様子をそのまま画面に出力します．この間に判定させたいユーザに顔をカメラに近づけてもらい，再度［Enter］ボタンを押すことでcapture関数を使用しJPEGで保存しています．

学習データは正規化された写真データから学習させたため，学習データと同じように入力する必要があり，先ほど撮影したJPEG写真にも正規化処理を行います．

正規化処理はanalyze.pyのdetect_face関数内で顔検出サンプルのface_detection_exをシステム・コマンドで直接呼び出して使っています．

● 学習モデルのロードと判定

学習モデルのロードと判定は，analyze.pyのAnalyzeBloodクラスで行っています．学習モデルのロードは学習モデルをメモリ上へ読み出すのですが，ここでデータ・サイズが重要となります．実際に本アプリケーションを作成し始めたときはネットワーク・モデルとしてAlexNetを使っていたのですが，モデル・サイズが250Mバイトを超えていたため，モデルのロード時間だけで1分近くかかるような状態で，複数回繰り返しアプリケーションを連続動作させるとメモリ不足で落ちるような現象が多々発生しました．

そこでNINの全結合層のないネットワーク・モデルを採用することで，モデル・サイズが1/10に抑えられロード時間の短縮とメモリ・サイズの縮小を図っています．

ですがその分，解析には時間を要するようになってしまいましたが，リソースの乏しい実機側ではこのような工夫が必要です．

● 処理時間の短縮の工夫

今回の処理ではラズベリー・パイ3で顔検出に約20秒，判定に約30秒近くかかります．当然GUIアプリ

第3章 顔写真から血液型を当てるラズパイ人工知能に挑戦

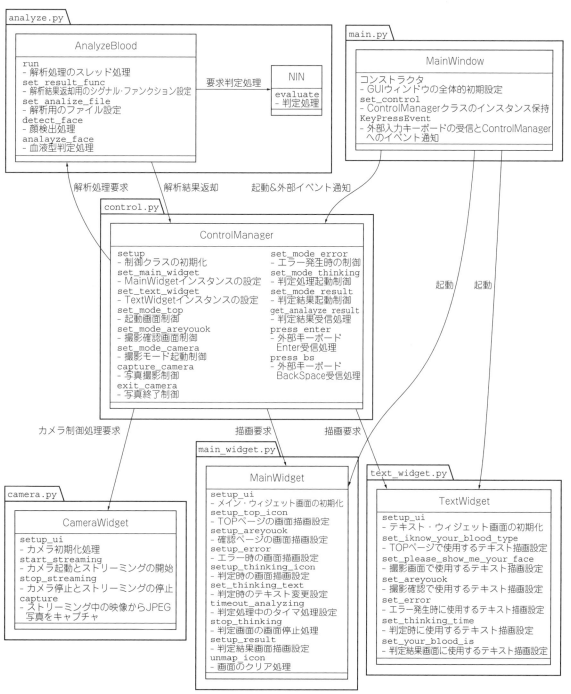

図6 判定プログラム（アプリケーション）

ケーションとして見せるにはユーザが画面表示を見て待つことになるため，GUIは動作できるように顔検出と判定処理はスレッドを起動させて裏処理とさせています．特に連続して起きておく必要はないため走りきりの処理となっています．

長時間ユーザを待たせることへの対応として状態をGUI表示させるため，顔検出，モデルのロード，判定のそれぞれの開始タイミングで状態を通知してGUIへ表示させています．

なかむら・よしあき，いわさだ・さとし

第4部

Appendix 1　アマゾンAWSが用意している強力サービス

あのNVIDIAがなんと数百円…クラウドGPUのススメ

中村 仁昭，岩貞 智

　ディープ・ラーニングの学習には多くの計算量が必要になりますが，通常のインテルCPUを積んだデスクトップPCでは，なかなか学習が進まないためGPUが欲しくなります．

　デスクトップPCにNVIDIAのGeForceなど，ゲーム向けのGPUカードを買って導入してもよいのですが，すぐにディープ・ラーニングの学習環境が欲しいことや，いろいろな場所から学習結果を確認したり調整したりしたかったため，Amazon Web Services（AWS）上にGPUコンピューティング・インスタンスを作成してみました．

● とにかく高速

　ゲーム向けのGPUとしては，NVIDIAだけでなくAMDやインテルのチップも存在しますが，GPUコンピューティング用として使用されるのは，現在のところ並列コンピューティング・プラットフォームであるCUDAを提供し，多くのディープ・ラーニング・フレームワークなどでサポートされているNVIDIA 1択になります．

　NVIDIAの発表では，GPUを使用することによってCPU単体と比較して処理性能は6.8倍，電力効率は4.4倍になるとされています．これはXeon E5-2698とTesla M40の比較であり，手元のi7-4770とAWSのGPUコンピューティング・インスタンスで使用されているTesla K80では最大20倍の速度差がありました．

● GPU対応済みのライブラリがある

　多くのディープ・ラーニング・フレームワークはCuPy（CUDA上で計算を行うNumPyサブセットのライブラリ）などを使いCUDAに対応しています．手間なくGPUの能力を引き出すことができるため，事実上，ディープ・ラーニングを始めるならGPUは必須のものとなっています．

　このように非常に有用なGPUをクラウドでも使えるようにしたGPUコンピューティング・インスタンスが各社から提供され始めているため，最短で10分程度でGPUコンピューティング・インスタンスを起動して，異なるモデルを複数インスタンスで並列で学習させることが可能になっています．

● 必要なときだけ

　Amazon Web Servicesとは，Amazonが提供するクラウド・サービスの総称です．提供するサービスにはさまざまなサービスが含まれています．今回は仮想サーバを提供するEC2（Elastic Compute Cloud）というサービスを使用します．多くのサービスは管理コンソールから操作し，サーバやストレージなどのリソースを必要なときに必要なだけ，利用することが可能になっています．

● 占有するリソースに応じて料金を支払う

　仮想サーバはAWSクラウドのコンピューティング・リソースから一部を割り当てた実体（インスタンス）としてユーザには見えます．インスタンスには多くのタイプが定義されていて，それぞれ占有するリソースに違いがあります．

　AWSのアカウントを作成すると1年間無料で使用できるt2.microは汎用インスタンスに属します．ウェブ・サーバなどに適しているとされ，仮想CPU（vCPU）が1つ，メモリが1Gバイト使用できます．汎用インスタンスにはGPUはありません．

　今回使用するp2.xlargeはGPUコンピューティング・アプリケーション用に設計されたインスタンスです．GPUが1つ，vCPUが4つ，メモリが61Gバイト使用できる比較的高仕様なインスタンスです．

＊　　　＊　　　＊

　AWSのサービスを利用するにはアカウント作成が必要になります．アカウント作成の手順は，Amazonの公式サイト（https://aws.amazon.com/jp/register-flow/）に分かりやすく書かれていますので，こちらを参照して作成してください．

　注意点としては，認証用に着信可能な電話と，有効なクレジット・カードが必要になりますので，事前に用意しておいてください．

なかむら・よしあき，いわさだ・さとし

第4部

Appendix 2　クラウドNVIDIAと国産定番AIライブラリChainerを試す

数百円のGPU人工知能スタートアップ

中村 仁昭，岩貞 智

クラウド上にハードウェア環境を構築

● EC2インスタンスを選ぶ

AWSマネジメント・コンソール（https://console.aws.amazon.com/）にアクセスし，アカウント作成時に登録したE-mailアドレスとパスワードでログインします．

ログインするとAWSマネジメント・コンソールのホーム画面が見えます．AWS re:Invent 2016開催（2016年11月28日～12月2日）前後でAWSマネジメント・コンソールの外観が大幅に変わり，随分見通しが良くなりました（図1）．

ウェブ・アプリケーションなどに使用するt2.microのEC2インスタンスであれば，ページの真ん中に見える「ソリューションの構築」の下にある「仮想マシンの起動」から行うと簡単です．今回はGPUコンピューティング用のp2.xlargeインスタンスを作成しますので，画面上の「サービス」プルダウンから「コンピューティング」の下の「EC2」をクリックしてください（図2）．

● 地域を選択

EC2マネジメント・コンソールが表示され，画面の真ん中の目立つところに「インスタンスの作成」ボタンが見えますが，クリックする前にリージョンを確認してください．今回作成しようとしているp2.xlargeインスタンスは，東京リージョンでは提供されていないため，提供されているリージョンに変更する必要があります．今回は日本からの通信速度が速いオレゴン・リージョンを使うので，画面右上の「サポート」の左の「東京」（もしかしたら別のリージョンになっているかもしれないので適宜読み変えてほしい）をクリックし，「米国西部（オレゴン）」を選択します（図3）．左上のリージョンの表示が「オレゴン」になっていることを確認し画面中央の「インスタンスの作成」をクリックします．

● OSの選択

「ステップ1：Amazonマシンイメージ（AMI）」画面に移ります．いろいろなOSを選べますが，今回は使い慣れているUbuntu 16.04 LTSを選択します（図4）．

● GPU付きのハードウェアを選択

「ステップ2：インスタンスタイプの選択」画面に移ります．今回の目的のp2.xlargeを選択します（図5）．

● 大きめのストレージを確保

このまま青い「確認と作成」ボタンをクリックする

図1　AWSマネジメント・コンソールから仮想マシンを起動

図2　EC2インスタンスを作成する

図3　今回はオレゴンにあるGPUインスタンスを利用する

第4部 ラズパイ×クラウドで人工知能を作る

図4 OSは今回Ubuntu 16.04 LTSを選択

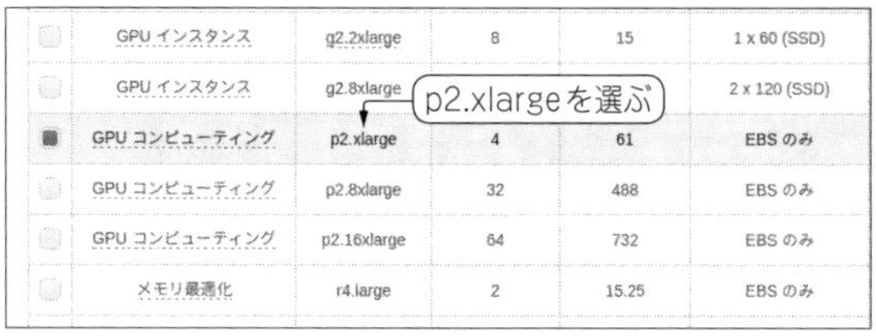

図5 GPU付きのハードウェアを選択

とストレージがデフォルトの8Gバイトになり，CUDAやChainerをインストールすると足りなくなってしまいます．必要なストレージ容量は用途で異なると思いますが，ストレージに掛かる費用はごく少額なため大きめのストレージにしておくのがお勧めです（後でもストレージの容量を変更できるが，少し時間もかかり手順が複雑）．今回は30Gバイトとするため，画面右下の「次の手順：インスタンスの詳細の設定」ボタンをクリックします．

「ステップ3：インスタンスの詳細の設定」画面に移ります．デフォルトで問題ないため，画面右下の「次の手順：ストレージの追加」ボタンをクリックします．

「ステップ4：ストレージの追加」画面に移ります．画面中央にあるサイズ(GiB)を8→30に変更し，画面右下の「確認と作成」ボタンをクリックします．

● キーを入力

「ステップ7：インスタンス作成の確認」画面に移ります．各項目を確認し問題なければ，画面右下の「作成」ボタンをクリックしてください．キーペアの選択ダイアログが表示されます．作成したインスタンスにアクセスするのに必要になりますので，初めての場合は新しいキーペアを作成し保存してください．以前にキーペアを作成したことがある場合は，既存のキーペアを選択できます．

キーペア名を入力，または既存のキーペアを選択し，「インスタンス作成」ボタンをクリックすれば作成ステータス画面（図6）が表示されp2.xlargeインスタンスの作成が開始されます．「インスタンスの表示」ボタンをクリックするとインスタンス管理画面に移ります．インスタンスの作成が完了するまで数分かかり

ますので，ステータス・チェックの表示が「初期化しています」から「2/2のチェックに合格しました」に変わるまで少し待ちます．

● 接続

インスタンス管理画面から作成したインスタンスを選択し，画面上の「接続」ボタンをクリックすると，「インスタンスへの接続」ダイアログが表示されますので，説明に従ってSSHでインスタンスに接続します．今回はLinuxのコンソールからsshで接続します．

```
$ ssh -i "new_keypair.pem" ubuntu@
ec2-35-164-67-xxx.us-west-2.
compute.amazonaws.com
```

ディープ・ラーニング環境の構築

● その1：定番GPU開発環境CUDA

まずCUDA 8.0のインストールから始めます．Xウィンドウなどもインストールされるため，かなり時間がかかります（リスト1）．

.profileの末尾に下記のCUDA用の設定を追加します．

```
> PATH=/usr/local/cuda/bin:$PATH
> LD_LIBRARY_PATH=/usr/local/cuda/
lib64:$LD_LIBRARY_PATH
```

再起動させます．

```
$ sudo reboot
```

再起動してから数秒待って，再度SSHでログインし，NVIDIAドライバが動作していることを確認します（リスト2）．

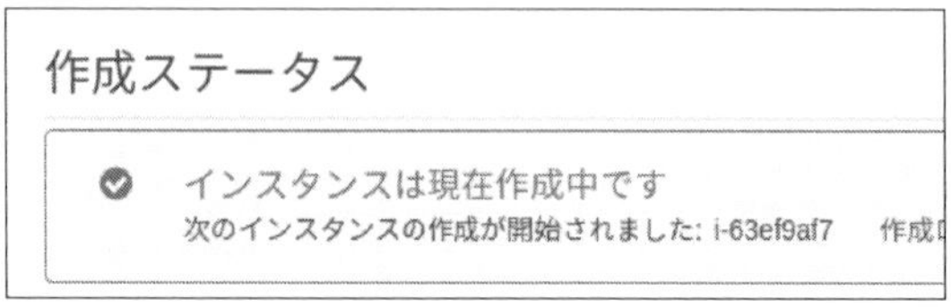

図6 「インスタンス作成」ボタンをクリックすれば作成ステータス画面が表示される

リスト1 GPU開発環境CUDA 8.0のインストール

```
$ wget http://developer.download.nvidia.com/
    compute/cuda/repos/ubuntu1604/x86_64/cuda-repo-
               ubuntu1604_8.0.44-1_amd64.deb
$ sudo dpkg -i cuda-repo-ubuntu1604_8.0.44-1_
                                     amd64.deb
$ sudo apt update
$ sudo apt upgrade
$ sudo apt install cuda
```

Appendix 2　数百円のGPU人工知能スタートアップ

リスト2　NVIDIAドライバの動作を確認

```
$ nvidia-smi
Mon Dec  5 10:00:32 2016
+------------------------------------------------------+
| NVIDIA-SMI 367.57              Driver Version:       |
|-------------------------------+----------------------+
| GPU  Name       Persistence-M | Bus-Id               |
| Fan  Temp  Perf Pwr:Usage/Cap |          Memory-Us   |
|===============================+======================|
|   0  Tesla K80          OFF   | 0000:00:1E.0         |
| N/A  37C   P0   71W / 149W    |      0MiB / 11439    |
+-------------------------------+----------------------+
```

● その2：CUDA対応ディープ・ラーニング・ライブラリ

ディープ・ラーニング用のライブラリcuDNNをNVIDIAのサイト（https://developer.nvidia.com/rdp/cudnn-download）からダウンロードします．ダウンロードするためには開発ユーザ登録が必要になります．ユーザ登録完了後，CUDA 8.0に対応したcuDNN v5.1をブラウザからローカルPCへダウンロードしてください．

インスタンスへはscpなどでローカルPCからコピーします．

```
$ scp -i "new_keypair.pem" cudnn-
8.0-linux-x64-v5.1.tgz ubuntu@ec2-
35-164-67-xxx.us-west-2.compute.
amazonaws.com:
```

インスタンス上でcuDNNを展開し，必要なファイルをコピーします．

```
$ tar xvf cudnn-8.0-linux-x64-
v5.1.tgz
$ sudo cp cuda/lib64/libcudnn* /
usr/local/cuda/lib64/
$ sudo cp cuda/include/cudnn.h /
usr/local/cuda/include/
```

● その3：定番国産人工知能フレームワーク Chainer

今回はディープ・ラーニング・フレームワークとしてChainerを使うため，pyenvのインストールとanaconda3-4.1.1をインストールし，Anaconda 3環境にChainerをインストールします．

▶pyenvのインストール

```
$ git clone https://github.com/
yyuu/pyenv.git ~/.pyenv
```

.profileの末尾に下記のpyenv用の設定を追加します．

```
> PYENV_ROOT=$HOME/.pyenv
> PATH=$PYENV_ROOT/bin:$PATH
> eval "$(pyenv init -)"
```

pyenvを有効化するために，ログアウト/ログインするか，下記のようにsourceで.profileを読み込みます．

```
$ source .profile
```

▶AnacondaとChainerをインストール

anaconda3-4.1.1をインストールし，環境切り替え後，Chainerをインストールします．

```
$ pyenv install anaconda3-4.1.1
$ pyenv shell anaconda3-4.1.1
$ pyenv version
anaconda3-4.1.1 (set by PYENV_
VERSION environment variable)
$ pip install chiner
```

料金

使用したp2.xlargeは1時間当たり0.9ドルかかります．その他にもストレージ/ネットワークの使用料もかかりますが，EC2インスタンスの使用料に比較すると誤差のような額で収まります．AWSで使えるGPUインスタンスはP2とG2があります（表1）．それぞれ使用できるリージョンも異なります．

G2インスタンスの方が安いのですが，ディープ・ラーニングに使用するにはCompute Capability（GPUのバージョンに相当します）とGPUメモリ量が重要です．TensolFlowなどCompute Capabilityが3.5以上を要求するなど注意が必要になります．東京リージョンで動作させたい場合や，価格をできるだけ抑えたい場合を除いて，ディープ・ラーニングで使用するにはP2インスタンスがお勧めです．

表1　AWSで使えるGPUインスタンス

モデル	GPU	GPU数	Compute Capability	GPUメモリ [Gバイト]	vCPU	vCPU数	メモリ [Gバイト]	インスタンス・ストレージ [Gバイト]	オンデマンド料金（オレゴン）
p2.xlarge	Tesla K80	1	3.7	12	Xeon E5-2686v4	4	61	EBSのみ	0.9ドル/時間
p2.8xlarge	Tesla K80	8	3.7	96	Xeon E5-2686v4	32	488	EBSのみ	7.2ドル/時間
p2.16xlarge	Tesla K80	16	3.7	192	Xeon E5-2686v4	64	732	EBSのみ	14.4ドル/時間
g2.2xlarge	GRID K520	1	3.0	4	Xeon E5-2670	8	15	1 x 60 (SSD)	0.65ドル/時間
g2.8xlarge	GRID K520	4	3.0	16	Xeon E5-2670	32	60	2 x 120(SSD)	2.6ドル/時間

第4部 ラズパイ×クラウドで人工知能を作る

リスト3 MNISTを実行その1…GPUで

リスト4 MNISTを実行その2…CPUで

また，GPU数が多いインスタンスがありますが，Chainerでは複数のGPUを並列実行させるには，スクリプト側で幾つか対応させる必要があったため，今回は使用しませんでした．TensolFlowなど複数GPUで自然とスケールしてくれるフレームワークもありますので，使用時に検討してみてください．

クラウドGPUの処理情報を体験する

● Hello world! に相当するMNISTを試してみる

C言語の世界では，Hello world!が最初のプログラム例として挙がります．ディープ・ラーニングの世界でこれに相当するのがMNISTです（リスト3）．

MNISTのデータセットをダウンロード後，MNISTの学習が始まります．最後のコマンドの"-g 0"がGPU使用を指定していますが，このオプションなしで実行するとCPUだけになり，どれほど差があるかを体験できます（リスト4）．

1秒当たりのイテレーションが200.68（GPU）と，34.376（CPU）ですので，GPU使用時は5.8倍の高速化になります．MNISTのデモのモデルは単純な多層パーセプトロンで構成されているため，あまり速度差がありませんが，畳み込みニューラル・ネットワークなどではもっと差が出ることになります．

＊　　＊　　＊

ET 2016に出展するためのディープ・ラーニング・デモをp2.xlargeインスタンスを使って学習させました．顔写真から血液型が判別可能か？（第4部 第3章）

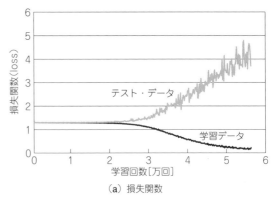

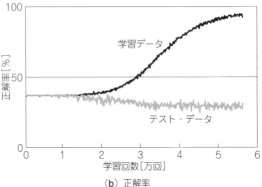

図7 GPUを使うことで5時間ほどで学習が収束した

といった少々チャレンジングなデモであったため，モデルやデータの前処理などをいろいろと試し，インスタンスの使用時間は32時間程度になりました．

ニューラル・ネットワークとしては最終的にNiN（Network in Network）を採用し，ラズベリー・パイ3上でのモデル・パラメータの読み込み時間を短縮させています．最終モデルの学習（図7）では5万イテレーション強実行していますが，約2時間半で完了しています．

図7を詳しく説明します．1 epochごとに出力したログ・データから，正解率と損失関数をプロットしたものです．

学習データの正解率/損失関数は2万イテレーションを過ぎたあたりから徐々にニューラル・ネットワークの重みパラメータがデータに適応され，正解率は100％に近づき損失関数は0に近づきます．

一方，テスト・データの正解率/損失関数はデータへの適応が始まると同時に正解率が低下し，損失関数が上昇し過学習の傾向が見えます．通常の学習であれば，汎化性能を獲得するためテスト・データの正解率/損失関数も学習データの後を追って似たような傾向のプロットになります．

なかむら・よしあき，いわさだ・さとし

第4部
第4章 タダで使えるクラウドAPIを活用する
クラウド型ラズパイAIで音解析

西海 俊介

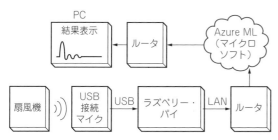

図1 ハードウェアはラズベリー・パイとUSB接続のマイクそれとネット接続環境

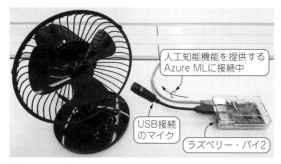

写真1 扇風機の風切り音やモータ音が通常と異なるときに検知できるシステムを作る

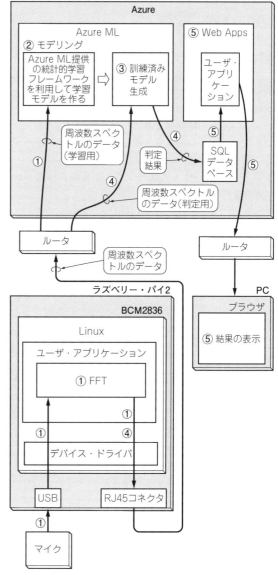

図2 マイクロソフト提供のクラウド・サーバAzure MLを利用して異音を判定する

● ラズベリー・パイから機械学習用クラウド・サービスを利用して音解析コンピュータにする

訓練済みの機械学習モデルをクラウド上にウェブ・サービスとして実装できる独特のサービスを提供しているAzure Machine Learning（Azure ML）を用いて，異音を検知する装置を作ります．

異音検知システムのハードウェア構成を図1，写真1に，ソフトウェア構成を図2に示します．

▶ステップ①…機械学習のための前処理

ラズベリー・パイに接続したUSBマイクで，正常な扇風機の動作音を一定時間録音します．それを周波数スペクトルに変換した結果としてクラウド・サーバAzure MLに送出します．

▶ステップ②…統計的学習フレームワークを利用し学習モデルを作る

Azure ML上では統計的学習フレームワークを利用

第4部 ラズパイ×クラウドで人工知能を作る

(a) 学習させた音に近いとき

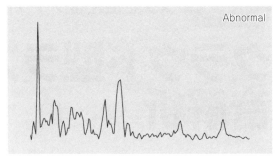
(b) ペンで羽に負荷をかけたとき

図3 異音の検出例

して，周波数スペクトル・データから異音検知の学習モデルを作成します．

▶ステップ③…判定処理用訓練済みモデルの作成と公開

学習モデルから動作音が異常かどうかを判定し，その結果を出力する訓練済みモデルを作成します．この訓練済みモデルをWeb APIとして公開して，ラズベリー・パイから呼び出せるようにします．さらにウェブ・アプリケーションを作成して判定結果をブラウザから確認できるようにします．

▶ステップ④…ラズベリー・パイから異音検知Web APIを利用

公開した異音検知のWeb APIをラズベリー・パイから呼び出す処理を実装します．事前に用意したソース・コードをダウンロードし，ソース・コードにWeb API接続情報などを追加します．

▶ステップ⑤…異音検知の結果をパソコンから見られるようにする

最後にAzure MLで異常判定をした結果を確認するウェブ・アプリケーションを作ります．今回はAzureでPaaSとして提供されているApp ServiceのWeb Appsを利用します．

Azure MLはGUIベースで手軽に機械学習モデルを訓練できるという利点を持つだけでなく，訓練済みのモデルをクラウド・サービスであるAzure上にデプロイし，Web APIで簡単に呼び出してスコアリングに利用できるという特徴があります．

周波数スペクトルを使う理由については後述しますが，機械学習では，生のデータをそのまま使うのではなく，知りたい現象の特徴をなるべくコンパクトに表現できるような形式のデータに変換して与えることが，学習を成功させるコツとなります．このようなデータは，特徴量データと呼ばれます．今回のケースでは，周波数スペクトル・データが特徴量データとして優れていると想定されるため，あらかじめデータの変換を行っておくわけです．

異音の検出例を図3に示します．学習した音と同じなら画面にはNormalと表示されます．扇風機の羽に

ペンや紙などを当ててみましょう．図3(b)のようにAbnormalと表示されます．

● ほかにもこんな用途で使える

今回の事例は，車のエンジン音の異常検知にも利用できそうです．ただし，ここで使っているしくみは，周波数スペクトルが時間的に変動するパターンから正常／異常を判定したいようなケースには不向きです．

例えば，犬の鳴き声の正常／異常の判定にはおそらく不向きです．犬の正常な鳴き声をパターン化するためには，周波数スペクトルが変化する（つまり，声の高さが一定のパターンで変化する）こともテンプレート化する必要がありますが，今回利用した学習用ライブラリの中では，周波数スペクトルの時間方向における変化のテンプレート化は行っていないからです．より進んで機械学習を使いこなすためには，機械学習の中で動いているアルゴリズムについても理解することも必要となるでしょう．

異音判定に人工知能を用いる理由

● 複雑な判定を行うプログラムを作るのはたいへん

記事ではAzure MLに学習データを与えて異音検知の学習モデルを作成しておきます．このとき，どのような音が異常なのかを数値化するための具体的なロジックや数式を，あらかじめ人間が設計してプログラミングしておく必要は全くありません．そのようなカスタム・プログラミングを行わなくても，学習用データさえ与えれば，アルゴリズムが異常を判断するロジックや数式を作り上げてくれるのが，機械学習の最大の特徴であり，本質的な価値であると言えます．

読者の中には「機械学習は人間には真似できないような高精度な予測や診断ができる」というイメージをお持ちの方もいるかもしれません．個人的な興味や学問的な価値だけを追求することが許されるなら，このイメージでも問題ないでしょう．

しかしエンジニアにとっては，機械学習によって低

第4章　クラウド型ラズパイAIで音解析

コストでさまざまなサービスが提供される方が価値があるはずです．従って，機械学習の本質的な価値はカスタム・プログラミングなしで有益なロジックが構成できる点にあると考えるべきでしょう．

● 異常度を数値にしてくれる

さて，学習済みのモデルを異常検知に使用する場合には，入力されたデータに対して異常度を返してくれるスコアリング処理サービスを実装する必要があります．Azure MLのもう一つの特徴は，学習済みの判定処理用訓練済みモデルを，クラウド上のサービスとして簡単に実装できる機能を持っていることです．

扇風機の動作音をマイクで録音しながら，一定時間ごとにAzure MLで作成した判定処理用訓練済みモデルを実装した異常度のスコアリング処理を呼び出します．スコアリング処理は，今聞こえている音がどれほど正常から離れているか(＝異常度)について計算してくれます．

異常度がどれぐらい大きければ，「異常」と決めるのは，機械ではなくユーザたる人間の責任です．例えば，部屋がどれだけ散らかっていれば汚いと定義するのかは個々の価値観によって異なります．万人が納得するような基準を設けるのは，機械どころか神様であっても無理でしょう．それでも基準を決めたいのであれば，決めるのは人間の責任ですね．そこで，異常度が一定のしきい値を超えていれば異常であると定義することにして，その結果をSQLデータベースに登録します．Web Appsではウェブ・アプリケーションを実装しており，利用者はブラウザを通して判定結果を確認できます．

準備するもの

● ハードウェア

異音検知システムの実験では，次の製品や周辺機器を使用します．

- ラズベリー・パイ
- SDメモリーカード（容量：8Gバイト以上）
- USBマイク
- 卓上扇風機
- Microsoft Azureアカウント
- インターネットにアクセスできる環境
- パソコン

● ラズベリー・パイへのOSのインストールと初期設定

ラズベリー・パイへのOSのインストールや初期設定は事前に行ってください．必須ではありませんがタイムゾーンやパッケージ・ダウンロードに利用するミラー・サイトを日本に変更しておくことをお勧めします．デモのOSはRaspbian (version: 1.9.0)です．本稿の手順はすべてSSH接続で対応できます．もちろん直接ラズベリー・パイを操作しても問題ありません．

● Microsoft Azureアカウントの作成

Azure MLによる機械学習やWeb Appsによる可視化を構築するためにAzureアカウントが必要になります．Azureアカウントを持っていない方は，次のURLからアカウントを作成できます．2016年4月現在，1カ月の試用期間中に20,500円分のリソースを使用できます．

```
https://azure.microsoft.com/ja-jp/free/
```

● 使用するファイル一式の取得

ラズベリー・パイで使用するスクリプトやウェブ・アプリケーションのソースコードは事前に用意したものを利用します．次のURLからファイル一式をダウンロードしてください．

```
http://www.cqpub.co.jp/interface/download/contents.htm
```

ステップ1…機械学習のための前処理

ここからは実際に異音検知デモを構築する手順を説明します．ここでは学習データをもとに異音検知の学習モデルを作成します．

● 動作音の録音

まず，扇風機の動作音を録音します．ラズベリー・パイにUSBマイクを接続しましょう．ラズベリー・パイにて次のコマンドを実行し，USBマイクが接続されているカード番号を確認します．カード番号は録音で使用します．

```
$ arecord -l
```

マイクの感度確認も兼ねて，arecordコマンドで5秒間録音をしてみましょう．-dオプションで録音する秒数，-Dオプションでカード番号を指定します．

扇風機の電源を入れてマイクを近づけたら，次のコマンドを実行します．マイクが扇風機の風を受けてしまうと扇風機の動作音以外の音も録音してしまうので，扇風機の風を受けないように配置しましょう．

```
$ arecord -d 5 -f S16_LE -D hw:1 test_5s.wav
```

録音が完了するとwavファイルが出力されますので再生してください．扇風機の動作音以外の周りの音を拾いすぎている場合や扇風機の動作音が全く拾えていない場合は，マイクの位置やamixerコマンドで感度を調節してください．-cオプションでカード番号

第4部 ラズパイ×クラウドで人工知能を作る

を指定します。
```
# 感度確認
$ amixer -c 1
# 感度設定（0～62 62=100% または %を指定）
$ amixer -c 1 sset Mic 50%
```
　マイク感度を調節できたら，学習データとして必要な動作音を1000秒間録音します．なお，正常データの時間が1000秒でなければならない必然性はありません．正常な際に扇風機から出てくる音の発生パターンが十分に含まれると判断されるなら，その時間ぶんだけ録音すれば十分です．
```
$ arecord -d 1000 -f S16_LE -D hw:1 training_1000s.wav
```

● wavをスペクトルに変換

　次に録音した動作音を周波数分解し，スペクトル値に変換します．

▶音声データを周波数スペクトルに変換する理由

　マイクで拾い上げる音声データは，振動板の微小な変位量を極めて短い時間ごとに計測したデータです．しかし音波の特徴は同じような波形の変位のパターンが繰り返し発生することにあります．
　一つの波形の中の微小な変位にいくら注目しても，同じような波形が繰り返されるという特徴を捕らえることはできません．そもそも人間は音波を鼓膜の位置の微小な変位量として認識するのではなく，音の「高さ」として認識しています．音の高さとは，同じような波が来る頻度，つまり周波数のことです．このことから音の特徴は「音の高さ」，つまり「どのような周波数の波から構成されているのか」にあると言えるでしょう．

▶スペクトル変換にはR言語を利用した

　スペクトル解析するためにR言語と関連するライブラリをインストールしましょう．R言語は機械学習が可能なソフトウェアですが，ここではスペクトル変換をするためだけに使用します．

・依存パッケージをインストール
```
$ sudo apt-get install gfortran libreadline6-dev libx11-dev libxt-dev tcl8.6-dev tk8.6-dev bwidget fftw3 fftw3-dev libglu1-mesa-dev libsndfile1-dev libcurl4-openssl-dev libxml2-dev
```

・R言語をインストール
```
$ wget http://cran.rstudio.com/src/base/R-3/R-3.2.3.tar.gz
$ tar zxvf R-3.2.3.tar.gz
$ cd R-3.2.3
$ ./configure
$ make
```
```
$ sudo make install
```

・Rのライブラリをインストール
```
$ sudo R
> install.packages("tuneR")
> install.packages("seewave")
> install.packages("RCurl")
> install.packages("rjson")
> install.packages("foreach")
> install.packages("snow")
> install.packages("doSNOW")
> install.packages("magrittr")
> q()
```
　早速，動作音をスペクトルに変換してみましょう．ダウンロードしたZIPファイルに含まれるraspai/training/make_trainingdata.Rが該当のスクリプトです．wavファイルを引き数に指定し，スクリプトを実行します．
```
$ Rscript make_trainingdata.R training_1000s.wav
```
　このスクリプトの中では，1000秒間の録音時間を1000分割し，各分割時間から0.1秒間をサンプリングしています．各サンプリングにおいては，約10Hzごとに200個の周波数帯についての強さを取り出しています．この結果，200列×1000行のデータが生成されることになります．
　データ解析でよく使われる言い方をすると，「200次元のデータ・ベクトルが1000個得られた」ということになります．録音時間やサンプリング時間，周波数帯の数などの設定数値は状況に合わせて工夫してもよいと思います．ただし今回提供したコードの仕様では，モデル訓練時のサンプリング時間を0.1秒から変更した場合には，監視時の前処理におけるサンプリング時間も同じように変更する必要があるので気をつけてください．
　完了すると同ディレクトリにtrainingdata.csvが生成されます．このファイルを次に説明するAzure MLで利用します．

ステップ2…統計的学習フレームワークを利用し学習モデルを作る

● 正常状態からの逸脱度を数値化するために

　今回は周波数スペクトルをニューラル・ネットワークの判定材料とします．周波数スペクトルとは，各周波数成分における音の大きさを定量化したものです．正常な状態では，扇風機の羽の回転によって空気がかき混ぜられて音が発生しますが，その音の周波数は羽の回転数に近い比較的低めの成分が多く，周波数の高い成分はあまり多くありません．

▶異常状態→ふだんより高い周波数成分が生ずる

　一方，回っている扇風機の羽にボールペンの端など

第4章 クラウド型ラズパイAIで音解析

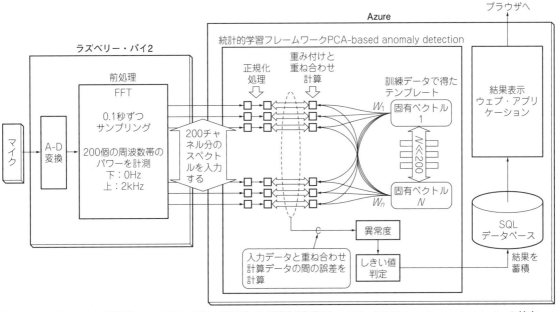

図4 ラズベリー・パイで周波数スペクトラムに直した音声データを統計的学習フレームワークPCA-based anomaly detectionに渡す

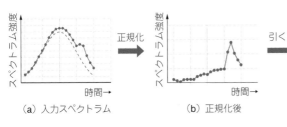

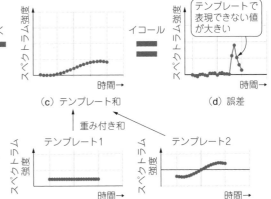

図5 正常時に現れる周波数スペクトルの形状をなるべく少ない数で再現できるようなテンプレートの組を機械学習に選ばせて準備しておく

を当てると,羽の材質であるプラスティックが叩かれて振動することにより,普段発生しないような高い周波数の成分が新たに発生します.従って,正常時における周波数スペクトルの各成分の大きさおよびその揺らぎの範囲に比べて,現在観測している周波数スペクトルの各成分の大きさがどれぐらい逸脱しているかを定量化できれば,異常音の周波数スペクトルがどのような形状であれ,何らかの異常音が発生していることを検知できることになります.

▶教師なし学習を利用する

このような,正常データを学習データとし,そこからの逸脱度を使って異常の有無を判断する機械学習の一連の手法は,アノマリー・ディテクションと呼ばれる分野をなしています.また,アノマリー・ディテクションでは,明示的な異常データを与えないで学習を行いますので,教師なし学習と呼ばれる種類の学習に属します.

● Azure MLには統計的学習のためのフレームワークが用意されている

Azure MLでは,アノマリー・ディテクションに属するアルゴリズムとしてはPCA-based anomaly detection(主成分分析に基づく異常検知)と,One-Class-SVMが提供されています.どちらを使っても構わないのですが,ここでは,PCA-based anomaly detectionを用いることにします(図4).

▶ PCA-based anomaly detectionの原理

PCA-based anomaly detectionの原理を簡単に説明します.周波数スペクトルの形状を,平均的な形状+いくつかの典型的な周波数スペクトルのテンプレートの重ね合わせ(重みを付けた足し算と引き算)で表現するとします(図5).

無限個のテンプレートを準備すれば,いかなる形状の周波数スペクトルも近似できます.しかし,正常時

第4部 ラズパイ×クラウドで人工知能を作る

に現れる周波数スペクトルの形状は大体同じような形でしょうから，少ない数のテンプレートで十分に表現できるはずです．そこで，正常時に現れる周波数スペクトルの形状をなるべく少ない数で再現できるようなテンプレートの組を機械学習に選ばせて準備しておきます．このようなテンプレート選びは，周波数スペクトルの揺らぎを正規化（平均を引いて標準偏差で割る）したデータに対して主成分分析（PCA；Principal Component Analysis）を行い，固有値の大きな固有ベクトルをいくつか選んでテンプレートに採用することによって実現できます．

さてここで，異常音から得た周波数スペクトルを，平均的な周波数スペクトル＋選ばれたテンプレートの重ね合わせだけで表現するとどうなるでしょうか．うまく近似できないはずです．このことから，正常音から作り出したテンプレートを使ってうまく表現できない周波数スペクトルほど異常度が高い，という方針で異常度を計算できます．これがPCA-based anomaly detectionの原理です．

なお，各テンプレートの重みの計算については，入力した周波数スペクトルから平均値を差し引いた結果に対し，各固有ベクトルとの内積を取るだけで計算できます．固有ベクトルどうしの内積はゼロとなるため，内積計算の際に，入力スペクトルにおける他の固有ベクトルに対応する成分を無視できるからです．

▶ほかにもこんなアルゴリズムが用意されている

なお，ここでは説明を割愛しますがAzure MLではアノマリー・ディテクション以外にもクラスタリング，リグレッション（回帰），マルチクラス・クラシフィケイション（多クラス分類），ツークラス・クラシフィケイション（2クラス分類）に属する各種のアルゴリズムも提供されています．詳しくは，機械学習アルゴリズム チート シート（https://azure.microsoft.com/ja-jp/documentation/articles/machine-learning-algorithm-cheat-sheet/）を参照するとよいでしょう．

● Azure ML上で学習モデルを生成

さて，先ほど作成した`trainingdata.csv`を学習データとして，Azure ML上に学習モデルを作成し

ます．手順はダウンロード・データとして提供します．図6に示す画面が出来上がります．

ステップ3…判定処理用訓練済みモデルの作成と公開

ここからは学習モデルから動作音が異常かどうかを判定し，その結果をデータベースに出力する訓練済みモデル（以降はExperimentと呼ぶ）を作成します．このExperimentをWeb APIとして公開してラズベリー・パイから呼び出せるようにします．さらにウェブ・アプリケーションを作成して判定結果をブラウザから確認できるようにします．

● SQLデータベース作成

まず，判定結果を蓄積し，ウェブ・アプリケーションから非同期に利用するためのデータベースを構築します．データベースにはAzureのSQLデータベースを利用します．手順はダウンロード・データとして提供します．

● 判定用訓練済みモデルExperimentの作成

異音検知のExperimentは，判定対象となるスペクトルとその録音日時を入力値として処理するようにします．ダウンロード・ファイルのazure-etc/machine-learningディレクトリにある`sample_spectrum.csv`と`sample_time.csv`がそれぞれ，スペクトルと録音日時に該当します．手順はダウンロード・データとして提供します．

● Web APIを公開

ラズベリー・パイから実行できるようにWeb APIとして公開します．手順はダウンロード・データとして提供します．

ステップ4…ラズベリー・パイから異音検知Web APIを利用

公開した異音検知のWeb APIを，ラズベリー・パイから呼び出す処理を実装します．事前に用意したソースコードをダウンロードし，ソースコードにWeb API接続情報などを追加します．

● 提供ソースの変更点1…`wav_process.R`

ダウンロード・ファイルのraspai/predictionディレクトリ内のファイルを使用します．`wav_process.R`ファイルは，wavファイルをスペクトルに変換する処理とWeb APIを呼び出す処理が含まれています．変数api_keyとazureml_urlに先ほど保持しておいたAPI Key，Web APIのURIを設定します．
Azure ML 接続情報

図6 Azure ML上で生成した学習モデル

第4章 クラウド型ラズパイAIで音解析

```
# Azure MLで公開したWebサービスのAPIキー
api_key <- "xxxxxxxxxxxxxxxxx"
# Azure MLで公開したWebサービスのURL
azureml_url <- "https://asiasouthea
st.services.azureml.net/xxx/
execute?api-version=2.0&details
=true"
```

● 提供ソースの変更点2…record_and_process.sh

record_and_process.shファイルは，USBマイクによる録音とwav_process.Rの実行を行います．変数hardwareに，arecordコマンドで使用するカード番号を設定します．

```
# カード番号
hardware=1
```

● いよいよ実行

それではrecord_and_process.shを実行してみましょう．マイクを接続して扇風機を動かします．次のコマンドを実行すると1秒間の録音データをスペクトルに変換しWeb APIを呼び出します．

```
$ sh record_and_process.sh
```

Web APIの結果がコンソール上に表示されます．エラーが発生していなければデータベースにスペクトルとその判定結果が登録されます．

● 一定間隔で上記処理を繰り返す

continuous_exec.shは，record_and_process.shを定期的に実行するスクリプトです．次のコマンドを実行すると一定間隔で扇風機の動作音を録音し，Azure MLのWeb APIを呼び出します．

```
$ sh continuous_exec.sh
```

ステップ5…異音検知の結果をパソコンから見られるようにする

最後にAzure MLで異常判定をした結果を確認するWebアプリを構築します（手順はダウンロード・データで提供）．今回はAzureでPaaSとして提供されているApp ServiceのWeb Appsを利用します．

● ブラウザで異音判定結果を確認

では，デプロイしたWebアプリを見てみましょう．次のURLの[webappname]の部分をWeb Appsの名称に置き換えてアクセスすると，図3(a)のような画面が表示されます．上段で録音日時と判定結果を，下段にスペクトルのグラフを表示しています．

```
http://[webappname].azurewebsites.
net/
```

ラズベリー・パイ上のcontinuous_exec.shを実行すると，ラズベリー・パイで録音したデータのスペクトルがウェブ画面に反映され，数秒おきにスペクトルとその録音日時が更新されます．学習したときと同じようにマイクを配置していれば，ウェブ画面には「Normal」と表示されているはずです．ここで扇風機の羽にペンや紙などを当てて異常な音を発生させてみましょう．正常に動作していれば「Abnormal」と表示されます［図3(b)］．

*　　　*　　　*

異常な音を検知できたでしょうか．場合によっては常に異常と判定されたり，異常な音を発生させても異常と判定されなかったりするかもしれません．使っている扇風機やマイクによっては精度の低い学習モデルが作成されている可能性があります．実際の運用では学習データの作成や学習モデル作成時の設定値を調整してモデリングを繰り返し，判定精度を高めていきます．

また，今回は単一のラズベリー・パイだけで構成しましたが，複数のラズベリー・パイで構成する場合は，AzureのIoT Hubを利用するとよいでしょう．クラウドに接続するデバイスの管理やクラウドからデバイスにアクションを通知できます．これを活用するとクラウド側で異常を検知したデバイスに通知して対象の扇風機を止めるといったこともできるようになります．

この構成では，Azure MLの手軽さを知っていただくため，ラズベリー・パイで録音したデータをAzure MLで分析することに焦点を当てています．本格的なIoT構成に進む場合には，セキュリティや可用性なども考慮する必要がありますので，クラウド・ゲートウェイ，ストリーム・プロセッサ，デバイス・リポジトリなどを組み合わせることが必要になってきます．

Azureではこれらの構成要素についても使いやすい各種ウェブサービスが提供されているため，Azureを用いてIoTを始めることは良い選択だと思います[1]．

◆参考文献◆

(1) Microsoft Azure IoT reference architecture available，マイクロソフト．
https://azure.microsoft.com/ja-jp/updates/microsoft-azure-iot-reference-architecture-available/

にしうみ・しゅんすけ

第4部

Appendix 3 面接触センサからあいまいな「たたく/なでる/震える/押す」を読み取る
ArduinoでAI生体センシングの研究

牧野 浩二, 今仁 順也

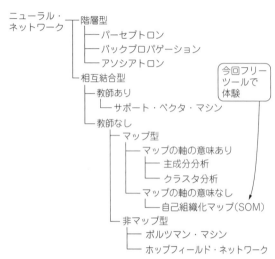

図1 人間のあいまいな動作の分類向き！紹介する技術「自己組織化マップ」の位置付け

日常生活でロボットが活躍する日もそれほど遠くない未来のこととなってきました．そうなると人間と触れ合う機会が増えることになりますが，そのロボットが融通の利かないディジタル的なものだったら，きっと嫌気がさしてしまうでしょう．

ロボットと人間が仲良く暮らすためには，人間の感情や調子，動作など，非常にあいまいな状態をきちんと理解するための判断基準を持たなければなりません．この判断のために，人間の思考をモデルとしたニューラル・ネットワーク型の学習が数多く提案されてきました（図1）．

そのうちの一つである自己組織化マップ（Self Organizing Map）は，教師信号注1を必要としないこととと，あいまいな状態をあいまいなままで処理するため，人間のあいまいな動作の分類に応用するにはちょうどよい方法だと筆者は考えています．

基礎知識…自己組織化マップ

● 複雑なデータ列を紙の上に配置してくれる

自己組織化マップとは，1980年代にT.コホネン（Teuvo Kohonen）によって提案されたニューラル・ネットワークの一つです．人間が見てもよく分からないほど複雑なデータ列（多次元のデータ）を，平面（2次元）や空間（3次元）に整理して配置することで，人間が見て分かるように自動的に分類する手法です．

自己組織化マップは，ニューラル・ネットワークなどの学習で必要となることが多い教師信号を用いずに，自己組織的に分類する点に特徴があります．自己組織化マップは強力な手法ですので，現在でも改良が続けられて，さまざまなバリエーションが提案されています．

● 応用としてゲノム解析などがある

例えば自己組織化マップの応用として，ゲノム解析や健康評価，変圧器の故障診断など，学問の枠を超えた使われ方が研究されています．ただし，今回の記事では簡単のため最も基本的な自己組織化マップを対象として基本アルゴリズムの説明を行い，人の触り方の分類と推定を行います．

● こんなことにも使える

自己組織化マップを使って分類と推測を行うためには，たくさんの学習データを収集し，その特徴によって分類したマップを作る必要があります．そして，別のデータが作成したマップ上のどこに分類されるかによって，そのデータの特徴を推測するという方法を用います．

例えば，自己組織化マップを応用すると，

- 野球の投手の手に加速度センサを付けて，投球したときの加速度データを入力として調子の良し悪しを判別する
- 1日の気温と気圧を1時間ごとに計測し，明日の天気を推測する
- 呼吸や脳波の時系列データから感情を推測する
- 筋電データからどのように動かしたいかを推測する

など，そのままではよく分からないデータの中から，何らかの方向性，まとまりを推測する際に使えそうです．

注1：教師信号…ある入力を与えたときに出てきてほしい出力．

Appendix 3　ArduinoでAI生体センシングの研究

写真1　たたく/なでるを検出するための曲げセンサ

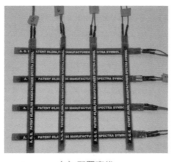

(a) 配置直後

(b) 布のケースに入れた

写真2　曲げセンサを格子状に配置して面接触センサとした

ハードウェア

ここでは写真1に示す曲げセンサを使って，10cm角の面状センサ(写真2)を作りました．センサ上の手が触れた位置と強さを同時に計測することで，ユーザがどのようにセンサに触れたのかを推定します．

曲げセンサは，曲げ具合で抵抗値が変動します．この曲げ具合をマイコンの8チャネルA-Dコンバータで取り込み(写真3，図2)，値をパソコンに送ります．

図3に解析データの例を示します．

● 信号の流れ

図2の信号の流れは，

1, A-Dコンバータ付きのマイコンが，曲げセンサの抵抗値の変化を，電圧の変化として読み取ります．
2, 読み取ったデータをパソコンに転送します．
3, 統合開発環境Processingを用いて，データのリアルタイム収集・表示を行います．
4, Cygwin上で自己組織化マップ解析ライブラリ(無償)を動かし，自己組織化マップ解析を行います．
5, ペイントを立ち上げて，自己組織化マップ解析の結果を表示します．

● 曲げセンサ×8で作る面接触センサ

面接触センサは各所で販売していますが，ここでは東京工科大学の大山恭弘教授が考案した「曲げセンサを組み合わせた面接触センサ」を用いることにします．

この面接触センサは，曲げセンサ(sparkfun製)を8本組み合わせるだけで簡単に作れます．使用した曲げセンサは，曲げると抵抗値が変わります．そして，曲げセンサを写真2(a)のように格子状に配置して，両面を布で挟んで縫いつけて作成します．

写真3　面接触センサの値はパソコンで取り込んで解析する

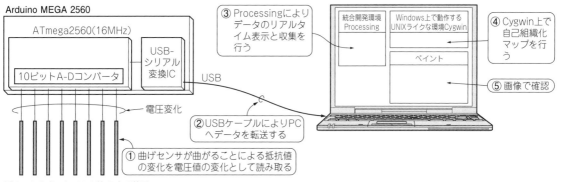

図2　たたく/なでるを検出する装置

173

第4部 ラズパイ×クラウドで人工知能を作る

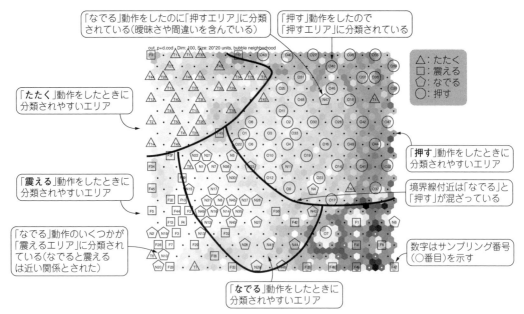

図3 自己組織化マップ技術でたたく/なでる/震えるを2次元平面に分類

● 曲げ検出回路

図4に示すように各曲げセンサに22kΩの抵抗を付けて，曲げセンサが持っている抵抗値と分圧しています．Arduino Mega 2560のA0～A7端子に入力された電圧値は，手が触れると抵抗値が変わるため，読み出す電圧が変わります．

ソフトウェア構成

面接触センサの各曲げセンサの分圧はマイコンArduino Megaで計測し，シリアル通信によってパソコンに送られ，Processingでデータのリアルタイム表示とファイル保存を行います．

● マイコン・プログラム

Arduinoスケッチのフローチャートを図5に示します．8個のA-D変換を約50ms間隔で行い，全ての曲げセンサの分圧を計測します．スケッチをリスト1に示します．

この計測の間隔は正確ではありませんが，人間の触り方にはあいまいさがあるため，読み込みの間隔が数msずれても問題がないと考え，タイマを使わずに実現しています．

本実験で用いた曲げセンサは個体差が大きく，かつ平面に置いているつもりであっても微小な曲がりがあり，図6に示すように触られてない状態でもA-D変換した値にばらつきが生じます．

そこでArduinoの起動時のA-D変換値を記録しておき，その差分を計算して送信データを作成します．

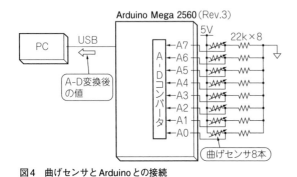

図4 曲げセンサとArduinoとの接続

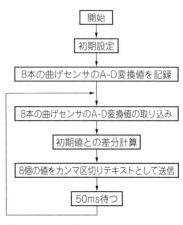

図5 Arduinoスケッチのフローチャート

Appendix 3　ArduinoでAI生体センシングの研究

リスト1　Arduinoスケッチ
8個のA-D変換を約50ms間隔で行いすべての曲げセンサの分圧を計測

```
int flex_0[8] = {0,0,0,0,0,0,0,0};     ← 8本の曲げセンサの
int flex[8]   = {0,0,0,0,0,0,0,0};        A-D変換の初期値
                                       ← 8本の曲げセンサの
void setup() {                            A-D変換値
  Serial.begin(9600);   ┐ 初期設定
  delay(3000);          ┘
  for(int i = 0; i < 8; i++){          ← 8本の曲げセンサの
      flex_0[i] = analogRead(i);          A-D変換値を記録
  }
}
void loop() {
  for(int i = 0; i < 8; i++){          ← 8本の曲げセンサ
    flex[i] = analogRead(i);              のA-D変換値と
    flex[i] = flex[i] - flex_0[i];        読み込み済みの初
                                          期値との差分計算
    if (flex[i] < 0){
      flex[i] = 0;
    }
    Serial.print(flex[i]);             ← 8個の値をカンマ区切
    Serial.print(",");                    りテキストとして送信
  }
  Serial.println();
  delay(50);            ← 50ms待つ
}
```

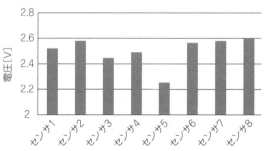

図6　曲げセンサの初期値はばらつく

これにより，面接触センサを曲面に配置しても，その状態をデフォルトとしますので，うまく接触を検出するようになります．

8本の曲げセンサの値を，カンマ区切りテキストで，最後に改行コードを付けてシリアル通信でパソコンに送ります．

● データ収集/表示のプログラム

PC上でのデータ収集/表示は，統合開発環境Processingで行いました．プログラムのフローチャートを図7に示します．Processingはデータを受信すると割り込みがかかり，改行コードまで一気に読み込みます．そのデータはカンマ区切りテキストですので，そのままファイルに書き込むことで，csv形式のデータとして保存できます．このデータを使ってオフラインで自己組織化マップによる分類を行います．

確認のため図8のような画面を表示して，触られている力の強さを曲げセンサの交点16カ所に円の大きさで表示します．この円の大きさは各センサの値の積

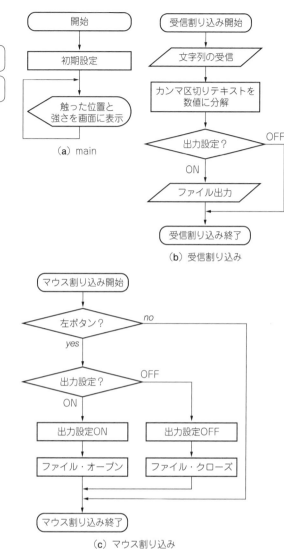

図7　プログラムのフローチャート

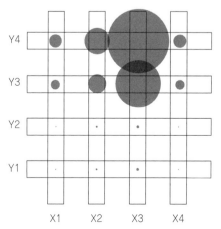

図8　確認のため曲げセンサに加わる力を円の大きさで表示

第4部 ラズパイ×クラウドで人工知能を作る

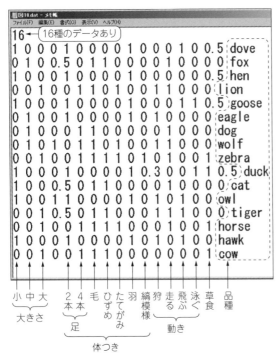

図9 自己組織化マップの入力データとしてよく用いられる16次元の動物データ

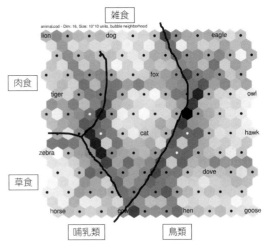

図10 16次元のデータ(図9)を解析して2次元にプロットする

を半径としています．この図では交点の強さを円で表示していますが，この情報を使えば最も強く触られている位置が交点でなくても，重み付け平均を計算することである程度正確に推定できます．

自己組織化マップのデータ解析手順

得られたデータを解析するために自己組織化マップを使います．データの取得はリアルタイムですが，この解析は今回オフラインで行っています（リアルタイムにできないというわけではない）．

● 自己組織化マップによる分類の例

まず初めに，基本的な自己組織化マップを用いた例を示します．図9には自己組織化マップの入力データとしてよく用いられる動物データというものを示します．最初の16は16種類の特徴がある（16次元のデータである）ことを示しています．

各列は特徴を表していて，初めの三つは大きさを0と1で表し，その後の七つは体つきを表しているといった具合です．そして，最後の列は名前を表しています（日本語はちゃんと設定しないと使えない）．

この動物データを入力データとして自己組織化マップで分類すると図10となります．動物の名前がマップ上で散らばっていることが見て取れます．自己組織

化マップの特徴として近い性質のデータは近い位置に分類されます．そして，黒くなっている部分は見た目よりも遠いことを表しています．

これを見ると大きく「哺乳類と鳥類」に分かれ，哺乳類の中でも「肉食，草食と雑食」に分類がされていることが分かります．

● 自己組織化マップによる分類ツールのインストール

自己組織化マップによるデータ解析をWindowsで行うとき，Cygwin + SOM_pak + シェルスクリプトを組み合わせると簡単にできます．まずCygwinをインストールします．このとき追加パッケージとして以下を加えます．

```
devel/Gcc-core
devel/make
Interrapts/perl
Graphics/ImageMagick
Graphics/GraphicsMagic
```

インストール完了後にCygwinを起動すると，自動的にhomeフォルダの下にユーザ名のフォルダが作成されます．

そのフォルダにsom-pakをインストールします．図11に示すようにアールト大学(旧ヘルシンキ工科大)のT.コホネンらのチーム（考案者本人が公開している！）が管理する自己組織化マップの情報があるウェブ・ページ(http://www.cis.hut.fi/research/som_lvq_pak.shtml)を開き，「SOM_PAK」をクリックし，som_pak-3.1.tarをCygwinインストール・フォルダの下にあるhomeフォルダの下のユーザ名のフォルダにダウンロードします．

その後，Cygwinを実行し，Cygwin上のコンソー

Appendix 3 ArduinoでAI生体センシングの研究

図11 自己組織化マップの情報があるウェブ・ページ

リスト2 自己組織化マップで分類するためのコマンド群を集めたシェルスクリプト（command.sh）

```
#!/bin/sh

XDIM=20            # マップ・サイズ(X軸)
YDIM=20            # マップ・サイズ(Y軸)
TOPOL=hexa         # 格子の形．hexa=6角形，rect=4角形
NEIGH=bubble       # 近傍関数
RAND_SEED=123      # 初期値生成用のシード値
LEARN_RLEN=1000000         # 学習1回目の学習回数
LEARN_ALPHA=0.5    # 学習1回目に用いる学習率係数
LEARN_RADIUS=20    # 学習1回目に用いる近傍半径の初期値．

basefile=$1
./randinit -din $basefile.dat -cout $basefile.cod
  -xdim ${XDIM} -ydim ${YDIM} -topol ${TOPOL} -neigh
                  ${NEIGH} -rand ${RAND_SEED}
./vsom -din $basefile.dat -cin $basefile.cod -cout
      $basefile.cod -rlen ${LEARN_RLEN} -alpha
   ${LEARN_ALPHA} -radius ${LEARN_RADIUS} -rand 1
./qerror -din $basefile.dat -cin $basefile.cod
./vcal -numlabs 1 -din $basefile.dat -cin $basefile.
       cod -cout $basefile.cod
./umat -cin $basefile.cod -ps -o $basefile.ps
convert -rotate 90 $basefile.ps $basefile.png
```

```
16
1 0 0 0 1 0 0 0 0 1 0 0 0 1 0 0.5 dove
0 1 0 0.5 0 1 1 0 0 0 0 1 0 0 0 0 fox
1 0 0 0 1 0 0 0 0 1 0 0 0 0 0 0.5 hen
0 0 1 0 0 1 1 0 1 0 0 1 1 0 0 0 lion
1 0 0 0 1 0 0 0 0 1 0 0 0 1 1 0.5 goose
0 1 0 0 1 0 0 0 0 1 0 1 0 0 0 0 eagle
0 1 0 0 0 1 1 0 0 0 0 1 0 0 0 0 dog
0 1 0 1 0 1 1 0 0 0 0 1 1 0 0 0 wolf
0 0 1 0 0 1 1 1 1 0 1 0 0 0 0 1 zebra
1 0 0 0 1 0 0 0 0 1 0.3 0 0 1 1 0.5 duck
1 0 0 0.5 0 1 1 0 0 0 0 1 0 0 0 0 cat
1 0 0 1 1 0 0 0 0 1 0 1 0 1 0 0 owl
0 0 1 0.5 0 1 1 0 0 0 1 1 1 0 0 0 tiger
0 0 1 0 0 1 1 1 1 0 0 1 0 0 0 1 horse
1 0 0 0 0 0 0 0 0 1 0 1 0 1 0 0 hawk
0 0 1 0 0 1 1 1 0 0 0 0 0 0 0 1 cow
```

図12 自己組織化マップの確認によく用いられる`animal.dat`という入力データ

コメント・アウトですので省略可能です．

この二つのファイルをsom_pak-3.1のフォルダに作成し，以下のコマンドを実行します．

```
$ ./command.sh animal
```
注意：拡張子を付けない

すると**図10**に示す「`animal.png`」が生成されます．

ただし，Cygwinのバージョンなどにより違うマップが作られることもあります．また，このとき，ポストスクリプト形式のファイルも同時に生成されます．これは拡大しても文字や線がきれいに表示されますが，これを開くにはIllustratorやGSviewなどのソフトウェアが必要となります．

実際に面接触センサのデータを計測し自己組織化マップで分類してみる

● 8本のセンサの時系列データと差分データを取得する

押す動作をしたときの8本のセンサの値の時系列データを**図13**（a）に示します．これは押した強さに相当します．横軸はサンプル時間（0.05秒）とし，縦軸はセンサから得られたArduinoのA-D値（0～1023までの値）となっています．

そして次のサンプル時間のデータとの比較を行い，その差の絶対値の時系列データを**図13**（b）に示します．これは，変化量に相当します．

この二つの時系列データから自己組織化マップの入力データを作成します．自己組織化マップに入力するデータは多次元のデータでよいのですが，自己組織化マップのアルゴリズムの性質上，各データの次元数をそろえておく必要があります．そこで，触られた瞬間から50サンプルを入力データとして扱うこととしま

ルで以下のコマンドを実行します．

```
$ tar xVF som_pak-3.1.tar
$ cd som_pak-3.1
$ find . -name ¥*.c -exec perl -p -i
-e 's/getline/getline_rename/g' {} ¥;
$ find . -name ¥*.h -exec perl -p -i
-e 's/getline/getline_rename/g' {} ¥;
$ find . -name ¥*.c -exec perl -p -i
-e 's/setprogname/setprogname_
rename/g' {} ¥;
$ find . -name ¥*.h -exec perl -p -i
-e 's/setprogname/setprogname_
rename/g' {} ¥;
$ make -f makefile.unix
```

これでインストールは終わります．

● 自己組織化マップ分類ツールの動かし方

実際に自己組織化マップを使う方法を紹介します．まず，自己組織化マップの確認によく用いられる**図12**に示す`animal.dat`という名前の入力データ（拡張子に注意，中身はテキスト）を作成します．

次に，これを自己組織化マップで分類するためのコマンド群を集めた**リスト2**に示すシェルスクリプト（command.sh）を用意します．なお，#から後ろは

第4部 ラズパイ×クラウドで人工知能を作る

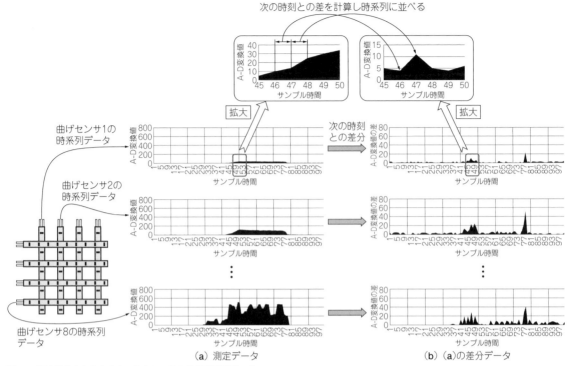

図13 押す動作をしたときの8本のセンサの値の時系列データ

す．この間の時刻で，各サンプル時刻の全部のセンサの強さと変化量の最大値を探し，これを50サンプル時間行うことで得られる100次元（＝各サンプル時刻で二つの値×50サンプル時間）のデータを用います．これによって得られる100次元のデータの一部を表したものが図14の数値となります．

● 実験結果

押す，たたく，なでる，震えるのデータ取得例を図15に示します．これらは8本のセンサから得られた値を積み上げグラフで表しています．この四つの動作について，上記と同じ手順でそれぞれの100次元のデータを作成します．そうすると，4列のデータができます．そして，この四つの動作を合計64回繰り返して，入力データを作成します．

この64個のデータのうち，初めの50個のデータを学習データとし，マップを作るために使います．そして残りの14個のデータをテスト・データとし，作ったマップ上のどこにそのデータが分類されるのかをテストするために使います．

● 自己組織化マップによる触り方の分類と推定の結果

64回分のデータのうち，50回分を学習データとし，残り14回分をテスト・データとした結果を示します．この学習ではリスト2のcommand.sh中のパラメータを次のように変更しました．

```
XDIM=20         # マップ・サイズ（X軸）
YDIM=20         # マップ・サイズ（Y軸）
TOPOL=hexa      # 格子の形，6角形：hexa，4角形：rect
NEIGH=bubble    # 近傍関数，bubble, gaussian
RAND_SEED=123   # 初期値生成用のシード値
LEARN_RLEN=100000    # 学習回数
LEARN_ALPHA=0.5   # 学習率係数
LEARN_RADIUS=20   # 近傍半径の初期値
```

テスト・データを使うときにはテスト用のリストAに示すシェルスクリプト（command_test.sh）を作成しました．

まず，学習データを用いてマップを作成します．そして，テストは学習したマップ上でテスト・データが

図14 100次元データの読み方

Appendix 3　ArduinoでAI生体センシングの研究

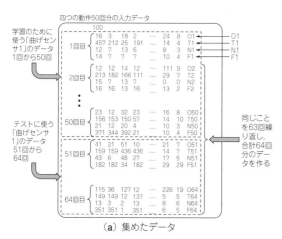

(a) 集めたデータ

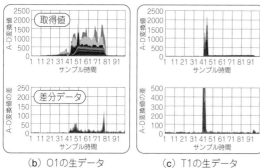

(b) O1の生データ　　(c) T1の生データ

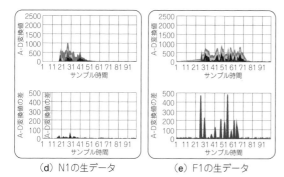

(d) N1の生データ　　(e) F1の生データ

図15　押す/たたく/なでる/震えるの取得データ例

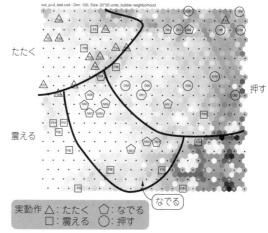

図16　学習したマップでテスト・データがどこに分類されるかをテストした結果

どこに配置されるのかを確認することで，人の触り方が推定できているかどうかをチェックします．

学習データをtouch.datとし，テスト・データは拡張子の後ろに「_test」を付けるというルールにしましたので，touch_test.datというファイル名として以下を実行します．

```
$ ./command.sh touch
$ ./command_test.sh touch
```
「_test」は付けない

それぞれの自己組織化マップの分類結果がtouch.pngとtouch_test.pngとして生成されます．まず，学習による分類結果を図3に示します．

左上にたたく(3角形)のデータが集まっていて，右上に押す(円)，左下と右下に震える(4角形)，中央に

なでる(5角形)が集まって配置されています．なお，図中の3角形や円は結果を見やすくするために筆者が書き入れました．結果はN，F，SやOに示す文字を見てください．

これを見ると，完全に分類されているのではなく，あいまいさがうまく表れています．

例えば，なでるのデータを表すN4とN11と書いてある5角形は押すエリアに分類されていたり，N2，N10，N19とN20は左下の震えるの中に入っています．また，たたくのデータを表す3角形で囲まれているT8はなでるのエリアに入っていたりします．それ以外にも，ちょっとだけエリアからずれていたり，まったく異なる位置に入っていたりなど，あいまいさが出ています．

この結果から，きちっとした分類でなく，あいまい性が残る狙い通りの分類になることが分かりました．

次に，その学習したマップでテスト・データがどこに分類されるかテストした結果を図16に示します．それぞれの触行動の多くが，学習したエリアに含まれていることが分かります．あいまいでありながらも，ある程度，どのように触れられたかを推測できることが示されました．

今回行った分類と推定は，最も基本的な自己組織化マップを用いて，フィルタなどの信号処理を用いずに行いました．そのため，あいまいとは呼べないような位置に触行動が分類，推測されることもありました．

しかし，あいまいなものはあいまいな信号処理により，あいまいに分類するというちょっと変わった方法を紹介できたのではないでしょうか．

まきの・こうじ，いまに・じゅんや

第4部 ラズパイ×クラウドで人工知能を作る

コラム 自己組織化マップのアルゴリズム

牧野 浩二, 今仁 順也

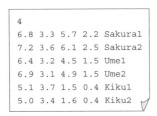

図A　花のデータ (flower.dat)

図B　ノードの配置

各ノードとflowerデータの1行目の距離

2.160223	3.234588	2.690386	3.837781	1.77209
2.375977	0.755132 （勝ちノード）	3.858356	2.282956	0.95414
2.579044	1.717572	2.823608	20.78984	1.61599

$\sqrt{(5.65077-6.8)^2+(3.60814-3.3)^2+(3.41550-5.7)^2+(2.32979-2.2)^2}=2.579044$

$\sqrt{(7.1291-6.8)^2+(3.6651-3.3)^2+(4.74743-5.7)^2+(0.857965-2.2)^2}=1.717572$

$\sqrt{(5.22498-6.8)^2+(3.29955-3.3)^2+(3.51404-5.7)^2+(1.35522-2.2)^2}=2.823608$

図C　基準ノードとの距離を求める

リストA　シェルスクリプト command_test.sh

```sh
#!/bin/sh

basefile=$1
./vcal -numlabs 1 -din ${basefile}"_test.dat" -cin \
       $basefile.cod -cout ${basefile}"_test.cod"
./umat -cin ${basefile}"_test.cod" -ps -o \
       ${basefile}"_test.ps"
convert -rotate 90 ${basefile}"_test.ps" \
       ${basefile}"_test.png"
```

　図Aに示す花のデータ (flower.dat) を用いて説明します．これは自己組織化マップの入力データとしてはとても小さいデータですが，アルゴリズムを追うにはちょうどよいので紹介します．アルゴリズムが分かると使い方や使える分野，入力データの作り方などのコツがつかみやすくなります．

▶ステップ1…ノードの配置

　設定したサイズの格子状のマップが作られます（サイズはリスト2のXDIM，YDIMで設定可能）．図Bは3×5のマップを表しています．この例では6角格子ですが4角格子にも変更できます（リスト2のhexa, rect）．ここでマップ上の6角形の一つ一つをノードと呼びます．

▶ステップ2…各ノードに乱数を配置

　各ノードには入力データと同じ次元のランダムなデータが割り当てられます（ランダム値はRAND_SEEDにより変更可能）．

　ここでは図Aに示す4次元のデータを使うため，各ノードは4次元の値を持ちます．そして各ノードに割り当てられたデータを多くの書籍では mi と表します．添え字の i はノードの番号です．

▶ステップ3…基準ノードとの距離を求める

　図Cのように入力データのうちの一つと全部のノードの距離（2乗和のルート）を計算します．多くの文献では，入力データを x と表し，この計算を $\|mi - x\|$ と書いてあります．

▶ステップ4…勝ちノードの決定

　その中で最も距離の小さいノードを mc と表し，それを勝ちノードと呼びます．この c は，$\|x-mc\| = \min\|x-mi\|$ や $c = \arg\min\|x-mi\|$ などと表されます．

▶ステップ5

　その勝ちノードと周辺のノードのデータを入力データを使って更新します．更新によりノードの値が入力データに近づきます．この更新式は，
$$mi(t+1) = mi(t) + hci(t)[x(t) - mi(t)]$$
と表され，hci は学習係数と影響するノード範囲によって決まります（学習係数とノード範囲はリスト2のLEARN_ALPHAとLEARN_RANGEで設定）．

Appendix 3　ArduinoでAI生体センシングの研究

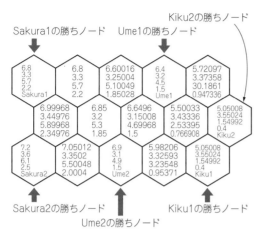

図D　ステップ3～6を10万回繰り返したあとのノードと勝ちノード

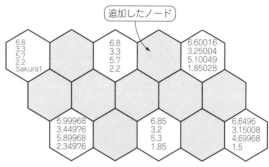

図E　ノード間にノードを追加し大きなマップを作る（図Dの一部のみ掲載）

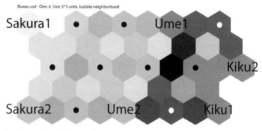

図G　最終的なマップ

```
4
7.0 3.4 5.9 2.3 Sakura3
6.6 3.2 5.1 1.8 Ume3
5.5 3.4 1.9 0.8 Kiku3
```

図H　テスト用データ（flower_test.dat）

図F　データを補間する

▶ステップ6

これをすべての入力データについて行います．

▶ステップ7

ステップ3～6を設定した回数だけ実行することでマップを作ります（学習回数はLEARN_RLENで設定可能）．設定した回数だけ行った後の各ノードの値と勝ちノードを図Dに示します．

▶ステップ8…いよいよマップづくり

最後に，マップの表示を行います．SOM_pakではステップ1～7で使用したマップのノードの間にノードを加えて図Eのように大きなマップを作ります．そして，図Fのように，もともと隣り合っていたノードの距離を計算し，距離が近ければ（値が小さければ）白くし，距離が遠ければ（値が大きければ）黒くするようにグレー・スケールで表します．

そして，初めからあるノードの色はそのノードの周りにあるノードの色の平均としています．これにより，図Gに示すマップができます．

▶ステップ9…分類する

図Hに示すテスト・データを入力すると（リストA），図Gのように分類されます．これは，図Eの各ノードのデータと図Fに示すテスト・データの距離を求め，その中の勝ちノードの位置となっています．図Cの要領で計算すると確認できます．

第5部
手のひらGPUボードで人工知能を作る

第5部 手のひらGPUボードで人工知能を作る

第1章 NVIDIAの組み込み向けデバイス
処理性能1TFLOPSの名刺サイズGPUスパコン Jetson TX1

矢戸 知得, 村上 真奈

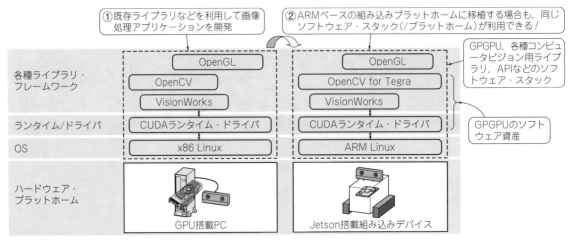

図1 JetsonプラットホームではGPUのソフトウェア資産を利用できる

最新AIもぶん回せる！ Jetsonプラットホーム

NVIDIA社のJetsonは，PCクラスの本格的なGPU (Graphics Processing Unit) を搭載し，GPUの並列処理性能を徹底活用できるように作られた組み込みボードです．

写真1 名刺サイズで1TFLOPSの性能があるJetson TX1
裏面に400ピンのコネクタがある

● 組み込みGPUボードの登場

2014年に発表されたJetson TK1には，モバイル向けプロセッサ (SoC) であるTegra K1が搭載されていました．スーパコンピュータ（スパコン）で利用されているKeplerアーキテクチャのGPUを内蔵しています．並列計算能力とGPGPU (General-purpose Computing on GPU) ソフトウェア資産を活用できるため，画像処理を特に必要とするロボット，ドローン用モジュール，スマート機器などの開発に用いられています (図1)．

● カード・サイズで1TFLOPSに

Jetson TK1の次世代タイプJetson TX1は，プロセッサ (SoC) がTegra X1になり，GPUはMaxwellアーキテクチャに進化しました．カード・サイズのモジュール構造になり，小さなサイズで大きな計算処理ができます (写真1)．

処理能力は，ディープ・ラーニング用演算の場合に有効な16ビットの浮動小数点演算の性能で測ると，1TFLOPS (FLOPS: Floating-point Operations per Second) になります．この性能がクレジット・カードほどのサイズと10W程度の消費電力に収まっています．

第1章 処理性能1TFLOPSの名刺サイズGPUスパコン Jetson TX1

Tegra X1プロセッサの特徴

Jetson TX1モジュールには，Tegra X1プロセッサが搭載されています．複数のARM CPUコアや256コアのGPU，各種周辺回路を一つのダイに実装しています．

Tegra X1はNVIDIAのAndroidセット・トップ・ボックス「SHIELD Android TV」や，GoogleのPixel Cタブレッドに利用されています．

● 256コアMaxwellアーキテクチャのGPU

Tegra X1の一番の特徴が，ハイエンド・サーバやハイエンドPCに使われているMaxwellアーキテクチャのGPUを搭載していることです．256コア構成のGPUが組み込まれています．

Tegra X1の特徴を表1に示します．Tegra K1と比較すると，特にディープ・ラーニングの処理で有効な16ビット浮動小数点演算の性能が3倍近く，グラフィックスの性能で2倍になっています．

PC用のGPUと同じアーキテクチャのため，OpenGL ES 3.1，OpenGL 4.5，Vulkan注1などのグラフィックスのAPIや，GPGPU環境であるCUDAがそのまま利用できます．多くのディープ・ラーニング用のフレームワークなどのソフトウェア資産もそのままの形で使えます．

● Cortex-A57/A53 CPU

高性能な4コアのCortex-A57と，電力効率の高い4コアのCortex-A53を搭載しています．負荷に応じてCortex-A57とCortex-A53が切り替わる仕組みで，性能と省電力を両立できます．どちらも64ビット対応です．

● 4K/60Hz，HDMI 2.0対応

画像出力は，HDMI 2.0インタフェースに対応しています．また，LVDS（Low Voltage Differential Signaling）接続でもう1面の4Kローカル画面への出力もできます．

内蔵のデコーダは4K/60Hzに対応し，H.265 10ビット・ストリームのデコードができます．エンコーダは4Kで30Hz，フルHDで60Hzに対応します．

Jetson TX1 モジュール

Jetson TX1はモジュール構造をとります．クレジット・カード・サイズ（5cm×8.7cm）の基板に，Tegra X1プロセッサ，16GバイトeMMC（NANDフラッシュ・メモリ），無線モジュール（IEEE 802.11ac/Bluetooth）などが載っています（図2）．

表1 1TFLOPSの性能があるTegra X1の仕様

プロセッサ	Tegra K1	Tegra X1
GPUアーキテクチャ	Kepler	Maxwell
ストリーミング・マルチプロセッサ数	1	2
CUDAコア数	192	256
浮動小数点演算（32ビット）のピーク性能	365 GFLOPS	512 GFLOPS
浮動小数点演算（16ビット）のピーク性能	365 GFLOPS	1024 GFLOPS
テクスチャ・ユニット数	8	16
テクセル・フィル・レート	76億テクセル/s	160億テクセル/s
メモリ・クロック	930 MHz	1.6 GHz
メモリ・バンド幅	14.9 Gバイト/s	25.6 Gバイト/s
ROP数	4	16
L2キャッシュ容量	128 Kバイト	256 Kバイト

● 組み込んで使いやすい一体型モジュール

Jetson TK1は12cm角のボードだったため，小型の機器に組み込んだり，量産製品に利用したりするには使いにくいものでした．Jetson TX1は，小型のモジュール形状のため，より柔軟に利用できます．

例えば，ドローンへの応用では，メンテナンスのためにフライトごとに機体を交換することが頻繁にあります．プロセッサとフラッシュ・メモリも一緒になったJetson TX1モジュールを交換することで，頭脳もデータも同じものを保ったまま飛ばし続けられるという使い方が考えられます．

組み込み用途を考慮して，上下をアルミ・ヒートシンクではさみ，放熱ファンも付いています．

拡張用のインタフェースとしては，背面に400ピン・コネクタがあります．振動にさらされるような移動ロボットなどに組み込まれるときの信用性も考慮されています．

Wi-FiやBluetooth無線は，モジュール上のコネクタを使ってアンテナを接続します．

● 開発キットの標準キャリア・ボード

Jetson TX1は，ボードの背面にある400ピンのコネクタに全てのインタフェースが集約されているので，何らかのキャリア・ボードに搭載して使用します．

「Jetson TX1開発キット」は，Jetson TX1モジュールと，標準のキャリア・ボードがセットになったものです．USB 3.0，HDMI 2.0，PCI Express，SDカード，GPIO，カメラ入力などのさまざまなインタフェースがキャリア・ボード上に引き出されています（写真2）．PCのMini-ITX規格に準拠しているので，省スペースPC用のケースを流用することが可能で

注1：Vulkanは2016年2月にリリースされたBeta版のLinux for Tegra R24.1 Betaで対応．

第5部 手のひらGPUボードで人工知能を作る

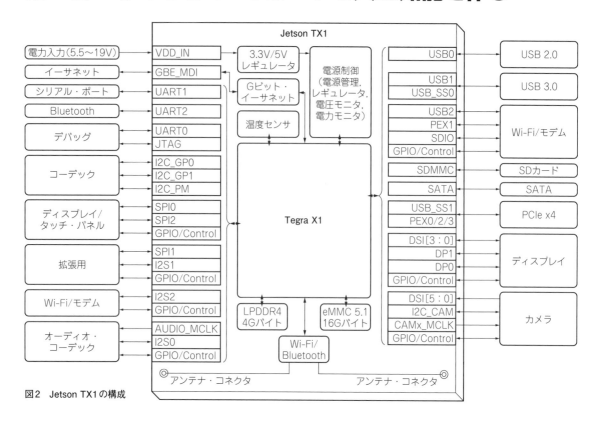

図2 Jetson TX1の構成

す．電源リセット・ボタン，電源ランプ用のジャンパ・ピンなども用意されています．

● 組み込み向け小型キャリア・ボード

Jetson TX1は，サードパーティの小型キャリア・ボードも利用できます．Connect Tech社のAstroキャリア・ボードやElroyボード，Auvidea社のJ100/J120ボード注2，オムロン直方のキャリア・ボードなどがあります（写真3）．

J100ボードはドローンでの利用を念頭に設計され，Jetson TX1モジュールと同じ底面積です．J120はより扱いやすさを重視して，少し横方向に大きなキャリ

注2：日本の代理店はエンルート（http://www.enroute.co.jp/）

写真2 Jetson TX1開発キットのキャリア・ボード

第1章 処理性能1TFLOPSの名刺サイズGPUスパコン Jetson TX1

ア・ボード上にUSB 3.0やイーサネット用のRJ-45コネクタが用意されています．

最終製品として使う場合は，これらの市販キャリア・ボードか独自のキャリア・ボードを利用することになります．

開発環境

Jetson TX1の開発環境とセットアップ手順の概要を図3に示します．また，設計情報の入手先を表2にまとめます．

● OS：Linux for Tegra

Jetson TX1には，あらかじめOSが書き込まれています．Ubuntu 14.04をベースにしてTegra専用のドライバが組み込まれたBSP (Board Support Package)で「Linux for Tegra (L4T)」と呼ばれています．

Linux for Tegraはしばしばアップデートされ，本稿執筆時の最新版はR23.2です．開発者用サイトからカーネルとルート・ファイル・システムをダウンロードするか，専用のツールを使ってセットアップします．

● ホスト・ツール：JetPack

Jetson TX1をセットアップするときに便利なツールがJetPackです．Ubuntuが動作するPCで利用します．GUIを利用したウィザードを使って，Jetson TX1のOSやツール類と，ホストPCの開発ツール類を最新の状態にセットアップできます．

Jetson TX1は，セルフ開発も可能なため，開発用

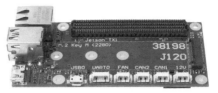

(a) J120キャリア・ボード

(b) Astroキャリア・ボード

写真3 Jetson TX1と組み合わせて使用するキャリア・ボードもいくつか出ている
Auvidea製のJ120はJetson TX1より少しだけ大きい．Astroキャリア・ボードはイーサネットやUSB 3.0，Mini HDMIなどのコネクタを持つ

のPCを用意する必要はありません．Jetson TX1のセットアップにはJetPackを利用すると便利です．Ubuntuの仮想マシンにJetPackをインストールして最初のセットアップ時だけ使ってもよいでしょう．ホスト用のコンポーネントのインストールはスキップしてもよいです．

最新版はJetPack 2.1 for L4Tです．このツールでインストールされるソフトウェアを表3に示します．

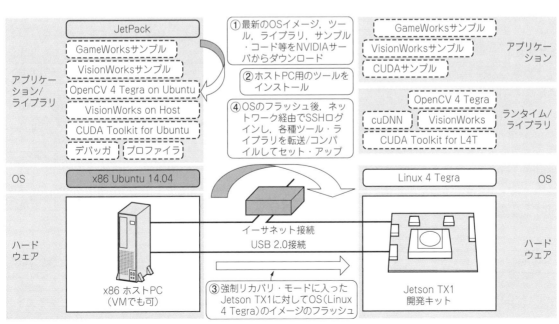

図3 開発環境とセットアップ手順の概要

第5部　手のひらGPUボードで人工知能を作る

表2　設計情報の入手先

サイト名	説明	URL
NVIDIA Embedded Computing 開発サイト（英語）	公式の開発者用ページの入り口．ここから開発者登録，各種ソフトウェアのダウンロード，ハードウェア開発用の各種設計ドキュメントが入手できる．	https://developer.nvidia.com/embedded/
NVIDIA Embedded Forum（英語）	公式のサポート・フォーラム．	https://developer.nvidia.com/embedded-forum
eLinux（英語）	コミュニティ・サイト．開発用のTipsなどが，Wikiベースでユーザによってまとめられている．	http://elinux.org/
Jetsonhacks（英語）	Jetson関連の話題を高い頻度で取り上げるブログ．Jetsonを用いた事例の紹介も行っている．	http://jetsonhacks.com/
菱洋エレクトロ	日本の代理店	http://www.ryoyo.co.jp/product/supplier_list/p73.html
Oliospec	日本の販売サイト．2016年4月19日時点の価格は93,798円（税込み）	http://www.oliospec.com/shopdetail/000000004126/

● 多くのライブラリが用意されている
▶画像処理用ライブラリ VisionWorks

　VisionWorksはOpenVXが定める全ての関数を実装し，幾つかのNVIDIA独自の拡張が加えられた画像処理（コンピュータ・ビジョン）用ライブラリです．CUDAで書かれており，GPUによって高速に動作します．関数を組み合わせることで画像処理のパイプラインを組み立てることができます．

　VisionWorksを利用して開発したアプリケーションは，Jetsonで利用できるGPGPUソフトウェア資産になります．BetaながらWindows版も用意されています．

　画像処理用のライブラリとしてはOpenCVが有名です．OpenVXはハードウェア・ベンダが規格を定め，実装も行います．規格適合性試験もなされ信頼性も高く，OpenCVが主にプロトタイピング用に利用されるのに対して，OpenVXは製品に組み込むことが

表3　JetPackでインストールされるソフトウェア

ホスト/デバイス	Package名		説明
デバイス	OS イメージ（Linux for Tegra - TX1）		Ubuntuベースの専用ディストリビューション
	CUDA Toolkit for for L4T		C/C++言語用の包括的なGPGPU開発環境．NVIDIAの各GPUをサポートしたコンパイラや，各種ライブラリ，サンプル・コードがインストールされる．
	GameWorks サンプルコード		—
	CUDA サンプルコード		—
	PerfKit		OpenGLドライバやGPUのハードウェア性能カウンタへのアクセスを提供するライブラリ．
	cuDNN パッケージ		ディープ・ニューラル・ネットワーク用のプリミティブのGPUで加速されたライブラリ．
	OpenCV for Tegra		TegraプロセッサのGPUに最適化したOpenCVのブランチ．
	VisionWorks on TX1 Target	VisionWorks on Target	CUDAが動く環境で実行できる画像処理（コンピュータ・ビジョン）用ライブラリVisionWorksのソフトウェア開発パッケージ．
		VisionWorks Plus (SFM)	
		VisionWorks Tracking Object	
ホスト	Tegra Graphics Debugger		ゲーム開発者やグラフィックス・アプリケーション開発者用の開発ツール．コンソール（家庭用ゲーム機）用のゲームの開発のように，Tegraプロセッサのハードウェアに合わせてチューニングする．
	Tegra System Profiler		アプリケーションの全体のパフォーマンスを改善するためのマルチコアCPU対応プロファイラ．プロファイリング・データ取得用のインタラクティブなUIを持つ．
	GameWorks Sampels		—
	Documentation		—
	VisionWorks on Host	VisionWorks on Host	—
		VisionWorks Plus (SFM) on…	—
		VisionWorks object Tracke…	—
		VisionWorks References	—
		OpenCV for Tegra on Ubuntu	—

第1章 処理性能1TFLOPSの名刺サイズGPUスパコンJetson TX1

可能なものです(**表4**).

▶ OpenCV for Tegra

TegraプロセッサのGPUに最適化したOpenCVのブランチです.

▶ cuDNN

順伝播,逆伝播,プーリング,正規化,アクティベーション層など,どのニューラル・ネットワークのフレームワークでも実装する必要のある標準的な処理です.ディープ・ラーニングの研究者やフレームワークの開発者が活用しています.cuDNNを使えば,ディープ・ラーニング用フレームワークを高速に動かせるようになります.性能のチューニングに時間を費やすのではなく,ニューラル・ネットワークの学習や実際のソフトウェア開発に時間をかけられるようになります.

● セルフ開発とクロス開発の両方が可能

Jetson TX1のソフトウェア開発は,セルフ開発とクロス開発の両方のアプローチが可能です.

セルフ開発でも,Jetson TX1はモニタにつながないヘッドレスな状態にしておき,SSHでログインしてPCから行う,というスタイルもあります.CUDAコードのコンパイルも,CUDA Toolkit for L4TをインストールしたJetson TX1上でセルフ開発で行うこともできますし,CUDA Toolkit for UbuntuをインストールしたホストPC上でクロス・コンパイルすることもできます.

GPU×ディープ・ラーニングで広がる世界

ディープ・ラーニング(Deep Learning;深層学習)とは,ニューラル・ネットワーク(Neural Network)を何層も重ねた機械学習(Machine Learning)の手法の一つです.近年,画像認識や音声認識のような人工知能の分野で,他の手法に比べ圧倒的な性能が出ることで注目を浴びています.それ以外にも,創薬,医療画像診断,対話システム,自動運転など応用範囲がますます増えています.

● ニューラル・ネットワークの歴史は長い

機械学習にはナイーブ・ベイズ法(Naive Bayes),最近傍探索法などさまざまな手法があります.これらの手法が統計的なアプローチでデータの分類を行っています.これに対し,ニューラル・ネットワークは人間の脳神経回路をまねたモデルを用いて分類しています.

ニューラル・ネットワーク自体は古くからある技術で,1980年代にも活発に研究が行われていました.しかし大量の計算パラメータを最適化する必要があり,他の手法に比べ性能も出すのが困難でした.

表4 OpenVXは量産製品への利用も可能

API	OpenCV	OpenVX
管理	コミュニティ主導(正式な仕様はなし)	ハードウェア・ベンダによって正式仕様が定められ実装される
適合性	ベンダごとに別々のサブセットを実装(一貫性のための適合試験はなし)	完全な適合試験スイートとプロセスがプラットホームとしての信頼性を担保
移植性	プロセッサごとにAPIは違うことがある	移植性のためにハードウェア抽象化
スコープ	・非常に広い ・1000以上のビジョン/画像用の関数 ・カメラ入力も複数のAPI/インターフェース	・モバイル・デバイス用にハードウェア加速が効く機能に絞ってある ・外部のカメラ用インターフェースを使用
効率	・メモリ・ベースのアーキテクチャ(各操作がメモリを読み書き)	グラフ・ベースの実行(計算処理,データ転送を効率化)
ユース ケース	迅速な実験用	製品開発&展開

● 画像認識コンテストで圧勝して注目を浴びる

ディープ・ラーニングが注目を浴びるきっかけになったのが,世界的な画像認識のコンテストILSVRC(ImageNet Large Scale Visual Recognition Challenge)です.

このコンテストは,画像に何が写っているのかをコンピュータ・プログラムで判断し,その正解率を競います(**図4**).この際,1000万枚の学習用画像データと15万枚のテスト用画像データを用います.

世界中の人工知能の研究機関がしのぎを削り,2010年の優勝チームは72%,2011年度は74%と数%ずつ正解率が上昇していました.ところが2012年の優勝チームは84%で,前年度に比べて一気に10%近く正解率が上がりました.このときの用いられていたのがディープ・ラーニングだったのです.

● ディープ・ニューラル・ネットワークは複雑で計算量が多い

ディープ・ラーニングは,ニューラル・ネットワークに大量のデータを与え,そのデータの中の潜在的な特徴を自動的に学習させようという手法です.

従来の機械学習手法では,「人」や「猫」などのオブ

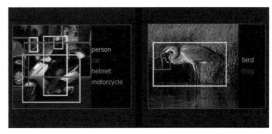

図4 何が写っているのかをコンピュータ・プログラムで判断する

第5部　手のひらGPUボードで人工知能を作る

ジェクトに対して人間がそれぞれ「特徴量」を定義していました．

これに対しディープ・ラーニングでは，データの特徴自体を自動的に学習させます．大量のデータを学習させることで，その中から自動的に特徴を見つけ出します．

ディープ・ラーニングでは，ディープ・ニューラル・ネットワーク（多層のニューラル・ネットワーク）を用いてデータの特徴を階層的に表現します．

例えば，顔画像は，ある階層では「顔」が「目」や「鼻」という概念で構成されます．その下の階層では「目」や「鼻」が「点」や「線」というように，低レベルの概念で構成されます．

この手法の課題はモデル構造が複雑になり最適化が難しくなることと，学習時間が増加してしまうことです．階層的に表現することで，モデルの複雑度と計算量が一気に増加します．

● GPUのコンピューティング・パワーで学習時間を短縮

計算量が多く，学習に必要な時間が急激に増加するという問題を解決してくれるのがGPUのコンピューティング・パワーです．

GPUはもともと，3次元グラフィックスなどの画像データの処理を行うためのデバイスです．3次元グラフィックスは，物体の座標位置や物体の質感を表現するためのライティングなど，さまざまな数値計算の固まりです．GPUはそれらの計算を高速に行うために進化してきました．特に行列計算はGPUが最も得意な計算の一つです．

近年では，この特性を生かし，流体シミュレーションや信号処理などの汎用計算にGPUが用いられています．東京工業大学のスパコンTSUBAMEなどにも使われています．

ディープ・ラーニングの学習は，CUDAを用いることで高速化できます．

ディープ・ニューラル・ネットワーク（多層のニューラル・ネットワーク）を用いた学習の大部分は，行列計算として実装することができます．それ以外の部分もGPUに適したルーチンが多数存在します．よく使われるルーチンは「cuBLAS（行列計算など線形代数計算用のライブラリ）」と「cuDNN（ディープ・ラーニング用ライブラリ）」という二つのCUDAライブラリとして提供されています．

● 一番の応用先は画像識別

ディープ・ラーニングは画像識別，音声認識，自然言語処理，レコメンデーション，異常検知，自動運転などさまざまな分野で使用されています．中でも一番有名な応用は画像識別です．

▶視界が悪くても認識できる

図5は，雪が降っていて視界が悪い状況での車両検出をディープ・ラーニングを用いて行ったものです．人間の目で見ても難しいような状況で，車両が検出できていることが分かります．

ディープ・ラーニングはノイズに強いといわれています．輝度が低い画像や雪道での車両の検出などに効果を発揮できるでしょう．

▶新しい製品も認識できるように再学習して対応

さまざまな製品画像を認識できるニューラル・ネットワークを学習させて，倉庫ロボットを作ることを考えてみましょう．完成したこのロボットは，自律的に倉庫を移動し，棚や箱の中の各製品を識別します．

ある日，今まで扱っていた製品とは全く異なる見た目の製品が登録されて倉庫内で扱われるようになったとします．一般的なロボットはこの製品を扱うことができなくなってしまいますが，ニューラル・ネットワークであれば問題になりません．

認識できなかった製品の画像をサーバに送ります．サーバ側では，この製品を含む新たなデータ・セットを利用して再度学習処理を行い，より賢くなった学習済みモデルを作ります．アップデートされた学習済みモデルは，倉庫内の全てのロボットにネットワーク配信されます．これによって全てのロボットがより賢くなり，新しい製品も扱えるようになります．

● 音声認識の精度が向上

車の中はノイズが大きいため，ノイズ・キャンセルしてから認識を行うなどの工夫をしても，なかなか実用レベルの認識精度が得られないという問題点がありました．ここでもディープ・ラーニングの技術を応用することで，音声認識の精度が向上しています．

● 囲碁対局でプロ棋士に勝利

最近では，Google DeepMindが開発したコンピュータ囲碁のAIプログラムがプロ棋士に勝利し，大きな話題になりました．囲碁の手の数は将棋に比べて圧倒的に多く，可能性のある全ての手を探索していては現実的な時間で計算が終わりません．そのため，コン

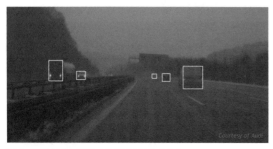

図5　視界が悪い状況での車両を検出できる

第1章 処理性能1TFLOPSの名刺サイズGPUスパコン Jetson TX1

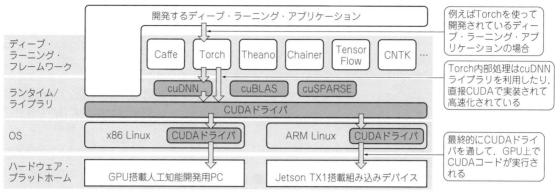

図6 簡単にディープ・ラーニングの計算が行えるフレームワークがある
Trochを使って開発されているアプリケーションの例を示す．Trochの内部の処理はcuDNNライブラリを利用したり，直接CUDAで実装さる．最終的にCUDAドライバを通してGPUで実行される

ピュータが人間に勝つのは当分先のことであるといわれていました．しかしDeepMindはモンテカルロ木探索とディープ・ラーニングを組み合わせたシステム「AlphaGo」を開発し，全世界に衝撃を与えました．

Jetson TX1 による ディープ・ラーニングの実現

Jetson TX1でディープ・ラーニングの処理能力が高められることには理由があります．

● 半精度浮動小数点演算での処理能力が上がる

Jetson TX1が搭載するプロセッサTegra X1はCompute Capability 5.3という世代のGPUアーキテクチャを採用しています．このアーキテクチャは，半精度浮動小数点（FP16）演算を使うことができます．

Tegra X1の単精度浮動小数点（FP32）演算処理能力は512GFLOPS，半精度浮動小数点（FP16）演算処理能力だと1TFLOPSです．FP16演算命令とFP16データ・ストア形式をサポートことで，従来のアーキテクチャでFP32演算命令だと2サイクルかかっていた処理を，FP16演算命令を利用することで1サイクルで済ますことができます．

● ディープ・ラーニングの処理性能の向上の効果

RGB画像の1チャネルは8ビットですので，16ビット演算が大変効果的です．ディープ・ラーニングの推論処理（学習を終えたニューラル・ネットワークを使用した画像識別）では，単精度浮動小数点（FP32）演算でバッチ・サイズ（ディープ・ラーニングでは，より効率よく学習を行うためにミニ・バッチといういくつかの入力をまとめて計算する手法を使う．そのサイズ）が128のとき，毎秒155画像の処理能力です．それに対して，半精度浮動小数点（FP16）演算では258画像を処理することが可能です．

ディープ・ラーニングで使用されているCUDAライブラリcuDNNとcuBLASは，半精度浮動小数点（FP16）演算に対応しています．cuBLASではcublasHgemm関数を呼び出すことで計算自体をFP16演算で行うことが可能です．

● ディープ・ラーニング・フレームワークを利用できる

ディープ・ラーニングに関する新しいモデル構造や高速化，最適化の手法が次々に提案されています．新しい手法が出たら，どのくらいの精度向上が起きるのか，計算が高速化できるのか，すぐに試してみたくなりますが，自分で一から実装するのはとても大変です．

この問題点を解決するために，簡単にディープ・ラーニングの計算が行えるフレームワークが幾つかあります（図6）．Caffe，Torch，Theano，TensorFlow，Chainer，CNTKなどが有名です．それらのフレームワークにはさまざまな実装が含まれており，Alexnet，GoogLeNet，VGG等さまざまなモデルを使った学習処理や推論処理を簡単に記述できます．

ディープ・ラーニングのフレームワークは，全て内部でCUDAのライブラリを呼び出し計算する仕組みです．CUDA経由でGPUを計算リソースとして使用し，ディープ・ラーニングの学習を高速化しています．

ディープ・ラーニングのフレームワークは，CUDAを利用できるGPUを搭載するPCで利用できます．同等のアーキテクチャのGPUを搭載するJetson TX1上でも，同様に利用できます．ディープ・ラーニング用フレームワークを利用して実装された人工知能アプリケーションは，同等の環境を構築可能なJetson TX1に移植しやすくなります．

● ディープ・ラーニング用CUDAライブラリ cuDNN

ディープ・ラーニング計算用のCUDAライブラリcuDNNは，ディープ・ラーニングの畳み込み，アク

第5部　手のひらGPUボードで人工知能を作る

コラム　ディープ・ラーニングの学習処理と推論処理

矢戸 知得，村上 真奈

ディープ・ラーニングは，ディープ・ニューラル・ネットワークとビッグ・データを用いて，非線形関数を近似する手法です．

● 複数の特徴で複合的に表現する

ディープ・ニューラル・ネットワークに大量のデータを学習させることで，その中から共通した特徴を幾つも幾つも見つけ出し，それらの特徴（特徴量）とそのつながり（重み）から，いろいろなものを柔軟に表現可能です．

例えば，「リンゴ」を識別する際に「赤いピクセルを含む物」という単純な特徴で表現してしまうと，輝度が低かったり，カラー・バランスがおかしかったりすると，検出できなくなってしまいます．「赤い」，「丸みがある」，「まるの上の部分に枝がついている」など複数の特徴で複合的に「リンゴ」を表現することで，より高度な認識を行えます．

このような特性から従来の機械学習の手法に比べて，優れた成果を挙げているケースも増えています．

● ディープ・ラーニングの二つの処理…学習と推論

ディープ・ラーニングで問題を解決するにあたり，学習処理と推論処理の二つの処理があります．

学習処理は，大量の学習データをコンピュータに見せるようなものです．一つのデータごとに，順伝播と逆伝播の処理を行い，それを膨大なデータを利用して何度も繰り返します．非常に計算量の多い処理のため，GPUで加速したサーバを利用しても，この処理には何日もかかることがあります．

出来上がった学習済みのモデルに未知のデータを与えて，それを1回の順伝播処理に通して判断させるのが推論処理です．推論処理も，まだ計算負荷の高いものですが，GPUのパワーを利用できるJetson TX1であれば実現可能になります．

● 複数の層で構成される

ディープ・ラーニングで使われるディープ・ニューラル・ネットワークは，入力層，隠れ層，出力層の三つの層から構成されています．また，近年の研究で，隠れ層をたくさん重ねる（構造を深くする＝深層）ことで精度が向上することが分かっています．

一つの層の構成を図Aに示します．xは入力ベクトル（1層目の場合，画像や音声のような学習用データ，その他の層の場合前の層の出力データ），wは重みを表す行列です．ベクトルxと重みの行列wの積を活性化関数f（アクティベーション関数）に通したものが，その層の出力ベクトルyになります．

$$y^{(t)} = f\left\{\sum_{i=0}^{n} w_i^{(t)} x_i^{(t)}\right\} \quad \cdots\cdots\cdots\cdots (A)$$

● 誤差が小さくなるように計算を繰り返す

ディープ・ラーニングの学習では，正解データ（教師データ）と学習データのそれぞれについて式(A)に通し，出力yとの誤差Eを算出します．そして現在の重みを誤差が少なくなる方向に更新する（誤差逆伝播法）という作業を大量の学習データで繰り返します．

式(A)から分かる通り，ディープ・ニューラル・ネットワークは行列の計算になっています．

学習時は画像データや音声データなどの学習用データを入力層に入れ，出力層の値と正解値との差を比較し重みを更新していきます（図B）．この重みの更新作業は大量の学習用データで行うため，学習にはとても時間がかかります．

学習が終わり重みが確定すれば，推論処理（Inference）を行うことができるようになります．推論処理の場合は，推論したい対象を入力層に入力

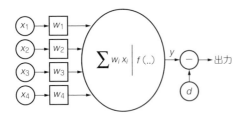

図A　ディープ・ニューラル・ネットワークは行列演算を行う

ティベーション，プーリング，ソフト・マックスなどの計算用のプリミティブ群になっています．呼び出すだけでディープ・ラーニングの学習／推論処理を高速に行うことが可能です．

cuDNNはバージョンが上がるたびに高速化が行われています．特に畳み込みに関しては，GEMM（General Matrix Multiply）を使った方法や，FFT（Fast Fourier Transform）を使った方法など，幾つかのアルゴリズムがサポートされており，使用可能なGPUのメモリ・サイズやGPUの計算性能に合わせて最速のアルゴリズムが自動で選択されるようになっています．

2016年4月にリリースされたcuDNNのバージョン

第1章 処理性能1TFLOPSの名刺サイズGPUスパコン Jetson TX1

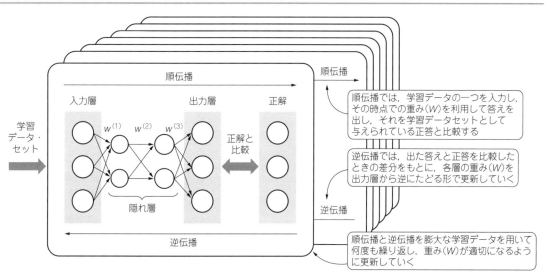

図B 学習時には順伝搬と逆伝搬を何度も繰り返す

し，一度だけ順伝播を行います（図C）．

● モデルの進化とともに層数が増える

ニューラル・ネットワークの研究は盛んで，日々新たな構造のモデルが登場しています．代表的なモデルは以下の通りです．

- AlexNet（ILSVRC2012） …8層
- VGG（ILSVRC2014） …19層
- GoogLeNet（ILSVRC2014）…22層
- ResNet（ILSVRC2015） …152層

モデルの精度向上と共に，層はより深くなっていることが分かります．

性能の向上のためには，隠れ層が多くなりますが，層を増やせば増やすほど，勾配が0になるなど，うまく勾配を伝えるのが難しくなります．ILSVRC2015で優勝したResNetはこの問題を解決する手法を提案し，152層の性能の良いモデルを発表しました．

● モデルは公開されている

モデルの多くは，検証用のコードが提供されています．GitHubなどからダウンロードして試せます．

では，今までの畳み込みニューラル・ネットワーク（CNN：Convolutional Neural Network）に加えて，LSTM（Long Short Term Memory）を含む再帰型ニューラル・ネットワーク（RNN：Recurrent Neural Network）がサポートされました．これは音声認識・自然言語処理などに使うことのできる機能です．

図C 推論では1回だけ順伝播を実行する

こういった環境から，ディープ・ラーニングの研究はますます加速しています．

AlexNetやResNetの推論にはそれぞれ約7億回と約116億回の積和演算が必要になります（順伝播を1回）．この計算を高速に行うために，計算の高速化手法や最適化手法に関してもさまざまな手法が提案されています．

cuDNNの進化は，Jetson TX1の上でも効果を発揮します．同一のGPUアーキテクチャを採用するJetson TX1は，同じソフトウェア資産を共有できるので，ソフトウェアの進化の恩恵を受けられます．

やと・ちとく，むらかみ・まな

第5部

第2章 カメラで撮影した状態をテキストで教えてくれる

携帯型GPUスパコンで作る AI画像認識の音声ガイド

村上 真奈, 矢戸 知得

説明文が表示され,音声でも伝えてくれる

説明文:a black and white cat sitting in a bathroom sink
(洗面所のシンクに白と黒の猫が座っている)

説明文:a couple of people that are playing a video game
(テレビ・ゲームを遊んでいる2人の人)

写真1 作るもの…カメラで外の世界を見て人工知能が理解したことを音声で伝えてくれる携帯型音声ガイド・デバイス

囲碁対局における「AlphaGo」の快挙などから分かるように,目覚しい速度で人工知能(AI:Artificial Intelligence)の研究の成果が上がっています.ディープ・ラーニング(Deep Learning;深層学習)用のフレームワークも公開され,その活用にも注目が集まっています.ここでは,これらの技術的な進歩を利用して,手元で動く人工知能デバイスを作ってみます.

作るもの

● 携帯型音声ガイドAIデバイス

ここでは,カメラで外の世界を見て,人工知能が理解したことを音声で伝えてくれる音声ガイド・デバイスを作ります(写真1).屋外で利用できるように,電池で動作し,持ち運べるものを目指します.

このデバイスからの音声ガイドを聞いて街を歩き回ることができるかもしれません.視覚に障害を持った人に対して補助をするデバイスや,観光名所・地点のデータを学習させておくことでツアー・ガイド装置として応用することも考えられます.定期的に学習済みのモデルだけを更新することで,新しい人気スポットや注意すべき工事地点などへの対応も効果的に行うことができるでしょう.

ディープ・ラーニング・アプリケーションと学習済みのモデルを持って,認識処理の全てをデバイス上で行

うことも特徴です.ネットワーク越しにクラウド・サービスに投げて,その判定をサーバ上で行う訳ではありません.そのため遅延が少なく,ネットワークに接続できない場所での利用も考えられます.

● 未知の画像から説明文を生成する

製作の前に,一つの研究成果を紹介します.

ディープ・ラーニングを利用して,コンピュータは人間以上の精度で物体を認識する能力を示すようになっています.この分野の研究はさらに進んで,より複雑なニューラル・ネットワーク(Neural Network)を組み合わせることで,写真の中の物体の関係まで理解できるようになってきています.

その一つが,画像データと言語の関係を学んだニューラル・ネットワークが,未知の画像に対して,人が理解する英語の説明文を生成する研究です[1](図1).人工知能の進化について語った動画[2]でも紹介され,「機械がここまで人と同じように物事を理解できるようになっているのか」と非常に大きなインパクトを与えました.

● コードもモデルも公開されている

最先端の研究成果ですが,このモデルをディープ・ラーニング・フレームワークを使って実装したコード「NeuralTalk2」が公開されています[3].学習済みのモ

第2章 携帯型GPUスパコンで作るAI画像認識の音声ガイド

デルも公開されているので手元で実行してみることができます．学習用のデータ・セットを自分で鍛え直すことも可能です．

この研究成果をベースにして，自分だけのAIデバイスを作ることを考えてみましょう．

ハードウェアの準備

今回自作するAIデバイスの構成を図2に示します．

● Jetson TX1とキャリア・ボード

最終デバイスには，NVIDIA社のJetson TX1を使います．

Jetson TX1自体はクレジット・カード程度の底面積ですが，外部のデバイスとの接続にはなんらかのキャリア・ボードを用いる必要があります．最終デバイスでは，全体を小さくまとめるために，Auvidea製のJ120ボードを使うことにします（第1章を参照）．

● 液晶画面

音声ガイド・デバイスであっても，画面があると操作や動作確認も楽になります．HDMIで映像信号を入力できる液晶ディスプレイを使います．

筆者は，シャープの7インチIGZO液晶モジュール（1920×1200解像度）を使用しました注1．

● USBオーディオ・ドングル

Jetson TX1にはI²Sのインターフェースがあり，ディジタル音声を出力できます．しかし今回は簡単に済ませるために，USBオーディオ・ドングルを利用します．

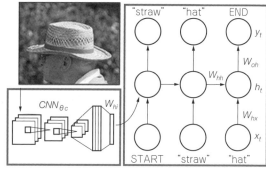

図1　画像データと言語の関係を学んだニューラル・ネットワークが未知の画像に対して人が理解する英語の説明文を生成する

● 電源

Jetson TX1は5.5〜19Vの電源入力に対応しています．また，J120キャリア・ボードは12Vまでの入力に対応しています．

今回は，3セルのリチウム・ポリマ充電池を用いました．3セルなので標準電圧は11.1V，容量は1300mAのものを用いました．

● ケース

今回は簡単にアクリル板で仮組みしました（写真2）．市販のアルミ・ケース注2に液晶ディスプレイと電池を含めて収めたほうが取り扱いが良くなるでしょう．

● さらなる応用のために…開発用PC＆ボード

今回の実験では，記事通りに作るだけなら，開発用PCは必要ありません．

注1：秋月電子通商の「SHARP 7インチ高精細IGZO-LCDパネル接続モジュール・セット（ラズベリーパネル接続キット）」（13,000円）．

注2：例えばタカチの「MX型丸型モバイルケース」（MXA4-13-20）がちょうどよい大きさ．

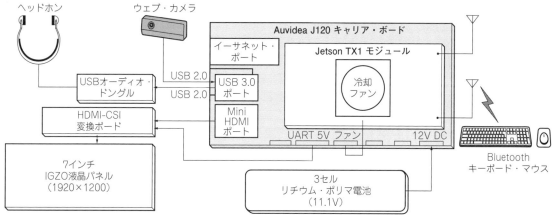

図2　携帯型音声ガイドAIデバイスの構成

第5部　手のひらGPUボードで人工知能を作る

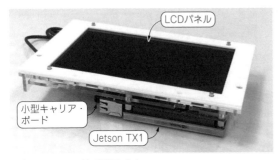

写真2　アクリル板で製作したケース

しかし，ディープ・ラーニング・アプリケーションの評価や，新しいデータ・セットの学習をするのであれば，強力なGPUを搭載したデスクトップPCを使った方がよいでしょう．

NeuralTalk2の製作者によると，学習にはGeForce GTX TITAN X（CUDAコア数3072個，1GHz動作のGPUを搭載する，最速クラスのグラフィックス・カード）を利用して2～3日かかるそうです．

ニューラル・ネットワークの性能検証やアプリケーションの机上検証には，Jetson TX1開発キットを使用しました．

ソフトウェアの準備

今回製作するAIデバイスは，既存のアプリケーション（NeuralTalk2）と，学習済みのモデルをダウンロードして使用します．自分で学習サイクルを回す必要はありません．

ソフトウェアのセットアップ作業は，NeuralTalk2のGitHubリポジトリにあるREADME[3]に従って作業しました（図3）．

● 確認1：Torchのインストール

Torch7が正しくインストールされたかどうかは，thコマンドを実行することで確認できます．

thコマンド実行時にTorch7の起動画面が出て，コマンドを受け付ける状態になることを確認します．

● 確認2：NeuralTalk2の初期動作

NeuralTalk2ディレクトリ内に以下のファイルがあることを確認します．

- model_id1-501-1448236541.t7
- videocaptioning.lua
- eval.lua

model_id1-501-1448236541.t7は学習済みモデルです．eval.luaは静止画像を入力として，説明文を生成するスクリプト，videocaptioning.luaはカメラからの映像を入力として説明文を生成するスクリプトです．Luaというスクリプト言語で書かれています．

NeuralTalk2のREADMEの「I just want to caption

---

① Torch7のインストール
- Torchのインストール・スクリプト（https://github.com/torch/ezinstall.git）から入手
- Install-depsファイルを開き，「make NO_AFFINITY=1 USE_OPENMP=1」を
 「make TARGET=ARMV7 NO_AFFINITY=1 USE_OPENMP=1」に変更
- sudo ./install-deps を実行
- sudo ./install-luajit+torchを実行

② ARM v7用のcuDNN4のダウンロードとインストール
- https://developer.nvidia.com/cudnnから「cuDNN v4 Library for L4T (ARMv7)」を選択して，
 cudnn-7.0-linux-armv7-v4.0-prod.tgzをダウンロード（NVIDIAの開発者登録が必要）
- ダウンロードしたファイルを解凍し，libcudnn.so, libcudnn.so.4, libcudnn.so.4.0.7, libcudnn_static.a
 が含まれているディレクトリの絶対パスをLD_LIBRARY_PATHに追加

③ LuaのOpenCVモジュールのインストール
- LuaRocksコマンドで，nn, nngraph, image, cutorch, cunnをインストール（luarocks install cvを実行）

④ NeuralTalk2のインストール
- NeuralTalk2のリポジトリ（https://github.com/karpathy/NeuralTalk2.git）からソースコードを入手しmake.

⑤ 学習済みデータをダウンロードしNeuralTalk2のインストール・ディレクトリにコピー
- スタンフォード大学のサーバから学習済みデータをダウンロード
 （http://cs.stanford.edu/people/karpathy/NeuralTalk2/checkpoint_v1.zip）．
- 解凍して得られるmodel_id1-[番号].t7というTorch7の学習済みモデルをNeuralTalk2のインストール・ディレクトリにコピー

⑥ 音声ガイド機能の追加
- Espeakをインストール（$ sudo apt-get install espeakを実行）
- LuaのEpseakバインドをインストール（$ luarocks install espeakを実行）
- videocaptioning.luaからEspeakを呼ぶようにコードを追加（リスト1参照）

図3　ソフトウェアのセットアップ手順の概要

第2章 携帯型GPUスパコンで作るAI画像認識の音声ガイド

リスト1 Luaスクリプト（videocaptioning.lua）の修正

```
～冒頭～
require 'espeak'

～初期セットアップのブロックで～
espeak.Initialize(espeak.AUDIO_OUTPUT_PLAYBACK, 500)

if espeak.SetVoiceByName("english") ~= espeak.EE_OK
                                                then
    print("Failed to set default voice.")
    return
end

～ループ内、Inference処理が終わったところで～
espeak.Synth(sents[1], 0, espeak.POS_WORD, 0, nil)
```

写真3 机上実験…認識結果は "a yellow teddy bear sitting on a table"（テーブル上に黄色いテディベアが載っている）
時々 "a yellow and yellow bird is sitting on a branch"（木の枝に黄色い鳥がとまっている）とも表示される

images」以下で示されている手順に従って確認します．任意のディレクトリにキャプション付け対象の画像を入れておきます．ここではホーム・ディレクトリ以下のPicturesディレクトリとしました．その後，NeuralTalk2の推論処理をeval.luaスクリプトで走らせます．

```
$ th eval.lua -model ./model_id1-
501-1448236541.t7 /path/to/model
-image_folder ~/Picturs/ -num_
images 10 -gpuid 0 -backend cudnn
```

ターミナル上で，ディレクトリ内の画像ファイルごとに処理が走るようすが確認できます．

簡易ウェブ・サーバを立ち上げます．

```
$ cd vis
$ python -m SimpleHTTPServer
```

その後で，ブラウザでlocalhost:8000を開くと，キャプションの付いた各画像のリストのページが表示されます．

● 確認3：USBカメラのライブ動作

今回製作するAI音声ガイド・デバイスはUSBカメラからの画像に対して人工知能で処理を行います．USBカメラから画像に対して説明文をオーバレイ表示するように作られているvideocaptioning.luaスクリプトを利用します．LuaのOpenCVモジュールも必要になります．

USBカメラを接続し，その絵が取得できることを別のツールなどで確認した後，videocaptioning.luaを実行します．

```
th videocaptioning.lua -model ./
model_id1-501-1448236541.t7 -gpuid
0 -backend cudnn
```

● 確認4：音声発話機能

音声読み上げソフトウェアを利用して，画面にテキストで描かれる説明文を，音声で読み上げさせます．

こうすることで当初目指していた音声ガイド・デバイスとして使えるようになります．今回は，Ubuntuで標準的に利用でき，かつLuaスクリプト用のバインドがあるEspeakを使っています．

Jetson TX1 開発キットまたは最終デバイスのUSBポートに，USBオーディオ・ドングルを接続し，ヘッドフォンに音が出ることを確認しておきます．その上で，以下のコマンドで，Espeakが正しく動いていることを確認します．

```
$ espeak "This is a test"
```

単独での発話がうまくいけば，NeuralTalk2のLuaスクリプト（videocaptioning.lua）を編集して，Espeakを実行するようにします（リスト1）．

実験1…机上動作

● 机上確認前の注意点

Jetson TX1 開発キットを使って机上で確認しました．USBカメラ，キーボード，マウス，USBオーディオ・ドングルを接続するので，USBハブを使うことになります．このときUSBカメラに十分な電流が供給されるように注意してください．電源付きUSBハブを使うのが最も安全です[注3]．

● 机上確認

Jetson TX1 開発キットを利用して，机上で動かしてみた結果を写真3に示します．

ぬいぐるみとして認識できていることが分かります．時々 "a yellow and yellow bird is sitting on a

---

注3：筆者の実験は，USBカメラをJetson TX1 開発キットのUSB 3.0ポートに，それ以外をバス・パワーのUSBハブを経由した状態で接続する形で行った．

第5部　手のひらGPUボードで人工知能を作る

写真4　屋外実験1…認識結果は"a car driving down a street with a lot of traffic"（通行量の多い道路を車が走っている）

写真5　屋外実験2…認識結果は"a bike parked on the side of a street"（路肩に自転車が停めてある）

branch"（木の枝に黄色い鳥がとまっている）とも出るので，鳥の特徴も捕らえられていて，奥の観葉植物も少なくとも植物っぽいことは分かっている模様です．

性能としては，一つの説明文を作るのにおよそ1秒かかっていました．このぐらいの処理性能であれば実用に耐えられそうです．

実験2…屋外動作

音声ガイドAIデバイスを屋外で動作させているようすを写真4～写真6に示します．少々持ちづらいですが，イヤホンからはひっきりなしに合成音声で状況が伝えられてきている状態です．

写真6　屋外実験3…認識結果は"a building with a sign on the side of it"（側面にサインがある建物）

写真4では車と道の状況，写真5では自転車のようすまで，正確に捕らえています．

● 学習していないはずのシーンでも認識できる

写真6は非常に興味深い例です．銀座の歌舞伎座前で試したようすですが，歌舞伎座の建物，正面にかかる垂れ幕を正しく認識しているようです．

今回利用しているニューラル・ネットワークはMS COCO学習データ・セットを利用して学習しています．グローバルなものなので日本の文化を特に意識して学習できるようなものにはなっていないはずです．それでも人工知能が文化の壁を越えて柔軟に認識できているのは驚きです．まさに，ディープ・ラーニングを利用した人工知能の汎用性・融通性を示す例だといえるのではないでしょうか．

従来のコンピュータ・ビジョン系のアプローチでは，人が例えば「これが建物の特徴」，「これがサインの特徴」などと，一つ一つ定義してプログラムしていたので，環境の照明の状況や対象のバリエーションなどで認識の精度が下がることがありました．一方，膨大なデータから自分で学びとらせるディープ・ラーニングの手法は，そういった外乱に強い特徴があります．今回の実験で，それを実証できました．

実験3…静止画の認識

ディープ・ラーニングの汎用性を試すために，eval.luaスクリプトを利用して，さまざまな静止画を認識させてみました．

● 写真の認識はかなり正確

eval.luaスクリプトを利用して，写真7と写真8の画像を認識させてみました．

写真7の認識結果はほぼ完ぺきです．一般の人でも

第2章　携帯型GPUスパコンで作るAI画像認識の音声ガイド

写真7　評価画像1…認識結果は"an airplane is parked on the runway at the airport"（飛行機が空港の滑走路に停まっている）

写真8　評価画像2…認識結果は"A man working down a city street with a clock tower"（男が時計台のある街中の道を歩いている）

滑走路と駐機場の区別はしないでしょう．

写真8の認識結果もだいたい合っています．時計台は実際には見当たりませんが，よく写真を見てみると，中央少し右側に街灯があります．これを認識して表そうとしているのかもしれません．

● マンガでも認識できる

マンガでは，人物の性別や，立っているか座っているかといった状態も間違うことがありましたが，人を認識し，その位置関係も正しく捕らえられました．MS COCOデータ・セットは写真ベースなのでコミックは含まれていないはずですが，線画主体のマンガを問題なく認識している事実は特筆に価します．

コンピュータ・ビジョンのアプローチでは，例えば，マンガのキャラクタの顔認識のアルゴリズムは別に用意されます．これも先ほど説明したディープ・ニューラル・ネットワークの高い汎用性を示すものといえるでしょう．

● うまく認識できない場合もある

もちろん，全ての画像が完ぺきに認識されるわけではありません．うまく認識しなかった例を写真9と写真10に示します．

写真9のように，手に持つものは何でも携帯電話と応えてしまっているようです．学習データ・セットの偏りの問題かもしれません．

他にも「蝶ネクタイ」をした子猫の写真に対して"a cat standing on a floor with a toothbrush"（猫が歯ブラシと一緒に床に座っている）と認識されたことがありました．歯ブラシがどこから出てきたか分かりません

写真9　うまく認識できない画像1…認識結果は"a man is holding a cell phone in his hand"（男性が手に携帯電話を持っている）

写真10　うまく認識できない画像2…認識結果は"a group of cows standing in a field"（牛の群れが草原に立っている）

第5部　手のひらGPUボードで人工知能を作る

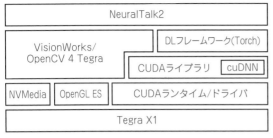

図4　NeuralTalk2のソフトウェア階層

が，ひょっとしたら首元・口元に写るものとして多いと学習したのが歯ブラシだったためかもしれません．そうすると首元に何か特筆すべき普通でないものがあることまでは認識できていたわけなので，「おしい！」と言ってあげたいですね．首元のバリエーションをもっと学ばせることで，対応可能になるかもしれません．

● 屋外実験の総評

　AIデバイスを外に持ち出してみることで，ディープ・ニューラル・ネットワークの実用性や柔軟性を実証することができました．また学習の課題も見えてきました．

　電池駆動の持ち運び可能なデバイスとして作ったことで，外に持ち出してインタラクティブに見ることが

でき，どういったシーンが得意か不得意かも確認しやすくなりました．ただ今回は電池でどれだけ動作できるかについては評価していません．SMBusなどを利用して，Ubuntu側で電池残量を確認できるといいかもしれません．

　アプリケーションの性能的な使い勝手いう点では，実はカメラの映像の表示までの遅延が段々大きくなってしまうという問題がありました．videocaptioning.luaの作り込みの問題，あるいは性能の問題かもしれません．

　暫定対応のテキストの発声はそれなりにうまくいきました．少なくとも建物の内，外は十分に分かるほどに伝えてくれます．うまく認識していれば，音声ガイドだけを頼っても，周辺環境をある程度把握できるかもしれないと思えたレベルです．ただし発話のタイミングの問題も見えてきました．1Hz程度で動くので，それ以内で発話が終わるペースでずっとしゃべらせると，とても「せわしない」印象でした．かといって同期をとってしまうと，認識自体が引きずられて0.5Hzぐらいに下がるので悩ましいところです．絶えず発声させるのではなく，ボタンを押したときだけ発話するなどするのがよいかもしれません．

動作の検証

　今回使用したNeuralTalk2は，画像認識用の畳み込みニューラル・ネットワーク（CNN：Convolitional Neural Network）と，言語モデルを扱う再帰型ニューラル・ネットワーク（RNN：Recurrent Neural Network）を推論処理で動かしています．その負荷も含めて，内部の処理を見てみましょう．

● NeuralTalk2の処理

　NeuralTalk2は，ディープ・ラーニングのフレームワークTorch上で動作するアプリケーションです．

　Torchは，ディープ・ラーニングを用いた画像認識や自然言語処理などを行うことができます．さまざまなモジュールを追加でき，例えばコンピュータ・ビジョン用モジュールやグラフ描画用モジュールなどを追加できます．ディープ・ラーニング関連のモジュール内部では「cuDNN」をはじめとして，CUDAを呼び出すことで高速化を行っています．

　Jetson TX1上のNeuralTalk2のソフトウェア階層を図4に示します．

● videocaptioning.luaの処理

　videocaptioning.luaはカメラの1フレームをOpenCV経由で取得し，画像のリサイズなど前処理を行った後に，ディープ・ラーニングの推論処理を

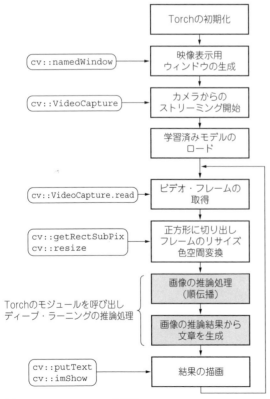

図5　videocaptioning.luaの処理フロー

第2章 携帯型GPUスパコンで作るAI画像認識の音声ガイド

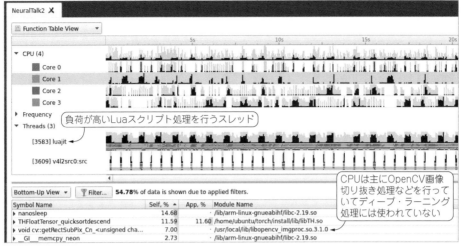

図6 CPU処理の詳細…Luaスクリプトを処理しているスレッドの負荷が高い

行うということを繰り返しています．

カメラからフレームを取得したり，ウィンドウを生成し画面を描画する部分はOpenCVで，取得した画像から推論処理を行う部分はTorchで行っています．

今回の実験で使用した`videocaptioning.lua`の処理フローを図5に示します．

灰色のブロックの処理がディープ・ラーニングの推論処理に該当します．推論は2段階構成で行われており，前段処理として画像から畳み込みニューラル・ネットワーク（CNN）を用いて順伝播を行い，画像の中のオブジェクトを推論します．後段処理として，前段処理の結果を入力とし，LSTMという再帰型ニューラル・ネットワーク（RNN）の一種を用いて文章生成を行っています．

● プロファイラで内部を解析
▶ CPU負荷

NeuralTalk2アプリケーションのCPU負荷を確認した例を図6に示します．Jetsonに対応したTegra ProfilerというTegraのCPU処理解析ツールを使っています．

CPU負荷の高いスレッドは，luajitと書いてあります．これは，Torch上で実行されるLuaスクリプトを処理しているスレッドです．CPUは，主にOpenCVを用いた画像切り抜き処理などを行っており，ディープ・ラーニングの推論に関する処理には使われていません．

▶ GPU負荷

次にGPUについてもNeuralTalk2アプリケーションの処理の詳細を確認しました．CUDAプロファイラのタイムライン・データを図7に示します．

1フレームの処理は約1170msで，その中のディープ・ラーニングを用いた画像処理と識別処理に約750ms，文章生成処理に約250msかかっています．GPUを使っていても，画像フィルタを幾重にもかけるような畳み込みニューラル・ネットワーク（CNN）の順伝播処理は処理負荷の非常に高いものだということが分かります．

60秒間プロファイラを実行した際のCUDAの関数の処理時間の内訳を表1に示します．

一番計算時間の長い`sgemm_largek_lds`は，ディープ・ラーニングの処理中で順伝播をする際に使われる行列計算用の関数です．処理時間の上位にはディープ・ラーニング関連の関数になっており，GPUがNeuralTalk2アプリケーションの処理負荷の高い計算を請け負っていることが分かります．

改良のアイデア

屋外実験とプロファイラを利用した動作検証を通じて，幾つかの課題とそこからの改良のアイデアが見え

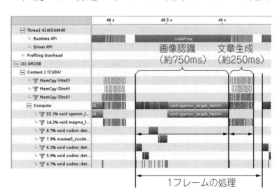

図7 GPU処理の詳細…畳み込みニューラル・ネットワークの順伝播処理はとっても負荷がかかる

第5部　手のひらGPUボードで人工知能を作る

表1　関数の処理時間

関数名	GPU時間[%]	合計時間[s]	合計呼び出し回数	1回の実行平均時間[ms]
sgemm_largek_lds64	46.98	18.41	96	191.73
magma_lds128_sgemm_kernel	12.12	4.75	1692	2.81
CUDA memcpy DtoH	8.43	3.30	534	6.18
cudnn::detail::implicit_convolve_sgemm	7.45	2.92	96	30.39
maxwell_scudnn_128x128_small_nn	6.72	2.63	192	13.72
CUDA memcpy HtoD	6.27	2.46	621	3.95

てきました．

● アプリケーションとしての動作最適化

　プロファイラを使った動作検証で見たように，現状では，CPUの時間を長く使っている処理があります．
　例えばOpenCVの画像の切り出しやリサイズ，色空間変換などの処理は，GPUを使って高速処理させることができそうです．GPUで最適化されたOpenCVを使ったり，場合によってはVisionWorksライブラリを使ったりするのも手かもしれません．
　またスクリプトの動作として，現状は1枚ずつ処理して完了したタイミングで絵と説明文を合わせて表示するようになっているため，表示するコマ数が少ない状態です．これをUSBカメラの情報は取得できたフレーム全て見せて，別スレッドでニューラル・ネットワークの推論処理に食わせ，説明文を生成できたタイミング・頻度でオーバレイ表示する，というようにすると見栄えが良くなるでしょう．
　OpenGLで描画して，描画の負荷も軽減するという方法もありそうです．

● 学習データ・セットを増強する

　実験の中で，「人が手にしているものは何でも携帯電話」と見てしまうという傾向に気が付きました（写真9）．手にしている物体のバリエーションを持たせた学習データ・セット（例えばコーヒーを持った写真とその説明文を多く含んだもの）で学習することで，そういったシチュエーションにより強くできるかもしれません．
　可能であれば学習データ・セットを用意し直したうえで，NeuralTalk2のREADMEの「I'd like to train my own network on MS COCO」を参考に学習し，独自の学習済みモデルを作れるとよいでしょう．ただ，学習データ・セットのサイズにもよりますが，非常に計算量の重い処理なので，GPUを搭載したデスクトップで行うのが得策です．

● センサ・データも含めた学習・推論

　オリジナルの論文[1]は，純粋に画像からそれに対する説明文を作り出すことに焦点があてられていました．しかし，もし画像だけでなく，他のデータも用意できて，その関連性も学ばせることができたら，より正確な説明文を生成できるかもしれません．
　例えばGPSの位置情報を利用すれば，前段のCNNでオブジェクトを識別する際に，地図上のランドマークなどはより正確に認識できるようになるでしょう．温度センサの情報なども人の状況の把握に役立てられそうです．
　ただ，いずれにしても，センサ・データも含めたデータ・セットを用意することと，そしてそれを含めて判断することのできるニューラル・ネットワークのモデルを新たに作らないといけないので，非常にハードルは高くなります．

＊　　　＊　　　＊

　ディープ・ラーニングは大規模なサーバ上でのみ活用される「雲の上」の技術ではなく，われわれが手にする普段のデバイスにも自分の手で組み入れられます．
　まだ十分探れていない身近な分野での応用例があるはずなので，まずは動くものを用意して，手を動かして理解を深めながら，応用例を探っていけば，きっと面白いモノが作れると思います．

◆参考・引用＊文献◆

(1) Andrej Karpathy, Li Fei-Fei；Deep Visual-Semantic Alignments for Generating Image Descriptions．
http://cs.stanford.edu/people/karpathy/cvpr2015.pdf
(2) Fei-Fei Li；How we're teaching computers to understand pictures．
https://www.ted.com/talks/fei_fei_li_how_we_re_teaching_computers_to_understand_pictures
(3) NeuralTalk2．
https://github.com/karpathy/NeuralTalk2.git
(4) VisionLabs/torch-opencv．
https://github.com/VisionLabs/torch-opencv/wiki/installation

むらかみ・まな，やと・ちとく

第2章　携帯型GPUスパコンで作るAI画像認識の音声ガイド

コラム　ディープ・ラーニング組み込みアプリケーションの開発サイクル　　村上 真奈，矢戸 知得

人工知能デバイスを製作するに当たり，どのように開発を行うかについて考えておく必要があります．Jetson TX1を用いる場合の開発フローの例を図Aに示します．

● 学習済みモデルの準備

ディープ・ニューラル・ネットワークを利用したアプリケーションを作る場合は，そのニューラル・ネットワークのモデルをどのように学習させて「学習済みモデル」を用意するか，ということを考えなければなりません．

Jetson TX1上でニューラル・ネットワークの学習サイクルを回すことも不可能ではありませんが，ニューラル・ネットワークの学習に必要な膨大な計算量と扱うデータ量を考えると非力です．そこで，学習は強力なGPUを搭載したデスクトップPCを使うことになるでしょう．

扱うニューラル・ネットワークによっては，より強力なサーバ上で学習を回す，ということも必要になるかもしれません．個人や小規模のグループではそんな大規模な学習用サーバを用意するのは難しいかもしれませんが，一つの方法としてはAWS（Amazon Web Service）やMicrosoft Azureなどのクラウド・サービスを使うことが考えられます．どちらもGPUインスタンスのオプションがあるので，それを利用してクラウド上で効率的に学習を回すことが可能です．

● アプリケーション開発と性能の確認

ニューラル・ネットワークの学習が済んで学習済みのモデルが用意でき，PC上でそれが思った通りの精度，性能を出すことが確認できたら，いよいよそのモデルをJetson TX1に持っていきます．

まずはJetson TX1でも十分な性能を出すことを確認しないといけません．一足とびに最終デバイスを組み上げてその上で確認することも可能ですが，ステップを踏むなら，ひとまずJetson TX1開発キットに必要なカメラやアクチュエータなどを接続して，バラ組みし，机上で確認することになると思います．

Jetson TX1には，開発用PCと同じように，利用するディープ・ラーニングのフレームワーク環境を構築しておきます．こうしておくことで，CUDAを利用してGPUアクセラレーションが効くコードも開発用PCから持ってきてARM用にコンパイルし直すことで，そのまま実行できます．

● 最終デバイスへの組み込み

Jetson TX1開発キットを利用したバラ組みの状態でアプリケーションを作り込み，十分な性能が出ることが確認できたら，いよいよ最終デバイスに組み込みます．

最終デバイス側に，専用のキャリア・ボードを持たせているなら，Jetson TX1モジュールをそちらに載せかえるだけです．用意したフレームワークの環境も，学習済みのデータも，自分で開発したアプリケーションもその中に入っているので，「実戦配備」は非常に簡単だといえるでしょう．

あとは最終デバイス上での接続を確認し，人工知能アプリケーションの動作を確認します．

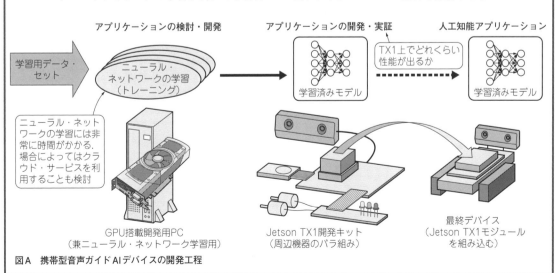

図A　携帯型音声ガイドAIデバイスの開発工程

初出一覧

第1部　ディープ・ラーニングでラズパイ人工知能を作る

イントロ	グーグルが大サービス！手のひら人工知能が自宅で作れる時代　編集部	初出：「インターフェース」2017年3月号	pp.12 – 13
第1章	ラズパイからOK！Google人工知能で広がる世界　足立 悠，小池 誠，佐藤 聖	初出：「インターフェース」2017年3月号	pp.14 – 18
Appendix 1	Googleの人工知能ライブラリTensorFlowを勧める理由　佐藤 聖	初出：「インターフェース」2017年3月号	p.19
第2章	ラズパイ×Google人工知能…キュウリ自動選別コンピュータ　小池 誠	初出：「インターフェース」2017年3月号	pp.23 – 27
Appendix 2	Google人工知能ライブラリTensorFlowの正体　佐藤 聖	初出：「インターフェース」2017年3月号	pp.20 – 22
第3章	人工知能キュウリ・コンピュータを動かしてみる　小池 誠，佐藤 聖（コラム）	初出：「インターフェース」2017年3月号	pp.28 – 31
第4章	ステップ1…設計方針を決める　小池 誠	初出：「インターフェース」2017年3月号	pp.32 – 34
第5章	ステップ2…キュウリ・データの学習　小池 誠	初出：「インターフェース」2017年3月号	pp.35 – 41
第6章	ステップ3…人工知能キュウリ判定　小池 誠	初出：「インターフェース」2017年3月号	pp.42 – 44
第7章	ステップ4…キュウリ用人工知能をラズパイで動かす　小池 誠	初出：「インターフェース」2017年3月号	pp.45 – 52

第2部　軽くて高速なラズパイ人工知能を作る

第1章	ラズベリー・パイ×人工知能で広がる世界　鎌田 智也	初出：「インターフェース」2016年7月号	pp.14 – 16
第2章	ラズパイ×人工知能…サカナ観察＆飼育コンピュータ　鎌田 智也	初出：「インターフェース」2016年7月号	pp.17 – 20
第3章	方式1：ディープ・ラーニング×ラズパイ　鎌田 智也	初出：「インターフェース」2016年7月号	pp.21 – 26
第4章	方式2：計算量が少なくて高性能なサポート・ベクタ・マシン　鎌田 智也	初出：「インターフェース」2016年7月号	pp.27 – 35
第5章	ターゲット魚「ナベカ」の学習と認識　鎌田 智也	初出：「インターフェース」2016年7月号	pp.36 – 48
第6章	ラズパイ人工知能による自動飼育への挑戦　鎌田 智也	初出：「インターフェース」2016年7月号	pp.49 – 56
Appendix 1	リモート・マニュアルえさやり機能の追加　鎌田 智也	初出：「インターフェース」2016年7月号	pp.57 – 59
Appendix 2	ラズパイ性能をMax引き出す…高速表示ライブラリ＆禁断クロックUP　鎌田 智也	初出：「インターフェース」2016年7月号	pp.60 – 62

第3部　人工知能を作るためのソフトウェア

第1章	人工知能ソフト事典　佐藤 聖	初出：「インターフェース」2017年6月号	pp.24 – 26
第2章	Pythonで使える人工知能ライブラリ　佐藤 聖	初出：「インターフェース」2016年10月号	pp.31 – 32
第3章	ディープ・ラーニングが試せるクラウドAPI＆統計ライブラリ　原島 慧	初出：「インターフェース」2016年7月号	pp.70 – 76
第4章	3大人工知能ライブラリ　牧野 浩二，西崎 博光	初出：「インターフェース」2017年3月号	pp.87 – 91
Appendix 1	TensorFlow公式ページの歩き方ガイド　足立 悠	初出：「インターフェース」2017年3月号	pp.61 – 63

Appendix 2	定番「文字認識」の楽ちん体験アプリ　高木 聡			
		初出：「インターフェース」2017年3月号	pp.74 – 77	
第5章	TensorFlowでちょっと本格的なAI顔認識　山本 大輝			
		初出：「インターフェース」2017年3月号	pp.78 – 86	
Appendix 3	「ディープ・ラーニング」アルゴリズムあんちょこ　足立 悠			
		初出：「インターフェース」2017年3月号	pp.92 – 98	

第4部　ラズパイ×クラウドで人工知能を作る

第1章	グーグル/アマゾン/マイクロソフト/IBMのクラウド&人工知能　金田 卓士		
		初出：「インターフェース」2017年4月号	pp.116 – 119
第2章	ラズパイ×カメラでクラウドAI初体験　金田 卓士		
		初出：「インターフェース」2017年4月号	pp.120 – 124
第3章	顔写真から血液型を当てるラズパイ人工知能に挑戦　中村 仁昭, 岩貞 智		
		初出：「インターフェース」2017年4月号	pp.125 – 133
Appendix 1	あのNVIDIAがなんと数百円…クラウドGPUのススメ　中村 仁昭, 岩貞 智		
		初出：「インターフェース」2017年4月号	p.134
Appendix 2	数百円GPU人工知能スタートアップ　中村 仁昭, 岩貞 智		
		初出：「インターフェース」2017年4月号	pp.135 – 138
第4章	クラウド型ラズパイAIで音解析　西海 俊介	初出：「インターフェース」2016年7月号	pp.63 – 69
Appendix 3	ArduinoでAI生体センシングの研究　牧野 浩二, 今仁 順也		
		初出：「インターフェース」2016年7月号	pp.77 – 86

第5部　手のひらGPUボードで人工知能を作る

第1章	処理性能1TFLOPSの名刺サイズGPUスパコン Jetson TX1　矢戸 知得, 村上 真奈		
		初出：「インターフェース」2016年7月号	pp.87 – 96
第2章	携帯型GPUスパコンで作るAI画像認識の音声ガイド　村上 真奈, 矢戸 知得		
		初出：「インターフェース」2016年7月号	pp.97 – 106

CQ出版社 の月刊誌

コンピュータ・サイエンス&テクノロジ専門誌	役にたつエレクトロニクスの総合誌
Interface	**トランジスタ技術**
毎月25日発売	毎月10日発売
マイコン/プロセッサはハードウェアとソフトウェアが両方わからないとちゃんと動かせません．どちらかだけの知識では足りませんし，教科書でCPUアーキテクチャやC言語を学んだからといって，実際に電子回路を制御できるようにはなりません． 月刊インターフェースは，現場で活躍するエンジニアが，日ごろ使っているマイコン/プロセッサの種類や特徴，周辺回路，外付けモジュール，プログラミング技術，開発環境，応用方法などのコンピュータ技術を，実験・試作を通じてハード面とソフト面ともに解説していきます．	『トランジスタ技術』は，実用性を重視したエレクトロニクス技術の専門書です．現場で通用する，電子回路技術，パソコン周辺技術，マイコン応用技術，半導体技術，計測/制御技術を具体的かつ実践的な内容で，実験や製作を通して解説します． 大きな特徴の一つは，毎号80ページ以上の特集記事です．もう一つの特徴は，基礎に重点をおいた連載記事と最新技術を具体的に解説する特設記事です．重要なテーマには十分なページを割いて，理解しやすく解説しています．このほか，製作/実験記事，最新デバイスの評価記事など，役立つ実用的な情報を満載しています．

CQ出版社　　http://shop.cqpub.co.jp/

本書で解説している各種サンプル・プログラムは，本書サポート・ページからダウンロードできます．
URLは以下の通りです．

http://interface.cqpub.co.jp/ai_tukuru

主な著者の略歴

小池 誠
元組み込みエンジニア．現在は農業に従事し，TensorFlowを活用したキュウリ選別機の製作など，ディープ・ラーニング技術の農業活用に取り組んでいる．

鎌田 智也
1974年北海道空知郡上富良野町生まれ．岩手大学農学部応用生物学科卒業後，アルプス電気（株）に入社．盛岡工場にてサーマル・プリンタの開発に従事．2002年の工場閉鎖を機に同僚と共にアイエスエス（株）を設立し画像処理応用機器の開発に携わる．

- ●**本書記載の社名，製品名について** ── 本書に記載されている社名および製品名は，一般に開発メーカーの登録商標です．なお，本文中では™，®，©の各表示を明記していません．
- ●**本書掲載記事の利用についてのご注意** ── 本書掲載記事は著作権法により保護され，また産業財産権が確立されている場合があります．したがって，記事として掲載された技術情報をもとに製品化をするには，著作権者および産業財産権者の許可が必要です．また，掲載された技術情報を利用することにより発生した損害などに関して，CQ出版社および著作権者ならびに産業財産権者は責任を負いかねますのでご了承ください．
- ●**本書に関するご質問について** ── 文章，数式などの記述上の不明点についてのご質問は，必ず往復はがきか返信用封筒を同封した封書でお願いいたします．勝手ながら，電話での質問にはお答えできません．ご質問は著者に回送し直接回答していただきますので，多少お時間がかかります．また，本書の記載範囲を越えるご質問には応じられませんので，ご了承ください．
- ●**本書の複製等について** ── 本書のコピー，スキャン，デジタル化等の無断複製は著作権法上での例外を除き禁じられています．本書を代行業者等の第三者に依頼してスキャンやデジタル化することは，たとえ個人や家庭内の利用でも認められておりません．

JCOPY 〈出版者著作権管理機構委託出版物〉
本書の全部または一部を無断で複写複製（コピー）することは，著作権法上での例外を除き，禁じられています．本書からの複製を希望される場合は，出版者著作権管理機構（TEL：03-5244-5088）にご連絡ください．

人工知能を作る

2018年4月1日　初版発行
2020年1月1日　第2版発行

Ⓒ小池 誠，鎌田 智也，足立 悠，今仁 順也，岩貞 智，金田 卓士，佐藤 聖，高木 聡，中村 仁昭，西海 俊介，西崎 博光，原島 慧，牧野 浩二，村上 真奈，矢戸 知得，山本 大輝　2018

（無断転載を禁じます）

著　者　小池 誠，鎌田 智也，足立 悠，今仁 順也，
岩貞 智，金田 卓士，佐藤 聖，高木 聡，
中村 仁昭，西海 俊介，西崎 博光，原島 慧，
牧野 浩二，村上 真奈，矢戸 知得，山本 大輝

発行人　寺前 裕司
発行所　ＣＱ出版株式会社
（〒112-8619）東京都文京区千石4-29-14
電話　編集　03-5395-2122
　　　広告　03-5395-2131
　　　営業　03-5395-2141

定価は表四に表示してあります
乱丁，落丁本はお取り替えします

編集担当　島田 義人，上村 剛士
DTP　クニメディア株式会社
印刷・製本　三晃印刷株式会社
Printed in Japan

ボード・コンピュータ・シリーズ　　　　　　　　　　　　　　　　　発売中

重要CNN/RNN/AE/DQNで画像/音声/データ分析
算数＆ラズパイから始めるディープ・ラーニング

牧野 浩二／西崎 博光 著
B5判 208ページ
定価：本体2,600円＋税

複数ある人工知能アルゴリズムの中でも，一番ホットなディープ・ラーニングを，「手持ちのパソコン＋筆者提供プログラム」で速攻体験できます．プログラムを書けない人でも大丈夫です．まずは手順どおりに動かしていただき「動く喜び」を感じてもらいます．

そのあと算数でしくみを，シンプル例題でプログラムを理解してもらいます．1歩1歩，階段を昇っているうちに，気づけばディープな世界に突入しています．

社会人はもちろん，学生・生徒さんにも試せるように動画サイトも用意しました！

第1部	ディープ・ラーニングの世界へようこそ
第2部	ラズパイ＆PC試すための準備
第3部	持ってる人はココから ラズパイで体験
第4部	算数＆プログラミング練習 ステップ・バイ・ステップ
第5部	画像／データ解析／音声…3大アルゴリズム体感
第6部	未来コレクル！自動運転や対戦AIのもと ディープQネットワーク

※Interface2017年8月号特集を加筆・再編集したものです．

すぐに作れる！
ラズベリー・パイ×ネットワーク入門

Interface編集部 編
B5判 248ページ
定価：本体2,700円＋税

ラズベリー・パイは700MHz動作のVer.1から，900MHz動作で4コアのVer.2に進化し，ハイビジョン動画やハイレゾ・オーディオなどを扱いやすくなりました．

ラズベリー・パイとネットワークを掛け合わせると，できることは無限に広がります．

本書ではライブ・カメラやオーディオ/ラジオ・サーバ，セキュリティ・サーバ，電話交換サーバ，パケット蓄積＆発生装置を作ります．ただ作るだけでなく，どのようなしくみで通信が成り立つのかを解説します．

楽しみながらネットワークの技術が身に付きます．

第1部	大容量Wi-Fi利用のライブ・カメラづくり
第2部	外出先からOK! ネットワーク・カメラづくり
第3部	音声パケット交換サーバづくり
第4部	セキュリティ・サーバづくり
第5部	趣味のサーバづくり
第6部	ネットワーク解析ツールづくり
第7部	実験研究！Wi-Fi USBドングルの使い方＆実力

CQ出版社　　Tel：(03)5395-2122　CQ WebShop(http://shop.cqpub.co.jp/)

CD-ROM版 Interface 2018

CD-ROM版 Interface　　　　　　　　　　　　　　　発売中

Interface編集部 編
CD-ROM 1枚付き
定価：本体13,000円＋税
JAN9784789841863

ライセンス：個人（法人ライセンスについてはお問い合わせください．shop@cqpub.co.jp）

1月号	高速＆リアルタイムPythonの研究
2月号	知っ得 世界のAI技術
3月号	陸・海・空！ラズパイの限界に挑戦
4月号	研究 AIスピーカの仕組み
5月号	もくもく自習 人工知能
6月号	ちゃんとはじめる学習コンピュータ[事典付き]
7月号	360°＆マルチ時代カメラ画像処理
8月号	IoT新技術 なるほどブロックチェーン
9月号	新定番IoTマイコンESP32大研究
10月号	ラズパイ・カメラ・センサIT農耕実験
11月号	ラズパイ・ESP32 IT料理実験
12月号	My人工知能の育て方

各号の記事PDF収録

CD-ROM版 Interface 2017

主な特集
AI解析に挑戦／ARMとCとアセンブラ／Google人工知能／新タイプC＆給電／新・画像処理101／新・科学計算ソフト／はじめてのIoT／ディープ・ラーニング／センサ事典256／地図・地形・地球／IoT無線／人工知能大百科／ほか

CD-ROM版 Interface 2014

主な特集
ラズパイ×カメラで画像処理／知っておきたいUSB1・2・3／最新サウンド技術／最新モータ制御／特撮風ビジュアル計測／インテルでI/O研究！ARM Cortex-A／ラズパイで本格ネットワーク／ほか

CD-ROM版 Interface 2016

主な特集
データ×ネット入門／強力ホビー用MATLAB／画像電子工作／最強ARM2016／最新モータ制御／音声信号処理／ラズパイで人工知能／IoT無線センサ入門／ウェアラブル人間センサ入門／ほか

CD-ROM版 Interface 2013

主な特集
人間センシング／クラウドでI/O／絵ときマイコン／画像技術50／Bluetooth無線／マイコン超入門／カメラ×画像処理／Myホーム・センシング／HTML5でI/O／GPS＆インドア測位／ほか

CD-ROM版 Interface 2015

主な特集
920MHz無線／高速フラッシュ・メモリ大研究／新時代コンパイラ入門／生体センシング入門／ラズパイ×プロジェクタ／超解像アルゴリズム／オール・ソフトウェア無線／スマホ用Bluetooth／ラズパイのワイヤレス化／ほか

2001年版～2018年版 CD-ROM版 Interface すべて揃っています
定価：本体13,000円＋税

CQ出版社　　Tel：(03)5395-2122　　https://shop.cqpub.co.jp/